地球奥秘大百科

吴洲 编著

SPM 南方出版传媒
广东科技出版社 | 全国优秀出版社
·广 州·

前言 Foreword...

从浩瀚无垠的银河系到不停漂移的地球板块；从波澜壮阔的海洋到高耸苍穹的珠穆朗玛峰；从广袤无边的沙漠戈壁到气势雄伟的高原；从变化多端的风雨雷电到多姿多彩的动植物……所有的一切都在告诉着我们：“地球真奇妙！”

地球自诞生之日起就隐藏着太多的奥秘，沧海桑田，在不断变化中演绎着不朽的神奇。然而，人类一直没有停止探索地球的脚步，永不满足的求知欲让世界变得美好而有趣。睁大好奇的眼睛，因为《地球奥秘大百科》将万千精彩的世界囊括其中。无论是浩瀚的宇宙、神奇的自然、蔚蓝的海洋、变化万千的气候，还是奇趣盎然的动物、生机勃勃的植物，或是奇妙的人类，每一个知识都会带给你超乎想象的神奇感受，每一次翻阅都会让你有无限的感动和期待。

这是一个奇趣变幻、魅力无穷的科学世界。这又是一个广阔的知识海洋，它蕴藏着无穷的宝藏。每一朵洁白的浪花，背后都有七彩的景象。最生动的语言，最缜密的思维、最精彩的图片，将帮助你挥动求知的翅膀，在知识的天空翱翔。

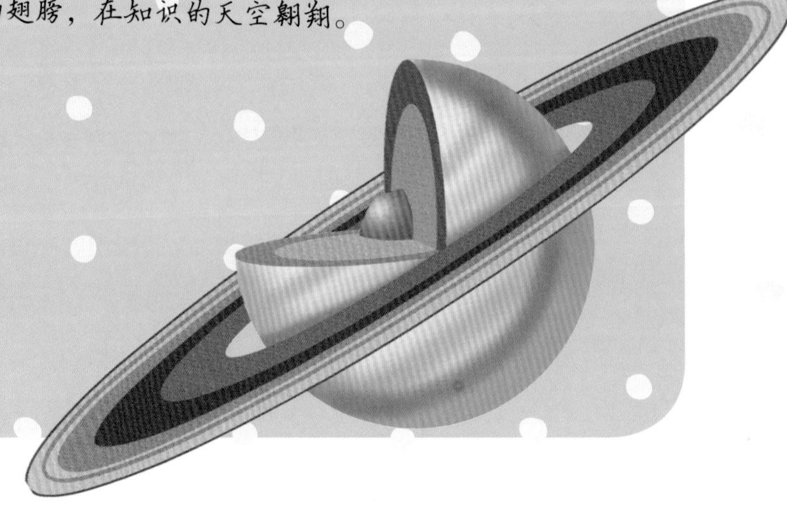

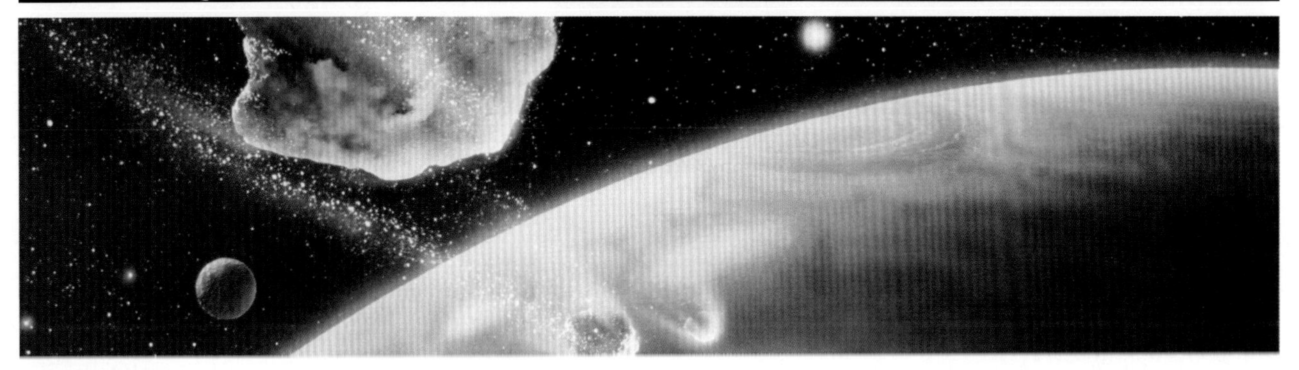

Contents
目录

第❶章 太空漫步
Taikong Manbu

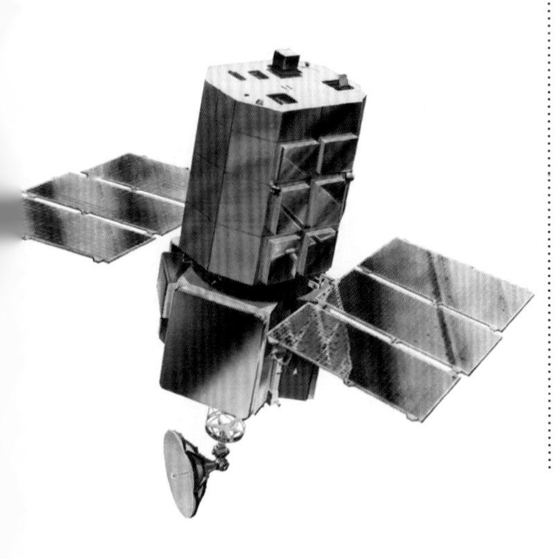

第❷章 地球探秘
Diqiu Tanmi

第❸章 大地的奇迹
Dadi De Qiji

第4章

海洋的真貌

Haiyang De Zhenmao

第5章

气象万千

Qixiang Wanqian

第6章

生物大观

Shengwu Daguan

第7章

奇妙的人体

Qimiao De Renti

oleil
Vénus
Mars
Terre
Mercure
Jupiter
Ceinture d'astéroïdes

第1章

太空漫步

Taikong Manbu

茫茫宇宙

“上下四方谓之宇，古往今来谓之宙”。“宇”是指空间上的无边无际，“宙”是指时间上的无始无终，意思说宇宙就是无边无际的空间和无始无终的时间的总和。宇宙中存在着万物，如此浩瀚，无论使用多么先进的望远镜，我们的视线也不能到达宇宙的尽头；不论我们懂得多少知识，也无法全部了解宇宙的所有奥秘。

认识宇宙

人类对宇宙的认识可以上溯到远古时代。中国的传说“盘古开天地”中，天地开始是一片混沌，直到盘古劈开天地后，才混沌初开。在西方，流传着上帝造人的传说，在上帝造人的7天之后，天地才出现。直到现在，人类对宇宙的探索还在进行当中。人类对宇宙的认识是从地球开始的，然后从地球扩展到太阳系，从太阳系扩展到银河系，再从银河系扩展到河外星系、星系团、总星系。目前，人类通过射电望远镜和空间探测器，已观测到距离我们地球约200亿光年的宇宙。

▼恒星

▲星系中含有上百亿颗星体。

宇宙中的天体

天体大观

人类了解最多的天体就是地球和它的家族——太阳系。地球是太阳系中的一颗普通的行星。太阳系的成员除了太阳外，还包括地球在内的八大行星、几十颗像月亮一样的卫星、神秘的彗星、数以千计的小行星、数不清的流星及各种星际物质等。其实，在广阔无边的宇宙中，整个太阳系就如大海里的一滴水。比太阳系更大的是银河系，银河系的直径有10万光年。银河系还不算最大的，人类已发现宇宙中有10亿多个和银河系同样庞大的恒星系统，叫河外星系。比星系更大的天体系统称为星系团，而星系团被进一步归纳，就是超星系团。

光 年

因为宇宙中的天体距离地球非常遥远，所以要用速度最快的光来计算距离。光年就是计量天体距离的单位，是光在真空中一年内所走过的距离，约等于94605亿千米。光年到底有多大？如天狼星距离地球约8.7年，也就是说，天狼星发出来的光，在宇宙空间要走8.7年才能到达地球。地球上任何时候接收到的天狼星的光，都是它8.7光年前发出来的。用现在世界上飞行最快的飞机来打比方，它要花10万年才能飞过1光年。

小知识

· 星际物质 ·

宇宙中存在着许多运动着的物质。这些物质包括星际气体、尘埃、星际云、星际磁场和粒子流等，人们把它们叫作星际物质。星际物质的元素中氢占多数，达到90%，其次是氦，这表明星际物质和恒星演化有密切关系。

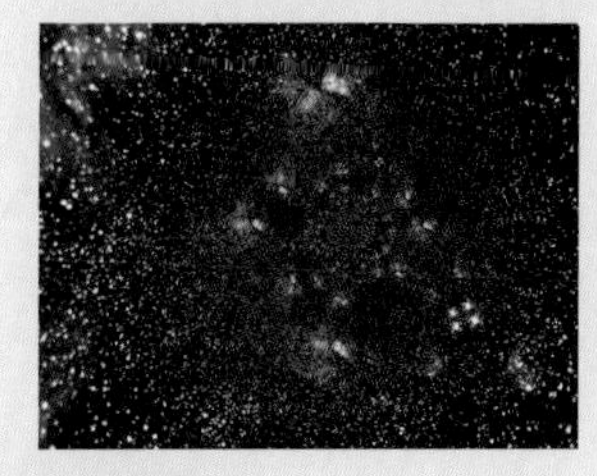

宇宙中的星际物质就像空气中的灰尘，分布极不均匀。

◀明亮而遥远的类星体

▼行星

▶星云

▲有如灰色雪球般的彗星

▲太阳——普通中年恒星

星 系

在漫长的进化过程中，距离相近的恒星会因为自身的引力相互吸引，从而形成一个集团，这个集团就叫作星系。星系包括我们肉眼看见的所有恒星和许多肉眼看不见的恒星，还包括许多星团、星际物质和星云。每个星系都是一个巨大的天体系统，包含有几十亿至几千亿颗恒星。大部分星系是由气体云的相互撞击形成的。如果气体云互相旋绕，那么产生的星系就是旋涡星系；如果气体云不旋转，则所有气体都转变成恒星，形成一个没有气体的恒星球——椭圆星系。

▲旋转的星系是不停地运动、旋转的宇宙的一部分。

你知道吗？

【星·系·团·类·型】

这种由星系、气体和大量的暗物质在引力作用下聚集而形成的庞大的天体系统就是星系团。整个星系团在不断地运动发展着，现在已发现的星系团有上万个。

A. 本超星系团

●本超星系团是质量大得惊人的天体系统，它的延伸范围常常达到1亿光年以上。本星系群也只是本超星系团的一个边缘成员。

B. 后发座星系团

●后发座星系团包含有3000多个星系，它是距银河系最近的星系团。后发座星系团主要由椭圆和透镜星系组成，周围是分布均匀的热气体。

我们的银河系

当我们在夏夜仰望天空时，会发现天空中有一条银白色的光带，从东北向西南方向伸展开来，这条光带就是我们常说的银河。我们看到的银河只是银河系的一部分，天文学上所说的银河系是指包括太阳系在内的庞大的恒星系统，大约包含2000亿颗星体，其中恒星大约1000多亿颗。它是个巨型旋涡星系，范围大约有10万光年，因为投影在天球上有一条银白色的亮带而得名。银河系有3个主要组成部分：包含旋臂的银盘、中央突起的银心和晕轮部分，中心区域还存在一个巨大的黑洞。太阳系位于银河系的边缘，距中心约3.5万光年。

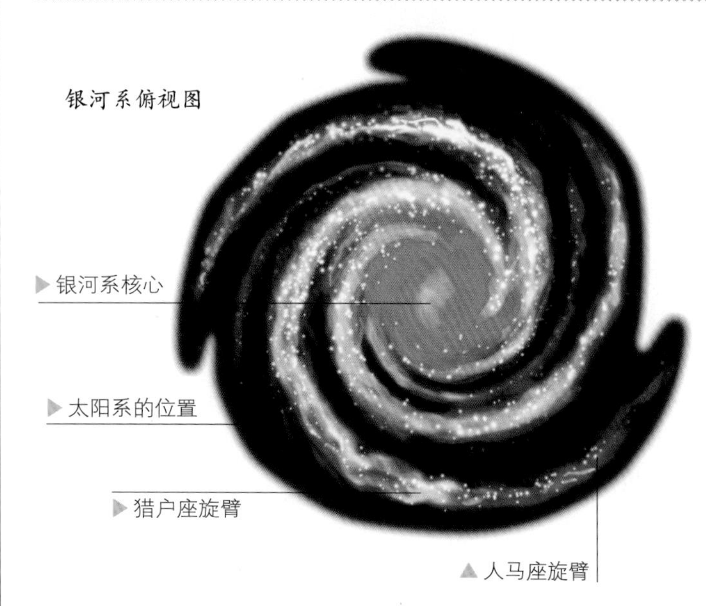

银河系俯视图

巨大的旋涡

俯视银河系，它就好像是急流中的一个旋涡，旋涡的中心就是银盘。它是由许多老年恒星、星际物质组成的，银河系的主要物质密集在这个盘状结构里，这个盘状结构称为银盘。银盘是银河系的主体，从上面看犹如急流中的旋涡。旋涡的四周是星际物质、星云、星体等组成的围绕中心旋转的螺旋形组合，这就是旋臂。银河系的旋臂有4条，科学家把它们称为人马旋臂、猎户旋臂、英仙旋臂和银心方向的旋臂。太阳就位于猎户座旋臂的内侧。

银河的认识历程

早在17世纪，意大利科学家伽利略就已经通过望远镜发现了银河系是由恒星组成的。18世纪后期，英国天文学家威廉·赫歇尔绘制出了银河系的结构图。后来，美国科学家哈洛·沙普利纠正了以往人们认为太阳系位于银河系中心的观点，并指出银河系的中心在人马座方向，为人们认识银河系奠定了科学的基础。

小知识

·惊人的事实·

银河系非常大，大得让你惊叹。从银河系的一端到另一端，如果乘每小时飞行1000 千米的飞机，需要飞行1000亿年；跑得最快的光，穿过银河系也要10万年呢！

一个由乌云构成的巨大的烟圈包含着尘埃和分子结构。由于几百万年前的大爆炸，这个烟圈正在迅速向周围蔓延，产生这种现象是因为烟圈中心有一个含有巨大能量的小物体。

中心古老的星球是冷却的恒星，它发出橙色或红色光。

银河系的自转

银河系一直处在自转状态中，但银河系并不是一个单独的、固定的天体，因此，它并不是一直以同样的速度自转，而是速度受到引力的影响。恒星分布比较稀疏的边缘，受到的引力比较小，缓慢地绕着中心运行；中间隆起的部分受到来自四周的引力，运行速度也比较慢，中心与边缘之间的天体，承受着来自中心的巨大引力，运行比较快，以大约250千米/秒的速度在太空中穿梭。

银河系中缓慢旋转的恒星

▼银河系的中心深藏于人马座星云中，早在射电天文学开创初期，研究者们就发现这里的两个强辐射源——人马A和人马B，现在我们知道这是与银河系中心的剧烈运动有关的热气云。

银河系的中心

从银河系的外围很难看清它的中心区域，因为银河系密布着濒死星体散下的岩砾和煤炱。科学家们用现今的天文望远镜能够看到烟雾背后的景象。它们显示，银河系中心聚集着一群诞生于140亿年前的古老天体。

▼气体产生的大风撕开红巨星的外层，形成一条长尾，使它看上去像彗星。

银河系的中心

▼人马A

◀磁桶

▲灼热的气体从银河系核心冲出——这是充斥能量的碟形吸积体内部的爆炸所引起的。

▲弧

侧看银河系

从大约100万光年的距离侧看银河系，会发现银河系看起来像一个巨大的透镜——两端扁平，中间有个明亮的核心，核心周围是近似圆形的银晕，其中有银河系最古老的恒星。

▼从侧面角度看，旋臂像个扁平的圆盘。

▼核心是星系中最亮的地区。

▲最古老的恒星位于银晕中。

银河系旋臂侧面图

河外的岛——

河外星系

如果把整个宇宙看成是一个海洋，那么银河系就是海洋中的一个小小的岛屿。在宇宙的汪洋大海中，还有无数个这样的岛屿，它们是像银河系一样的河外星系。河外星系和银河系一样，也是由数十亿到数千亿颗恒星和星云以及星际物质组成。河外星系的形状不一样，被誉为“星系天文学先驱”的美国天文学家哈勃将星系分为三大类：椭圆星系、旋涡星系和不规则星系。这些河外星系不仅形状差别大，而且大小、亮度也不同。大的河外星系有几十甚至几百个银河系大；而小的却只有银河系的几千分之一。

▶ 气体与尘埃从直接撞击的核心以波纹形式向外延伸

▶ 尘埃充塞了其中心地带

▶ 这里可以轻松地装下整个银河系

车轮星系

▶ 大约3亿年前，车轮星系还是一个普通的旋涡星系，后来和一个小星系发生了碰撞，巨大的气体云团在烟火般耀眼的光芒中撞击在一起，最后二者相互融合了。

漫长的探索

人类对河外星系的认识，经历了漫长的过程，直到20世纪初才得到了肯定的结论。现在人们已经把视线推到了100多亿光年远的地方，观测到的河外星系有10亿多个，每个星系里有数以千计的星星。大麦哲伦星云是离我们最近的一个河外星系，它距离地球约16万光年，直径达5万光年，我们肉眼能观察到它。而其他的河外星系非常遥远，即使用大型的天文望远镜，也只能看到一个极模糊的星斑。

离银河系最近的星系

离银河系最近的两个星系是大麦哲伦星云和小麦哲伦星云。大麦哲伦星云是离银河系最近的主要星系。两者间的距离大约为16万光年。大麦哲伦星云也基本上包括了和银河系类似的气体尘埃和恒星，但是，它的质量却只有银河系的1/20。被银河系的引力撕裂伸展呈花生状。小麦哲伦星云离银河系也比较近，大约是19万光年，它包括2000个恒星团，大多是在1亿年前的爆炸中产生的。因为它的体积非常小，所以也被银河系的引力撕裂而伸展呈花生状。

▼ 小麦哲伦星云只有大麦哲伦星云的1/4大小。

◀ 大麦哲伦星云包括6500个恒星团。

仙女座星系

仙女座星系离地球非常遥远，它是唯一一个能用肉眼在北半球观察到的星系。仙女座星系所发出的光需要220万光年才能到达地球。所以现在我们看到的仙女座其实是220万年前的情形。

▶中心明亮的部分是星系的核心，释放的红外线经历220万年才能到达地球。

▲仙女座河外星系距离银河系220万光年。

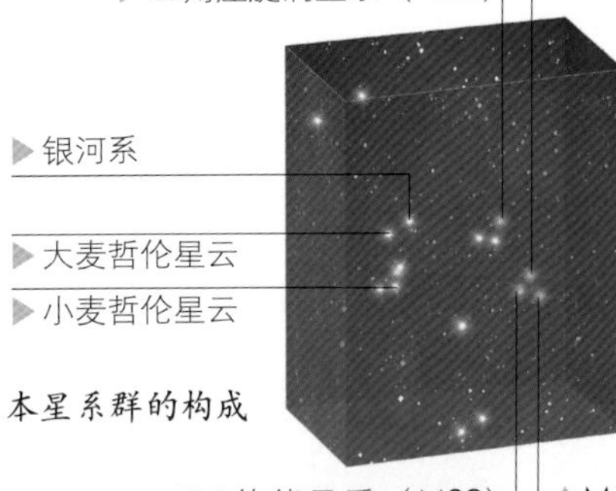

本星系群的构成

本星系群

本星系群是指以银河系为中心，半径约为300多万光年范围内所有星系组成的一个星系群。本星系群的质量相当于太阳的6500亿倍，它包括银河系、大小麦哲伦星云、仙女座星系及其他30多个星系。包含的星系有两个巨型旋涡星系、一个中型旋涡星系、一个矮星棒旋星系以及若干椭圆星系和不规则星系。

活动星系

天文学家把活动星系称作激扰星系。它们从中心的一个极小区域里向外喷射出巨大的能量。这些活动星系包括类星体、射电星系、赛弗特星系和蝎虎天体。它们的总数约占正常星系的1／100。它们通常有极亮的核。

▲射电星系是活动星系的一种。

小知识

·类星体·

类星体是20世纪60年代著名的天文学四大发现之一。类星体是至今我们发现距离最远又最明亮的天体。科学家称其为类星体，是因为它像恒星又不是恒星。到目前为止，已发现类星体数千个。这种天体非常漂亮，距离我们非常遥远，现在正以极快的速度远离地球而去。有关它们的许多问题至今还没有答案。

你知道吗？

【河·外·星·系·的·形·状】

用大型望远镜观察到宇宙空间有几十亿个河外星系，它们的运动方式不同，形状也各不相同。

A.棒旋星系

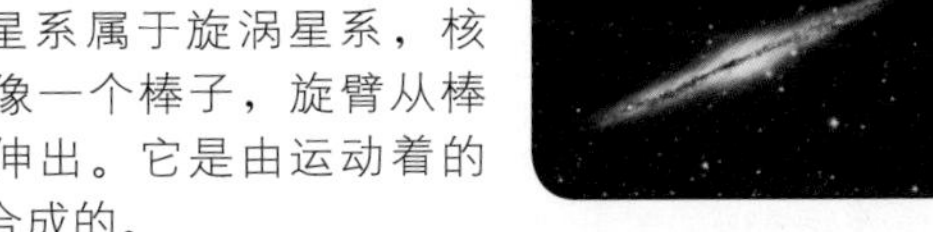

●棒旋星系属于旋涡星系，核心部分像一个棒子，旋臂从棒子两端伸出。它是由运动着的恒星聚合成的。

B.不规则星系

●有一类星系既没有旋涡，也没有比较对称的结构，无法辨认它们的核心，有的甚至碎裂成几部分，被称为不规则星系。不规则星系在宇宙中最为罕见。

C.椭圆星系

●椭圆星系呈圆球形或椭圆球形。样子有点像球状星团，但是比星团大得多。椭圆星系的中心区恒星最多，也最明亮。

D.旋涡星系

●旋涡星系呈旋涡状，核心是一个球形的隆起，称为核球。核球周围是薄薄的盘子一样的结构，从星系中央向外，缠绕着几条长长的旋臂。

恒星的世界

▲星云受到干扰，失去平衡，部分星云在引力作用下解体，形成一个旋转的圆盘，其中心区逐渐浓缩。

▲原恒星开始形成，发热燃烧并向外喷射物质。

▲原恒星开始发热发光。

▲核反应开始。

▲一颗新恒星诞生。

恒星的形成过程

恒星是宇宙中数量最多的天体，太阳就是一颗恒星，夜晚的星空中，我们看到的星星大多数都是恒星。恒星实际上都是高温的球状气体，能自己发光发热。它们的能量来源于“燃烧”自身的气体，因此一颗恒星内气体的多少，会直接影响到它的温度和体积。恒星从诞生的那天起就聚集成群，交相辉映，组成星团、双星、星系等，宇宙可以说就是一个恒星的世界。一般来说，恒星的体积都比较大，只不过因为距离地球太遥远，它们发出的光才显得很微弱。

恒星的形成

恒星诞生于太空中的星际尘埃（科学家形象地称其为“星云”或者“星际云”）。恒星的形成都是在星云内部完成的。星云在外力的作用下不断地收缩内聚。在收缩中，星云不断地分裂成更小的云团，当这些云团继续收缩并且变得更浓时，就会聚拢起来使温度升高，当温度达到1000万摄氏度时，核反应发生，一个恒星就诞生了，而这一过程大约需要2000万年。

大小不同

恒星的体积和质量都比较大，但它们之间也同样是有大小之分的。太阳在恒星世界中只能算中等规模，已知最大的恒星，直径是太阳的1000倍。宇宙中，体积最小的恒星是中子星，它们的直径约只有十几千米，可是质量却很大，每立方厘米达1亿吨！中子星是质量较大的恒星到了晚年发生超新星爆发坍缩而成的。

成双结队

我们看到的星星总是一颗一颗地镶嵌在天穹中。如果用望远镜观察会发现，它们不少是由两颗星互相吸引、互相围绕着结伴而行。两颗恒星在彼此的引力作用下，围绕着它们俩共同的轨道运行，天文学上把它们称为“双星”。双星系统在宇宙中非常普遍，大约有一半左右的恒星被证明是双星或聚星。已发现的双星约有8万对。我们熟悉的天狼星也有自己情投意合的“伴侣”，它们像跳双人舞一样，一边互相围绕旋转，一边前进。不过我们的太阳是颗单星。

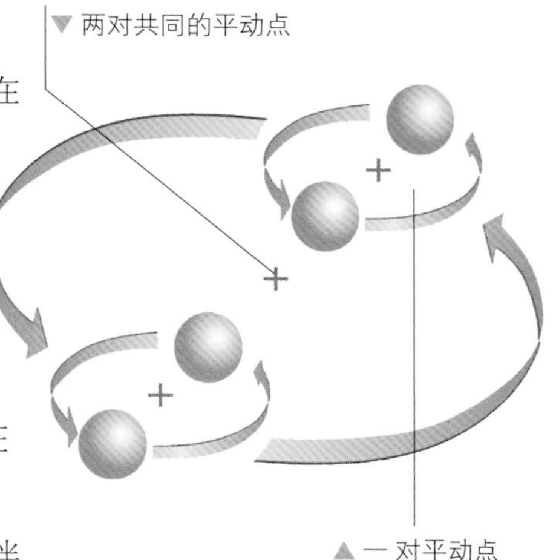

▲在一个双星系统中，每一颗星都绕其伴星运动，同时又绕共同的平动点运动。

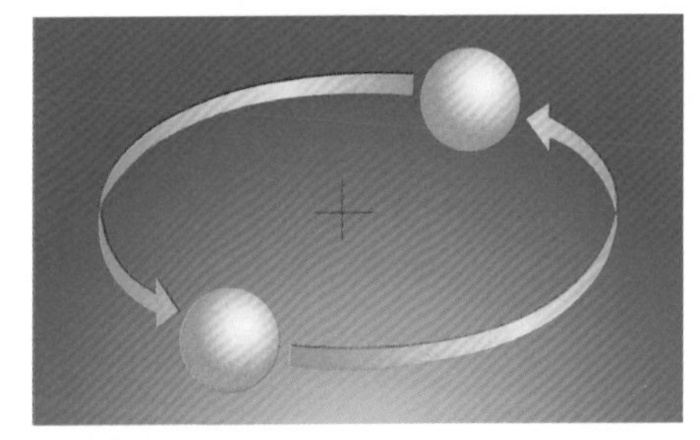

▲在质量相同的双星中，平动点位于两星的中间。

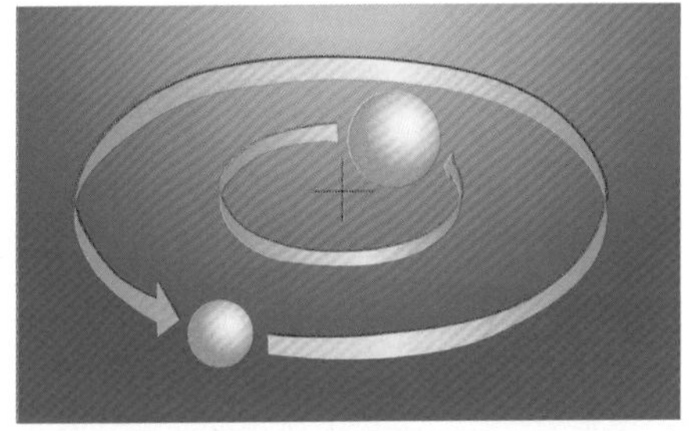

▲如果双星系统中，两颗星的质量不同，则平动点离质量大的近一些。

著名的恒星		
恒星名称	所属星座	与地球的距离
织女星	天琴座	26光年
北河三	双子座	36光年
五车二	御夫座	45光年
毕宿五	金牛座	68光年
轩辕十四	狮子座	84光年
老人星	船底座	98光年
角宿一	室女座	260光年
参宿四	猎户座	520光年
北极星	小熊座	700光年

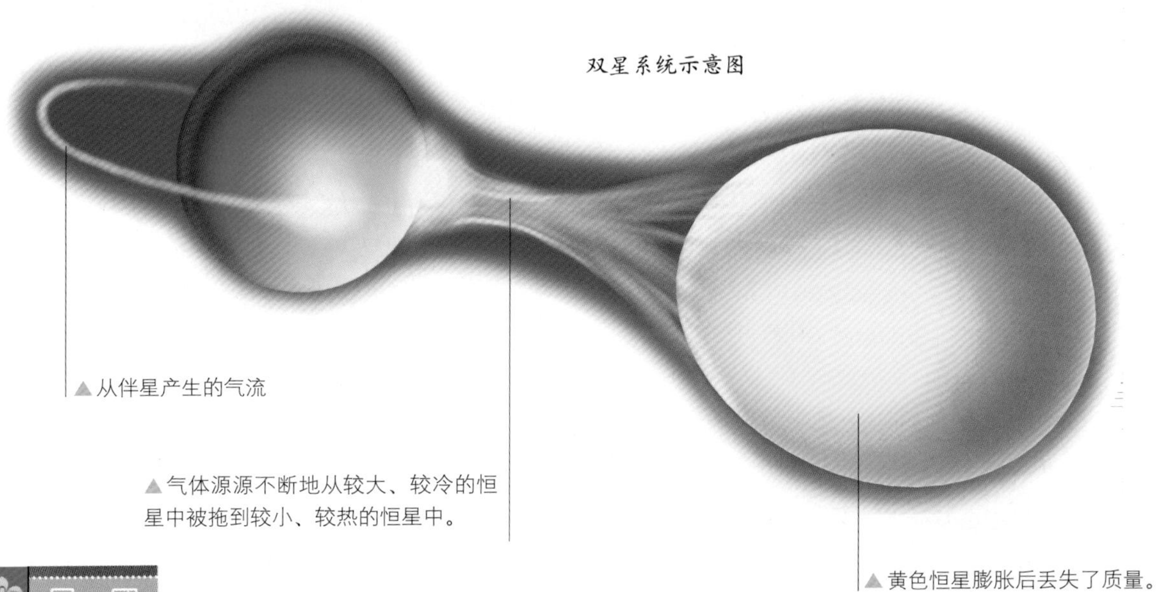

双星系统示意图

▲从伴星产生的气流

▲气体源源不断地从较大、较冷的恒星中被拖到较小、较热的恒星中。

▲黄色恒星膨胀后丢失了质量。

星 团

许多恒星在漫长的演化过程中，互相靠近成一个个的集团，它们年龄一致，早期内部成分也一样，天文学家把它们称作星团。星团内的恒星数目不等，少的有10多颗，多的则有几百万颗，分为球状星团和疏散星团两类。星团年龄有大有小，年轻的星团都是一些年数短的、炽热的蓝色恒星；而年老的星团包含许多红巨星，它们正在走向生命的末端。

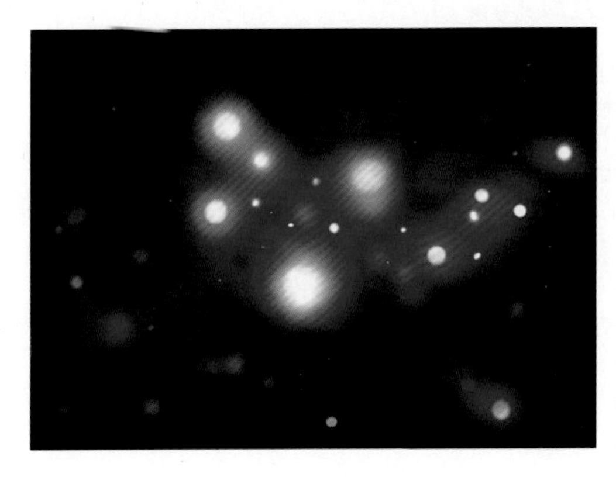

金牛座的昴星团

◀金牛座的昴星团也叫七姐妹星团，由大约1000多颗恒星组成。在地球上，目视可直接看到的只有其中的六七十颗，它们离我们大约417光年。

地球的近邻——月球

月球是地球的天然卫星，我们把它叫作“月亮”。它本身不会发光，因为反射了太阳光，才有了美丽的月光。由于距离远近和视角的关系，月亮看上去和太阳差不多大，其实它比太阳小得多，比地球也小得多，平均半径为1738千米，体积相当于地球体积的1/48，质量是地球质量的1/81，它是太阳系最大的卫星之一。古时候，人们不了解它的真面目，曾经想象出了许多美丽的传说，实际上，月球非常荒凉，它的表面最多的是环形山。但月球却对地球有着许多重要影响，如产生潮汐、日食现象等。

月球简介

月球是离地球最近的天体，所以我们称月球是地球的“近邻”。虽然是近邻，但是离地球还是非常遥远，大概有38万千米，如果每小时走 5 千米，要足足走 8 年零 9 个月呢！即使乘火箭去，也要花 3 天的时间。科学家发现，月球的结构由内到外分别是内核、内壳、月幔、月壳、月壤。内核含铁和硫；内核被一层半熔化状的岩石层所包围，即内壳；该层外面是一层固态岩石(岩石圈)，即月幔；最外层是富含钙和铅的岩石壳，即月壳；月球表面覆盖着一层厚度不均等的风化层，主要由尘埃和岩屑组成，这就是月壤。

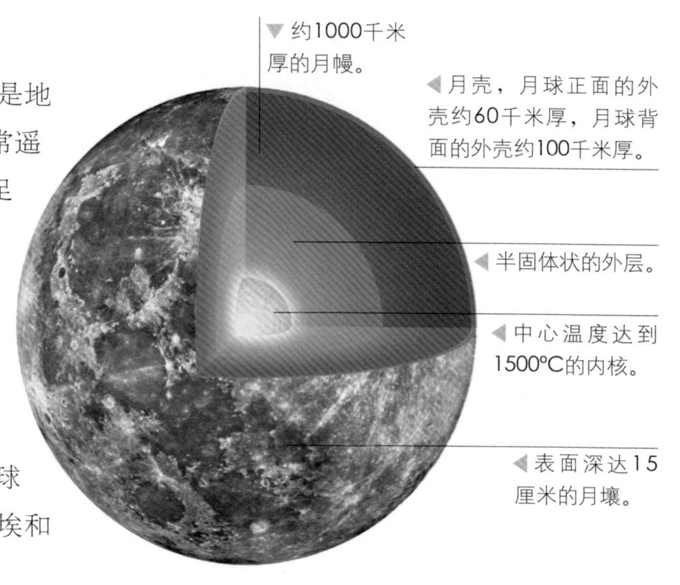

大疤脸

月球的表面积大约相当于南北美洲陆地面积的总和。它的表面起伏很大，有很多形状各异的环形山，还有高大的山脉（最高峰达9000米）、大片平原以及幽深的月谷。可以说，月球有一个不折不扣的“大疤脸”，上面坑坑洼洼，起伏不平。有的大环形山内部还散布有几个小环形山。在月球表面上，直径大于1千米的环形山总数达33000多个，占月球表面积的10%，至于更小的月坑则数不胜数了。月球表面大部分地区被一层碎屑物质所覆盖，称为月壤或月尘。月球没有像地球一样的大气圈，因此在这里不能呼吸，声音也无法传播。

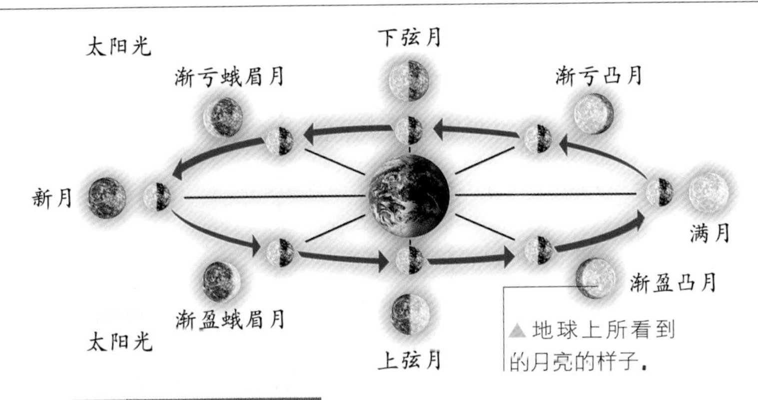

月相变化示意图

月相

月亮本身不发光，在黑暗的夜空中，我们能看到月亮是因为它反射太阳光。月亮绕地球运动的过程中，它和太阳、地球的相对位置不断发生变化，所以我们看到月球的形状就不同，形成了月缺月圆的月相变化。在地球上看月球，有时像镰刀，叫蛾眉月；有时呈半圆，叫弦月；有时如一面明镜，叫满月；有时又全部黑暗，叫新月。月球的这种盈亏变化现象就是月相。月相遵循着从新月到满月，然后又回到新月这样一个循环。

月球的运动

月球绕地球公转，构成地月系。月球自转和绕地球公转的周期相同，是27日零8小时，而且它们运行的方向都是自西向东，月球上的白天和黑夜都有半个月左右。因此，从地球上看，月球总有一面是看不到的。最有趣的是，月球永远以正面对着地球。月球运行的公转轨道并不很圆，所以月球与地球之间的距离也不总是相同。月球距离地球中心最近距离是363300千米，最远距离是405500千米。

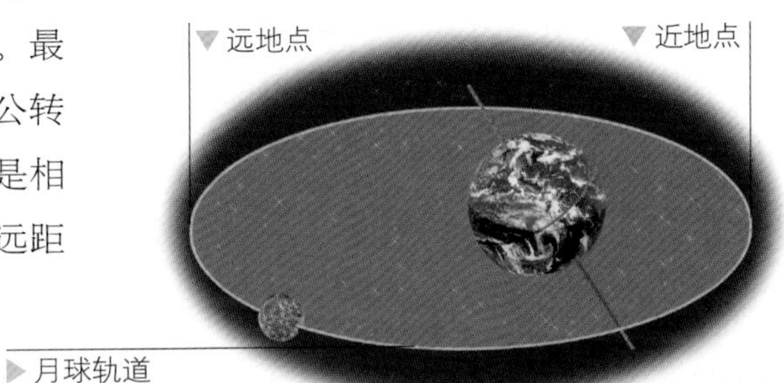

月球的公转轨道

月球表面的“特产”

月球上的环形山使月球的表面别有一番风景。环形山一般呈圆形，四周耸立着高高的山壁。最大的环形山直径295千米，可以把整个海南岛都放在里面；最深的环形山是牛顿环形山，可以把珠穆朗玛峰倒扣下去。环形山的形成是由于亿万年来陨石不断撞击月球表面造成的。由于没有大气层的保护，所有来自太空向月球运行的物体均能落到月球的表面。而环形山的大小、形状则取决于向月球冲撞而来的陨石的大小与速度。

你知道吗？

【环·形·山·形·成·示·意·图】

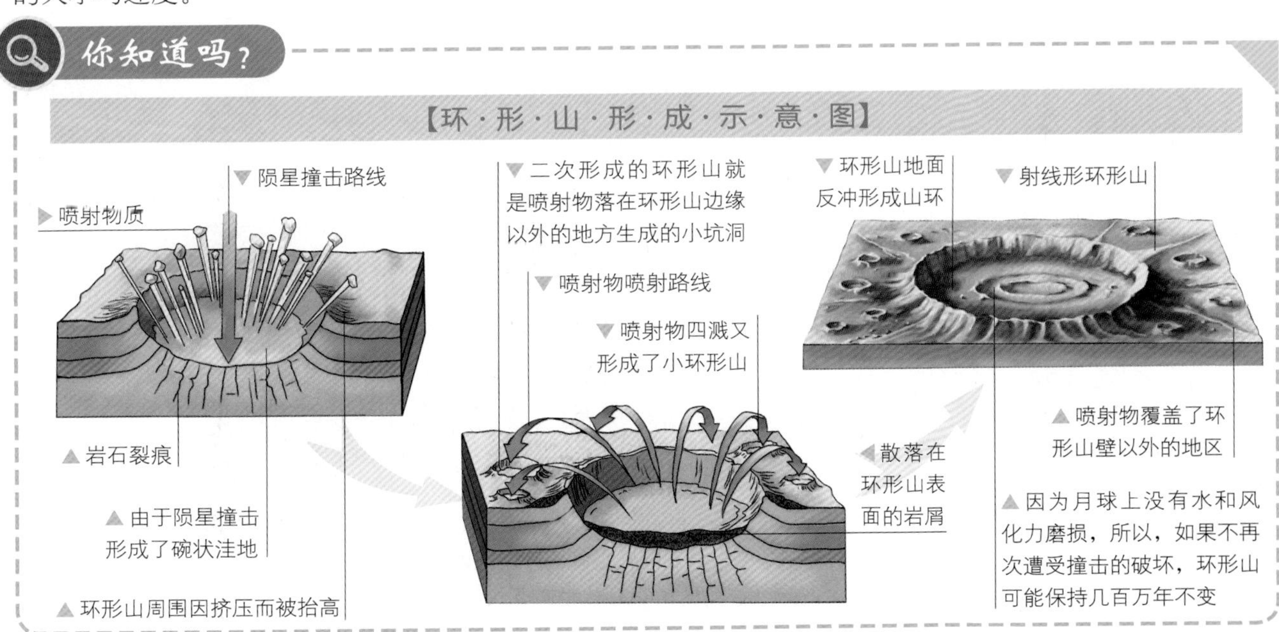

太阳系的一家

大约在50亿～46亿年前，存在着一个成分主要是氢，同时含有少量氦和由其他元素构成的尘埃的云团。由于万有引力作用，在云团中心形成了一个高温、高压、高密度的气体球，并在其核心触发了核反应，释放出大量的光和热，它就是太阳。而残存在太阳周围的气体和尘埃，形成了太阳系的其他天体。太阳系是以太阳为中心，由大行星、小行星、卫星、彗星、流星和行星际物质构成的天体系统。太阳在太阳系中具有绝对的“权威”。它的质量占整个太阳系总质量的99.9%，它又是太阳系中唯一自身能发光的恒星。

太阳系大家族

在太阳系内，现在已观测到8颗大行星，按距离太阳从近到远，分别是水星、金星、地球、火星、木星、土星、天王星、海王星；此外，还有几十万颗小行星。卫星绕行星运动，八大行星中除水星和金星外，每个行星都有自己的卫星。在这个天体大家庭中，太阳是老大，所有的其他天体都沿着一定的轨道围绕着太阳旋转。偶尔有几个彗星和流星横冲直撞，离开轨道，但也逃脱不了太阳的控制，太阳就好像用一条无形的绳子拉着其他天体一起旋转，这就是万有引力作用。这些围绕太阳旋转的天体自己都是不会发光的冷天体，它们都要靠太阳的光、热来温暖自己和照亮自己。

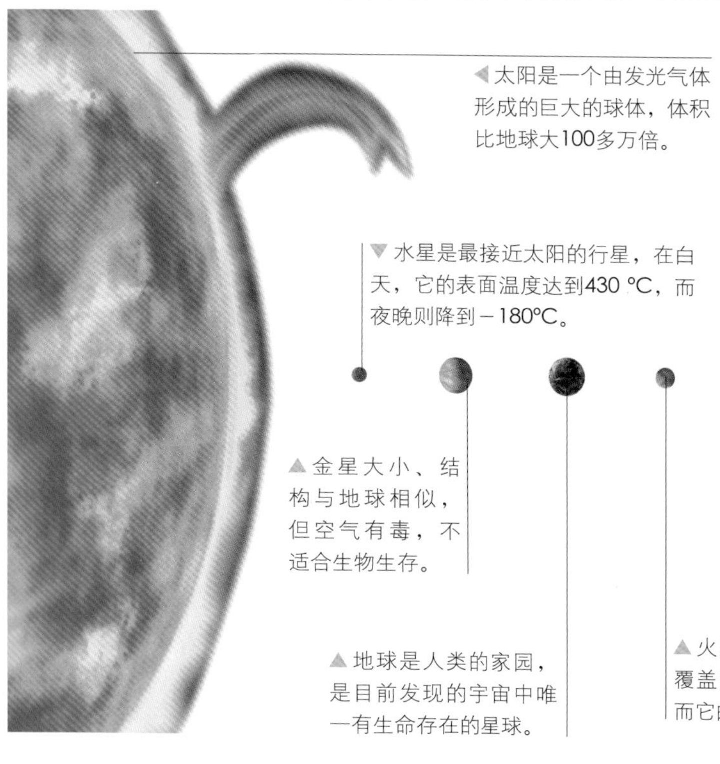

◀太阳是一个由发光气体形成的巨大的球体，体积比地球大100多万倍。

▼水星是最接近太阳的行星，在白天，它的表面温度达到430 ℃，而夜晚则降到－180℃。

▲金星大小、结构与地球相似，但空气有毒，不适合生物生存。

▲地球是人类的家园，是目前发现的宇宙中唯一有生命存在的星球。

▼木星是太阳系中质量最大的，由气体和液体组成。

▲火星上有山川、峡谷和冰雪覆盖的两极，还有大气层，然而它的表面却是荒芜的沙漠。

行星系统和运动

包括地球在内的8颗行星构成了一个绕太阳旋转的行星系统。根据行星的物质构造，行星系统被分成内外两个系统。内系统的4颗星由岩石构成；外系统的4颗星由液化气体构成。整个太阳系在太空中旋转。在太阳系内部，行星围绕着自转的太阳运转。行星运行的轨道成椭圆形，运行方向一致，但速度不同。在轨道上行走一圈的时间相差很大，因为不同的行星与太阳的距离不等。除此以外，每个行星还围绕自己的轴心自转。

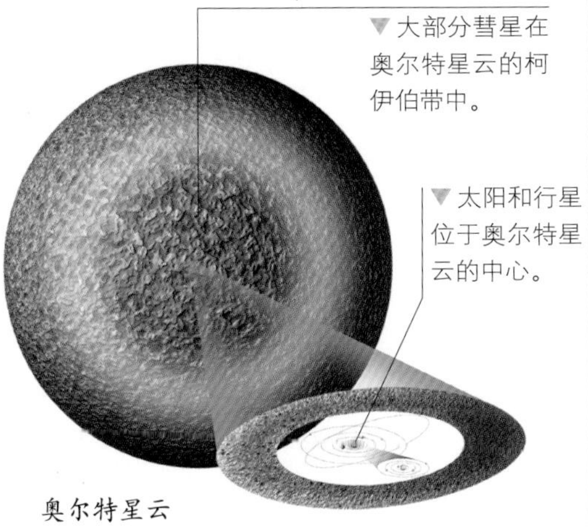

▼大部分彗星在奥尔特星云的柯伊伯带中。

▼太阳和行星位于奥尔特星云的中心。

奥尔特星云

太阳系的边界

20世纪50年代，荷兰天文学家奥尔特提出，在太阳系的外围，有一个近乎均匀的球层结构，其中有大量的原始彗星，这个球层就被称为奥尔特星云，直径约为1光年。不过，即使我们将奥尔特星云的位置作为太阳系的边缘，整个太阳系与银河系比起来，还是像海滩上的一粒沙子。

木星差点取代了太阳

木星是太阳系中最惹人注目的一颗行星，它是行星八兄弟中的老大——个儿最大。它的亮度仅次于金星。如果木星的内部是空的，它能装下1000多个地球。它的直径是地球的11倍多。因为太阳的质量非常大，中心的温度非常高，其引力作用能产生足够的热量和压力使太阳中心发生核聚变反应，所以太阳成了一颗恒星，不断发光发热。如果木星质量再增加75倍的话，它的中心也能产生核聚变反应，从而使木星变成一颗恒星。

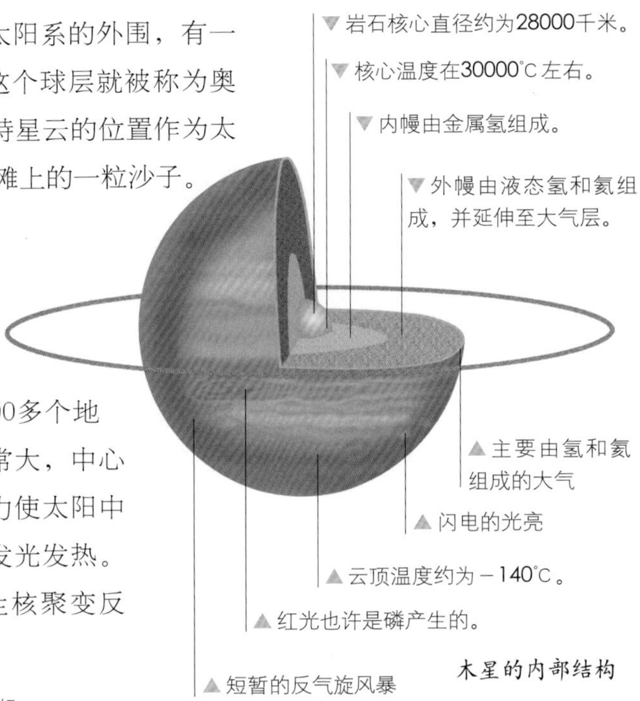

▼岩石核心直径约为28000千米。

▼核心温度在30000℃左右。

▼内幔由金属氢组成。

▼外幔由液态氢和氦组成，并延伸至大气层。

▲主要由氢和氦组成的大气

▲闪电的光亮

▲云顶温度约为－140℃。

▲红光也许是磷产生的。

▲短暂的反气旋风暴

木星的内部结构

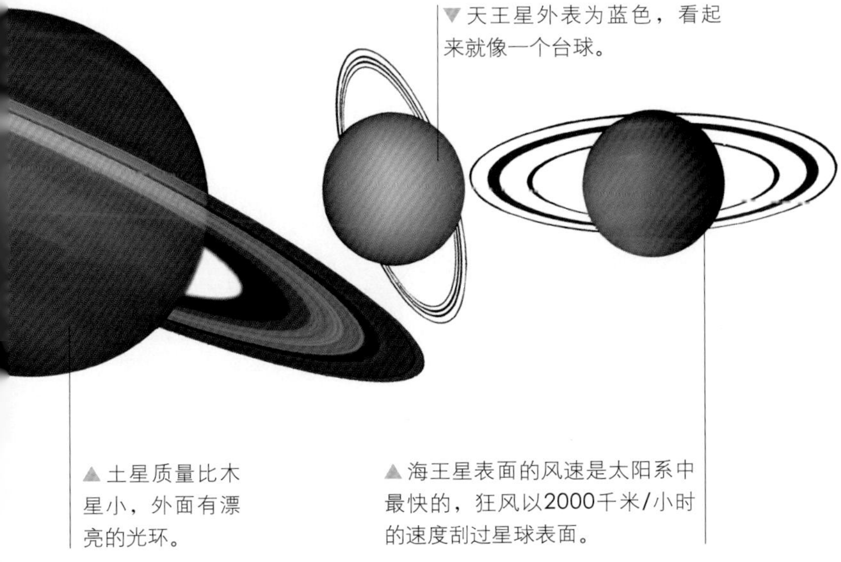

▼天王星外表为蓝色，看起来就像一个台球。

▲土星质量比木星小，外面有漂亮的光环。

▲海王星表面的风速是太阳系中最快的，狂风以2000千米/小时的速度刮过星球表面。

小知识

· 真奇妙 ·

八星连珠。每隔179年，太阳系里八大行星会运行到太阳的一侧，就像串成了一根珠链。

流浪汉。太阳系大家族里的流星和彗星就像天空中的“流浪汉”，浪迹天涯，来去匆匆。

小不点。火星和木星轨道之间，有许多小行星，它们就像大行星的“小弟弟”，又似宇宙中的小不点，直径只有几百米到几十千米。

一家之长——太阳

太阳是我们最熟悉的天体，每天东升西落，给我们带来了光和热。同时，太阳也是太阳系的中心天体，是距离我们最近的一颗恒星。和其他恒星一样，太阳也是个炽热的气体球，它的主要成分是氢，也有一些氦以及少量其他元素，在太阳中心不断地发生着核聚变反应，产生光和热。太阳表面的温度有6000℃，核心的温度则达到了1.5×10^{7}℃。它大约形成于50亿年前，前身是气体和尘埃构成的原始太阳星云，这片星云形成星团后又逐渐分裂，其中就诞生了太阳。太阳是我们已知的唯一带有行星系统的恒星。

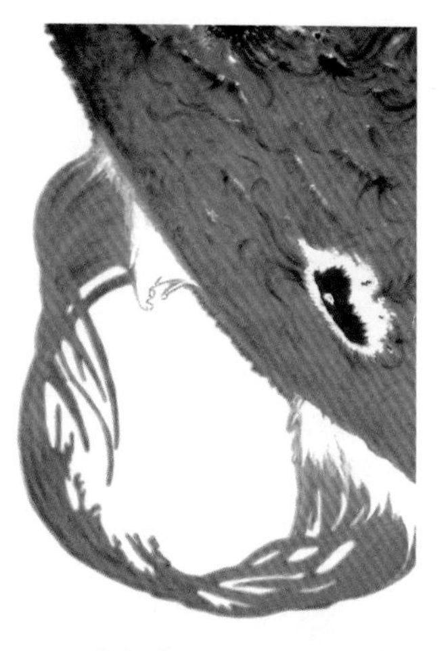

▲在色球层与日冕层之间有时会突然发生剧烈的爆发现象，称为耀斑。耀斑常发生在黑子群附近的上空。

太阳的结构

太阳是一个燃烧着的大气体球，它从里向外分为三个区，分别是产能核心区、辐射区和对流区。其中产能核心区就是太阳发生核聚变反应的地方，这里产生的能量通过辐射、对流等方式传到太阳表层，最后辐射到四方，我们才可以感受到太阳的光和热。太阳的表面是厚达500千米的热气流，即光球层。光球层向外，依次还有色球层和日冕层，气体逐渐变得透明，光线也逐渐射向宇宙空间。

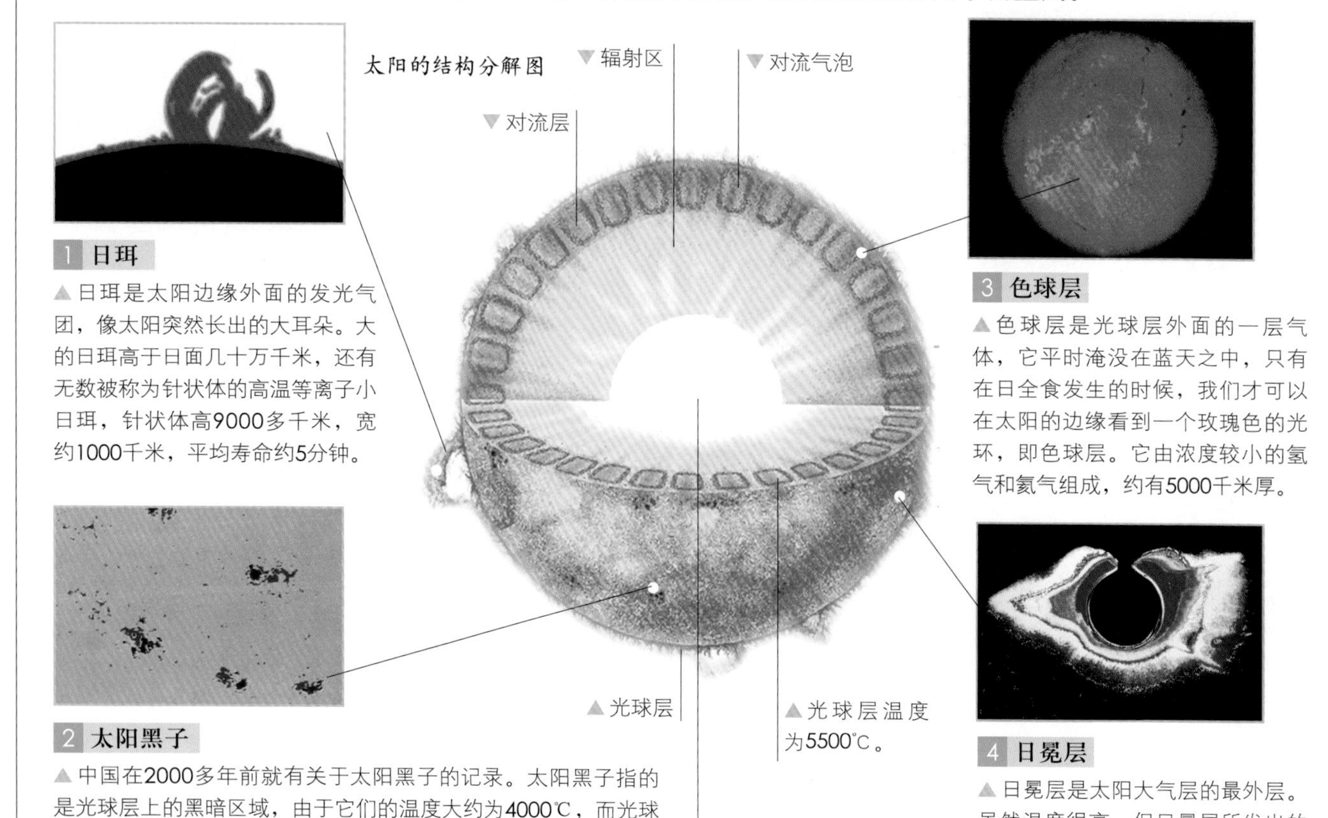

1 日珥

▲日珥是太阳边缘外面的发光气团，像太阳突然长出的大耳朵。大的日珥高于日面几十万千米，还有无数被称为针状体的高温等离子小日珥，针状体高9000多千米，宽约1000千米，平均寿命约5分钟。

2 太阳黑子

▲中国在2000多年前就有关于太阳黑子的记录。太阳黑子指的是光球层上的黑暗区域，由于它们的温度大约为4000℃，而光球层其余部分的温度约为5500℃。黑子较光球层周围区域的温度低了许多，所以在明亮的光球层反衬下，它看起来是“黑”的。

3 色球层

▲色球层是光球层外面的一层气体，它平时淹没在蓝天之中，只有在日全食发生的时候，我们才可以在太阳的边缘看到一个玫瑰色的光环，即色球层。它由浓度较小的氢气和氦气组成，约有5000千米厚。

4 日冕层

▲日冕层是太阳大气层的最外层。虽然温度很高，但日冕层所发出的光却很黯淡。

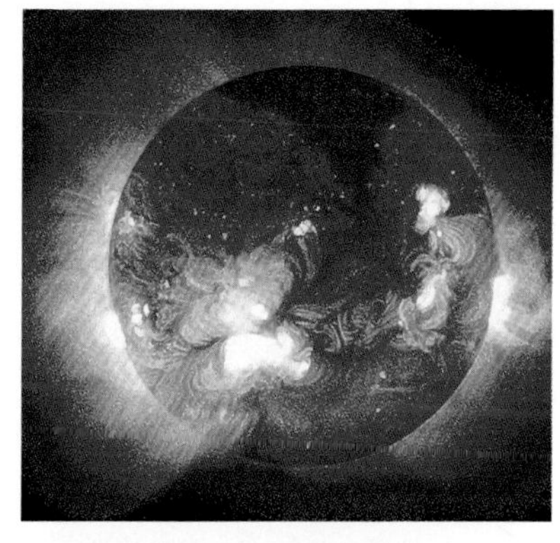

▲太阳的表面发生着激烈的活动。

太阳的寿命

像宇宙中的所有事物一样，太阳也是有寿命的。它从诞生以来，已经这样发光发热了50亿年，而且还可以继续这样持续燃烧50亿年，因此，目前的太阳正处于生命力旺盛的“中年”。50亿年后，当气体燃料快要耗尽的时候，即所有的氢都转变成氦的时候，它会开始使用氦燃料，从而变成一颗红巨星。那时的太阳会比现在大上500倍，亮上1000倍，吞噬掉太阳系内的一切。然后，它会开始逐渐收缩，变成一颗和地球一样大小的白矮星。再过几十亿年，白矮星逐渐冷却，就会变成一颗又冷又暗的黑矮星，从而结束它在宇宙中平凡而又辉煌的一生。

发出光和热的奥秘

太阳为什么会源源不断地发出光和热呢？有人认为太阳是一个熊熊燃烧的“大煤球”，可是，像太阳这么大的“煤球”，用不了1000多年就会烧尽的。太阳之所以不停地发出光和热，是因为核聚变产生的。太阳上的氢元素在太阳中心的高温、高压条件下，氢原子核互相作用，结合成氦原子核。由核聚变产生的氦的总质量比参加核聚变的氢的总质量要少一些。失去了的质量就会转变成能量，包括光能和热能。这些光能和热能由太阳核心转向太阳大气层，并进入太空。其中一些光和热到达了地球，成为地球上能量的主要来源。

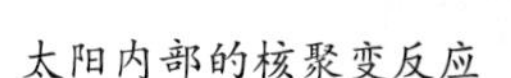

◀太阳的中心时时刻刻都在发生一种4个氢原子聚变成1个氦原子的核聚变反应，相当于每时每刻都发生着氢弹爆炸的反应，因此释放出的大量辐射能，以光子的方式辐射出去。

量量体温

太阳是一个炽热的气体球，如果能用一种特殊的“体温表”给太阳量量体温，你一定会惊讶不已。太阳的体温高得吓人，表面温度为6000℃，中心温度达到1.5×10^{7}℃，色球层底部的温度也达到了4500℃，而最外面的日冕层温度又极高，达到几百万摄氏度。在这样的高温下，氢、氦等原子早已被电离成了带正电的质子、氦原子核和带负电的自由电子等，这些带电粒子会挣脱太阳引力的束缚而奔向太阳系空间，这就是太阳风。

◀太阳风的带电粒子离开太阳向各个方向喷出。

太阳的数据	
与地球的平均距离	约1.5亿千米
与星系的中心距离	3万光年
赤道直径	1.39万千米
质量（地球=1）	330000
引力（地球=1）	27.9

流浪者——彗星

彗星就像宇宙中的大“脏雪球”，由一些碎石、冰块和尘埃组成。彗星环绕太阳运行，在静寂的星空里，彗星拖着条扫帚般的长尾巴，划过天际。彗星是从原始太阳星云的旋转碎片中产生的，是形成太阳和大行星的稠密星际云的一部分。它们最初是气体分子、水、二氧化碳和其他物质，后来凝聚成硅尘微粒，并逐渐又凝聚成较大的粒子即彗星。彗星常出现于各大行星的轨道间，但大多数彗星则主要在冥王星轨道外运行。

小知识

·哈雷彗星·

最著名的彗星要数哈雷彗星了，它每76年会飞经地球一次。1986年哈雷彗星回归的时候，一艘叫作乔托号的小型探测器飞入了哈雷彗星内部，拍下了它的彗核照片——一块长度大概为16千米的冰块。

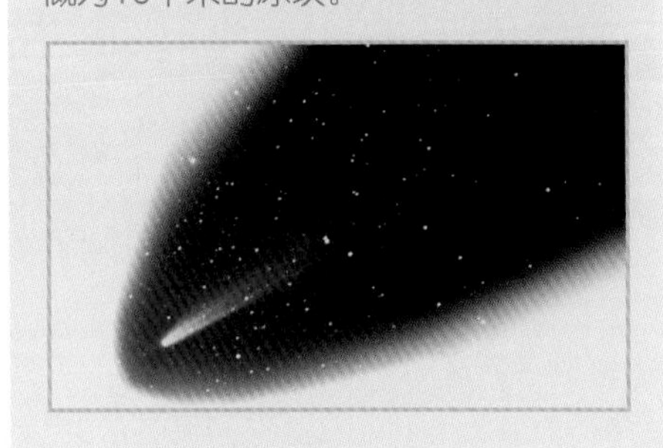

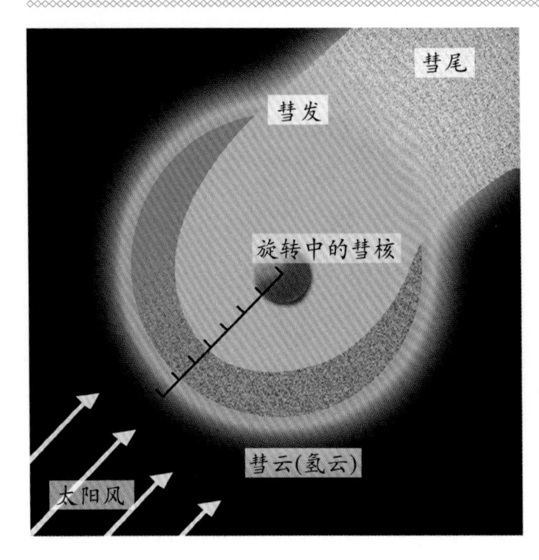

彗星结构图

认识彗星

典型的彗星分为彗核、彗发和彗尾三个部分。彗核由较密集的固体物质组成，周围云雾状的物质就是彗发，彗核和彗发合称为彗头，后面长长的尾巴叫彗尾。彗核是彗星上唯一的固体部分。科学家推测彗核是由冰、二氧化碳（干冰）、氨和尘埃颗粒混杂凝结而成的。当彗星远离太阳时，它没有彗尾。

彗 尾

当一颗彗星接近太阳时，它的表面会开始蒸发，释放出尘埃和气体。太阳的能量使气体和尘埃发光发热，形成两条巨大的彗尾。彗尾可以长达几百万千米，伸展开来可以横贯大半个天空。无论彗星以何种角度飞行，其彗尾总是指向远离太阳的方向。当大型的彗星飞近地球时，景象非常壮观。1997年8月，上百万人看到了闪耀的海尔·波普彗星，它那明亮的尘尾，即使不用望远镜，也能看得一清二楚。

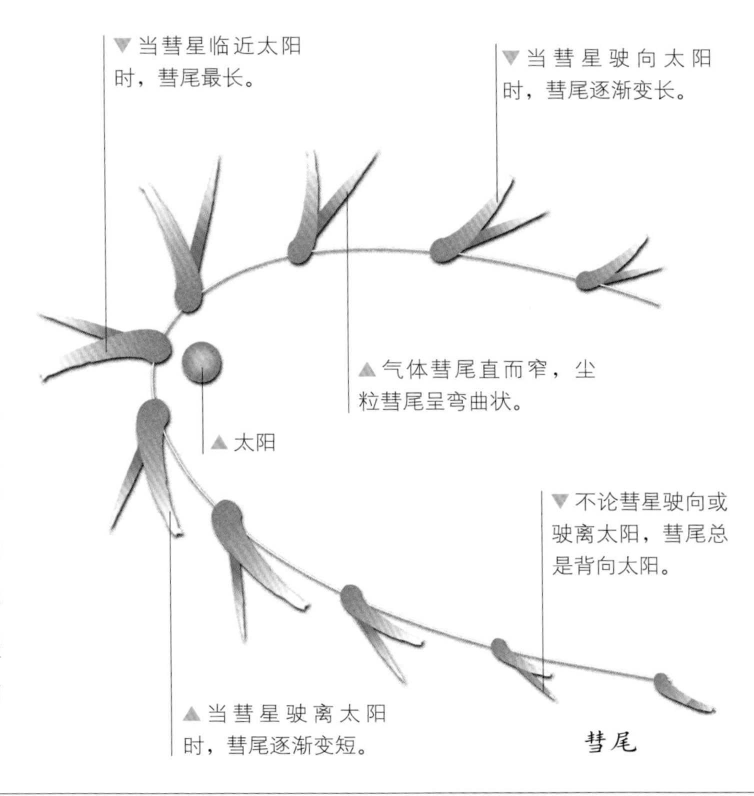

彗尾

天上的客人——流星

夏夜仰望星空，常可以见到一道亮光倏地划过漆黑的夜空，这就是美丽的流星。这些天上的客人并不是星星，而是太空中的流星体。它们是闯入地球大气层的星际物质与大气层摩擦、燃烧产生的美丽现象。每天都有成千上万颗星际物质闯入地球大气层，它们的数量秋季要多于春季，凌晨要多于白日，因此流星总是在夏夜最常见。流星体在进入大气层时，大多数由于与大气层强烈摩擦产生热量而燃烧殆尽，消失在大气层中，但极少数体积、质量较大的，在经过与地球大气剧烈的摩擦后未能充分燃尽，最后就会坠落到地球表面，人们称之为陨星。

陨 星

当流星进入地球的大气层时，会有一条亮光划过天空，人们称之为流星现象。大气阻力能使一颗小流星在几秒钟内燃烧殆尽。没有烧尽的流星体降落到地面，叫作陨星。陨星有大有小，大的有几十吨重，小的只有豆粒那么大。每年大概有约3000块陨星坠落到地球。大部分陨星掉进海里，人们不曾见到，只有小部分陨星落到陆地上被收集起来。陨星有陨石、陨铁、陨铁石和陨冰四大类。石质的陨星叫作陨石；铁质的陨星叫作陨铁；既含有岩石又含有金属的陨星叫陨铁石；陨冰的外表与普通冰没什么区别，科学家认为陨冰是彗星的彗核部分的碎块，陨冰落地后很快融化。

陨冰

小知识

·陨星留下的印迹·

陨石坑。美国亚利桑那州有个名为巴林杰的陨石坑，它是由5万年前一块重达11000吨的铁块撞向地球而形成的。

火星生命。有些落到地面上的陨星中，包含着其他行星上环形山形成时期的物质。如在一块编号为ALH84001的陨星上，人们发现了来自火星的生命痕迹。

流星雨

当地球和彗尾中的尘粒相撞时，往往会出现一大群流星，几十条甚至几百条亮光划破天空，好像有人在高空放了一颗大焰火似的，非常美丽，这就是流星雨。流星雨一般用其辐射点所在的星座命名。流星雨一般都在天空的某个特定区域发生，如2008年12月7日到16日，有一场双子座流星雨。

美丽壮观的流星雨

火流星

火流星是亮度在－3等以上，质量在5克以上的大流星。它因形似火球而得名。火流星因为母体较大，所以常可进入大气底层甚至成为陨星，更大的火流星还伴有声响，以至在白天也可见。一些特大的火流星可能是小行星或彗星的残骸造成的。

▲火流星仿佛是一个光耀夺目的大火球。

神秘的小不点

在太阳系中，除了“正式”的八大行星以外，其实还存在着上百万颗肉眼看不见的小天体，就像空气中的尘埃在茫茫的宇宙中，沿着椭圆轨道不停地围绕太阳公转。与八大行星相比，它们就像是微不足道的碎石头，大的直径几百千米，小的仅是一颗尘粒，这些围绕着太阳运转但体积微小的小天体，就被称为小行星。太阳系的大多数小行星分布在火星与木星间的小行星带上，其余则有各自的轨道。从1801年第一颗小行星被发现开始至今，有编号命名的小行星已经超过了5000颗。

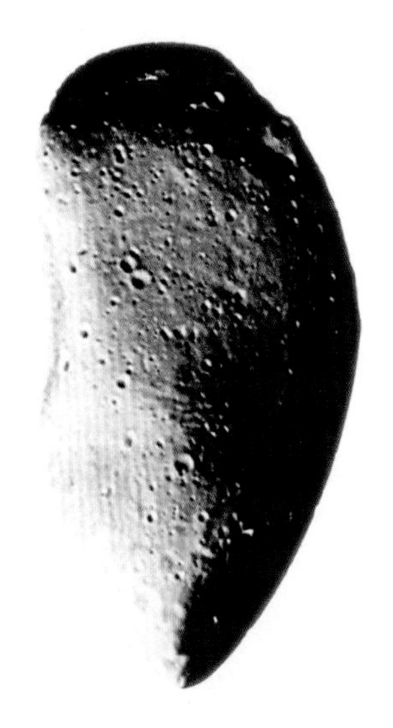

伽斯普拉星

你知道吗？

【小·行·星·间·的·碰·撞】

太阳系中的众行星形成时，现在的小行星带中的物质也形成了约640颗岩石天体。它们相互碰撞、碎裂，导致了更多小行星的产生。

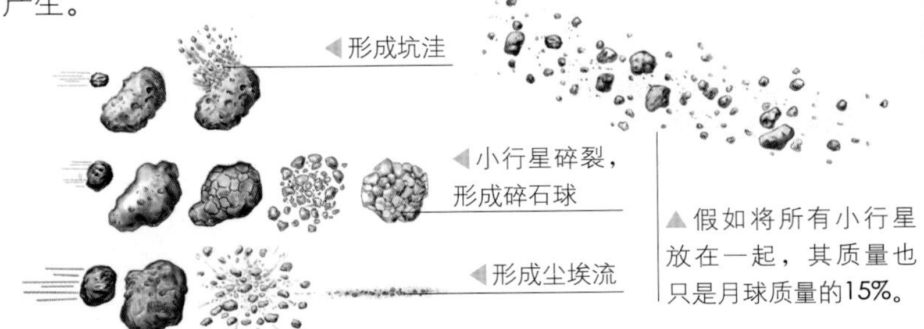

▲假如将所有小行星放在一起，其质量也只是月球质量的15%。

小行星的来历

小行星的来历大致分成两类，体积较大的，形成方式和大行星相同；体积较小的则很可能是太阳系形成时的残留物质。还有一种可能，就是两颗较大的小行星碰撞后的碎片。

小行星的命名

按照国际上的惯例，每颗小行星都以其被发现的次序一一编号，此外，它们还有自己独特的名字。现在已命名的小行星中，98%是以女神、王后、仙女、女英雄的名字命名的，有时人们也用历史名人的名字来命名小行星，像英国的披头士乐队，每个成员各有一颗以其名字命名的小行星，“哥伦比亚号”航天飞机上罹难的7位宇航员也得到了这份殊荣。

小行星带

18世纪，天文学家们就相信在火星与木星之间存在一个不为人知的神秘世界，它就是现在著名的小行星带。太阳系大多数小行星都聚集在这个区域。据推测，它形成的时间很可能是与太阳系同步的，在这个位置上的岩石碎块和尘埃本来可以形成一颗行星，但由于木星巨大引力的干扰，它们最终没能聚合，而是形成了小行星带。

小行星带

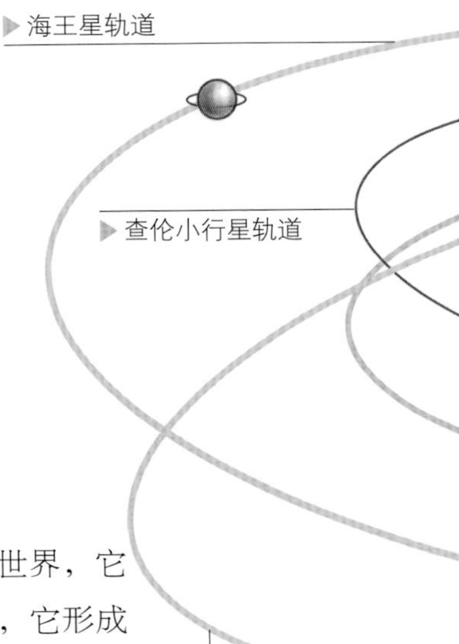

宇宙中的“小人国”

谷神星

小行星的个子非常小，太阳系中也许只有大约200颗小行星的直径能超过100千米，而其他大多数小行星的直径仅有1千米左右。1801年，第一颗被发现的小行星——谷神星，它同时也是迄今被发现的小行星中最大的一颗，直径也只有1000千米，只有月亮的1/6。在我们已发现的小行星中，最小的小行星叫阿多尼斯，它的表面引力很小。如果你在阿多尼斯上散步，可得千万小心，只要轻轻一跳，你就会成为飞人，腾云驾雾般一去不复返。这些体积不等的“小人国”的居民们，外貌奇特，形状也极不规则，而且表面布满了撞击产生的环形山。

艺术家笔下的近地小行星

近地小行星

沿靠近地球轨道运行的小行星有三群，分别是阿波罗小行星群、爱神小行星群和阿滕小行星群。同一群中的所有小行星都沿着同样的轨道运行。爱神小行星群在地球与火星的轨道之间运行；阿波罗小行星群的运行轨道正好穿过地球的轨道；而阿滕小行星群则位于地球轨道内。

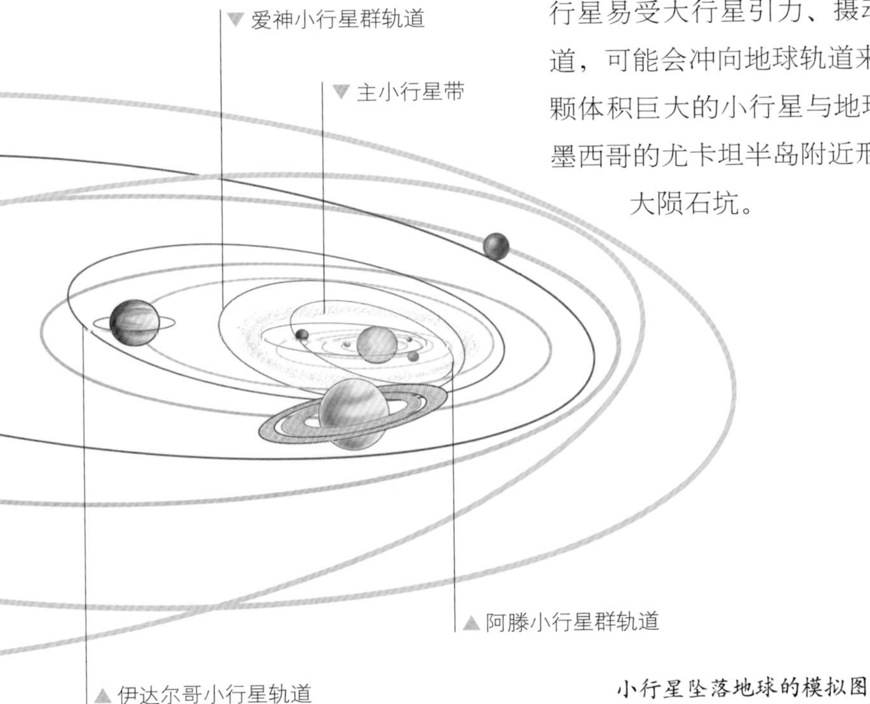

天地大冲撞

现已观测到的近12万颗小行星，绝大多数(约占90%)都聚集在宽阔的小行星带区，它们不停地环绕太阳运转，“安分守己”，对地球没有任何威胁。但也有个别小行星易受大行星引力、摄动的影响而偏离原来运行的轨道，可能会冲向地球轨道来“拼命”。大约650万前，一颗体积巨大的小行星与地球相撞，引起大爆炸，致使在墨西哥的尤卡坦半岛附近形成了一个直径为200千米的巨大陨石坑。

小行星坠落地球的模拟图

天上的"街市"

晴朗的夜空，繁星挂在苍穹，犹如宝石般闪着光芒。用天文望远镜观测夜空时，会发现它们相貌各不相同。为了更好地辨认它们，人们用想象的线条，把天空划分成许多区域，并把这些星星彼此相连，组成各种星座。星座就像是星星的家，它们镶嵌在天幕上，点缀出一个繁华而美丽的天上"街市"。

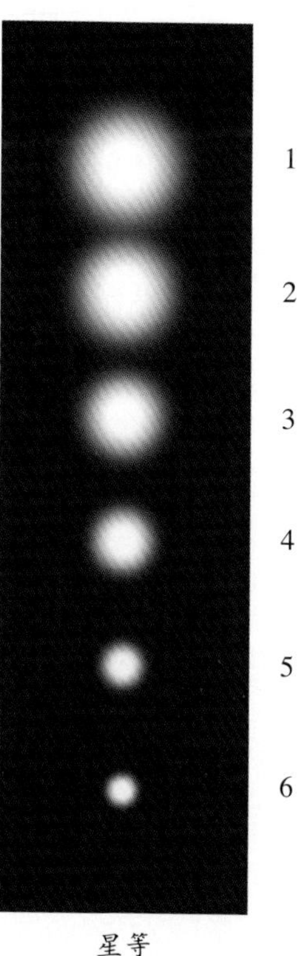

星等

数星星

天上的星星密密麻麻，如果让你数的话，你肯定会觉得太多，数也数不过来。天文学家根据星星的等级，观测统计得出，全天空中1等星21颗，2等星46颗，3等星134颗，4等星458颗，5等星1476颗，6等星4840颗。公元前2世纪，希腊天文学家依巴谷把肉眼可见的恒星亮度分为6个等级，最亮的是1等星，其次是2等星……最暗的是6等星。每一等星的亮度大约是下一等星的2.5倍，1等星的亮度相当于6等星的100倍。要观察6等以下的星，就必须用望远镜。

猎户座马头星云

天空中最明亮的21颗恒星

天空中共有21颗1等或1等以上的恒星。按亮度从大到小依次排列为：天狼、老人、南门二、大角、织女一、参宿四、五车二、参宿七、南河三、水委一、马腹一、河鼓二、毕宿五、十字架二、心宿二、角宿一、北河三、北落师门、十字架三、天津四、轩辕十四。在这21颗亮星中，参宿四经常变化不定，有时比排在它后面的星还暗。而有些星偏于地球南极一方，因此地处北半球中纬度的人们很难看到，这些星有老人、南门二、十字架二、十字架三、水委一、马腹一等。

认识星座

细心观察天上的星星，会发现它们在不同季节的位置是不一样的，甚至在一夜中的不同时刻，位置也是在移动的。不断变化的星空给人们观测带来了麻烦，于是，几千年前的人类就已经开始把相邻的星星们编成一个个的小组，想象成熟悉的形象给它们命名，这就是星座。星座最早起源于古代的巴比伦，现在国际上通用的星座一共有88个，是1928年由国际天文学会确定的。人们通常在星座名字后面加一个希腊语字母来表示这个星座里的恒星，如星座里最亮的星称为α星，第二亮的称为β，依次类推。

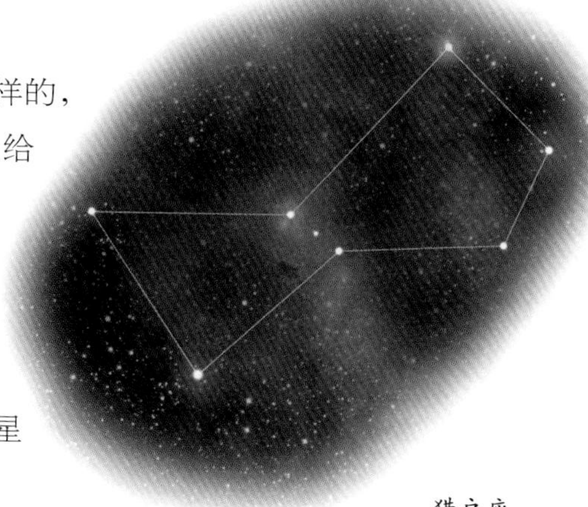
猎户座

北天星座图

星座的分类

星座根据位置不同，分为南天星座和北天星座。大约在公元2世纪，古希腊人就已经认识了北部天空的大部分星座，并用希腊神话的人物命名了这些星座。北部天空一般来说不如南部天空亮。北部天空最有名的是大熊星座和猎户星座。而南天星座直到17世纪才逐渐确定下来，并且南天星座大多采用科学仪器的名称来命名，如：罗盘座、显微镜座。南天有丰富的星云和星团，它包含了大小两个麦哲伦星云，这是离我们的星系最近的两个星系。

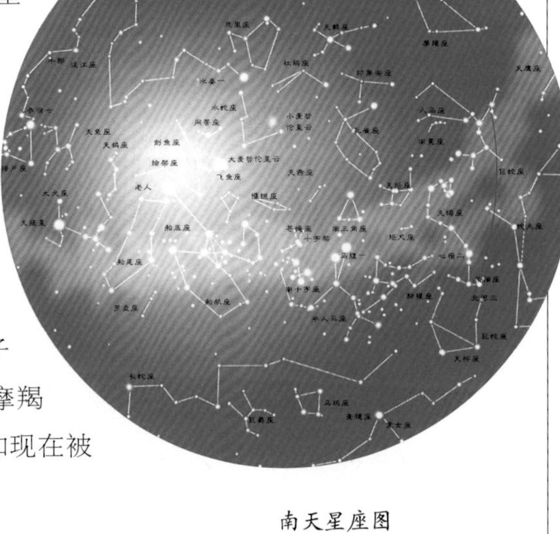

南天星座图

黄道十二宫

从地球上看，太阳好像在布满群星的天球面上运行，太阳所经过的轨迹就称为“黄道”。位于黄道上的12个星座区域被称为“黄道十二宫”，它们分别是白羊座、金牛座、双子座、巨蟹座、狮子座、室女座、天秤座、天蝎座、人马座、摩羯座、水瓶座、双鱼座。“黄道十二宫”与古代流行的占星术和现在被人们所津津乐道的“生日星座”有着很密切的联系。

你知道吗

【奇·趣·星·座】

国际天文学会确定的星座名称，其中约有一半的名字源于动物，如狮子座、大熊座等；而1/4的星座是由希腊神话中的人物来命名的，如仙女座等。

A.人马座

● 人马座是以古希腊神话故事中的半人半马怪物正在发射一支箭的形象而命名的星座，是12个黄道星座之一。黄道最南点——冬至点，就在其中。

B.南十字星座

● 南十字星座是指向南天恒星围绕着南天极旋转位置的星座。它与北极星遥相对应，是赤道以南导航的关键标志，也是88个星座中最小的。

C.长蛇座

● 长蛇座是88个星座中最长、面积最大的星座。在古希腊神话故事中，它是水蛇精许德拉的化身。传说它有9个头，能从9张口中吐出毒气，危害人畜。

D.金牛座

● 金牛座是冬季夜空中一个光辉夺目的星座。它是黄道的第二个星座，因形似牛的上半身而得名。在古希腊的神话中，它是天神宙斯的化身。

E.双子座

● 双子座位于猎户座的东北方，与位于银河之西的金牛座隔河相望，是黄道星座之一。在古希腊神话传说中，它是天神宙斯和勒达的一对双生子。

飞出地球

在地球上无论向上抛什么物体，也无论你用多大的力气将物体抛得多高，物体最多只是在地面的上空划出一道长长的弧线，最后还是回到地球。如用力踢出的足球和射向高空的炮弹，它们总要回落到地面。这是因为地球对物体的万有引力作用，这个引力就像一条看不见的绳子，牢牢地拴着地球上的每样东西。要使物体飞出地球，就必须赋予物体巨大的速度，克服地球的引力。

▲架设在高山上的大炮，随着发射炮弹初始速度的提高，炮弹的射程越来越远，当速度达到一定值的时候，炮弹就不再落回地面，成为环绕地球运行的卫星，这个速度就是第一宇宙速度。

第一宇宙速度

月球不断地绕地球旋转，在月球旋转的时候，它产生了离心力，这股离心力足以抗衡地球引力的束缚。所以要让发射的人造卫星绕地球旋转而不掉下来，就需要使它具有能抗衡地球引力的离心力。科学家计算出要使物体不落回地面的速度是7.9千米/秒，也就是说，物体如果达到7.9千米/秒的速度，它就会永远地绕着地球运行而不会从天上掉下来。这个速度就叫第一宇宙速度，也叫环绕速度。

▼“阿波罗号”飞船指令舱－服务舱组合体进入环绕地球飞行轨道，在进行了最后的轨道修正后，将服务舱分离。

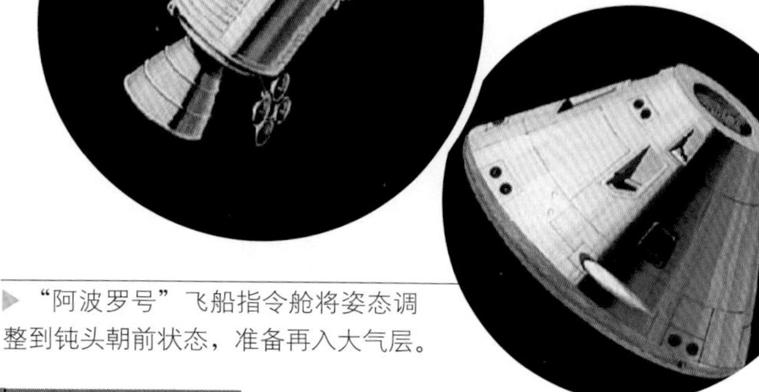

▶“阿波罗号”飞船指令舱将姿态调整到钝头朝前状态，准备再入大气层。

▼“阿波罗号”飞船指令舱再入大气层。

飞出太阳系

人类还想飞得更远，彻底摆脱地球的束缚，飞向星际空间，科学家计算出，只要物体的速度达到11.2千米/秒，就能摆脱地球引力，飞向太阳系的其他星球。如果想要到太阳系外去旅行，摆脱太阳引力的控制，就必须达到16.7千米/秒的速度。如果速度达到110～120千米/秒，就可以脱离银河系，实现太空漫游的梦想和目标。

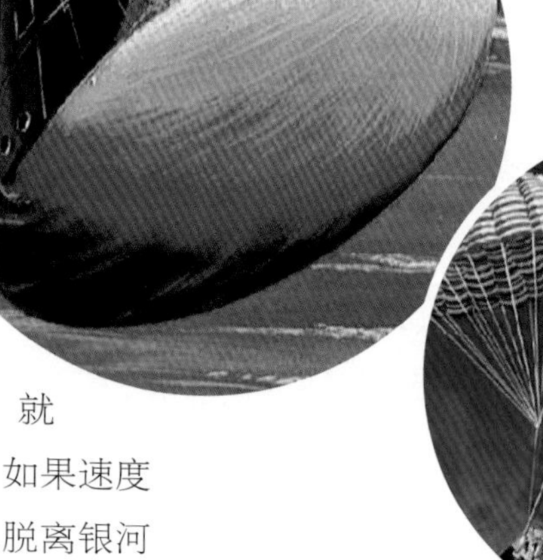

◀航天飞机轨道器在太空飞行。

▲展开指令舱上的引导伞，固定飞行方向，为展开主伞做准备。

人类登天的梯子

人类利用火箭来发射人造卫星和宇宙飞船，把它们送入太空，有的宇宙飞船还载着宇航员在茫茫宇宙中遨游。火箭在工作时会燃烧能源，排出气体产生强大的推动力，从而达到飞船所需要的高度和速度。火箭一般分成三级，一层一层依次堆叠在一起，第一级火箭搭载着飞船到达高空大气层。一旦燃料耗尽，已经空了的一级就会落回到地球。更轻一些的第二级会在脱落前把飞船带向更高的速度。最后一级则把宇宙飞船推入轨道或者是太空更远的地方。火箭犹如人类登天的梯子。

你知道吗？

【卫·星·运·载·火·箭】

人造卫星和宇航员进入太空是靠火箭运载的。世界各国有许多火箭成功完成了各种发射任务，为改变人类的生活做了杰出的贡献。

A.东方1号

●将世界第一位航天员加加林乘坐的东方1号载人飞船送入太空，开启了人类进入太空的大门。

B.联盟号

●是世界上使用最频繁的运载火箭，至今已经发射1000余次，成功率高达97.9%。

C.长征4号A

●长征4号A为三级运载火箭，用于发射太阳同步轨道卫星。1988年9月7日，在中国山西太原卫星发射中心进行首次发射，将中国第一颗试验气象卫星送入太阳同步轨道。

落入海中

飞船返回地球是一件很危险的事情。当“阿波罗号”飞船的控制舱返回地球时，它的速度快得惊人，比任何人类所能达到的速度都要快。“阿波罗号”飞船指令舱–服务舱组合体进入环绕地球飞行轨道，在进行了最后的轨道修正后，将服务舱分离。“阿波罗号”飞船指令舱进入大气层后，开始像流星般燃烧起来。指令舱非常沉重，所以需要在落入水中前打开三个降落伞来降低速度。先展开指令舱上的引导伞，固定飞行方向，为展开主伞作准备；再展开指令舱上的主伞；最后指令舱向海面降落。

▼展开指令舱上的主伞。

▲指令舱向海面降落。

◀指令舱降落在海面，救援人员准备开舱。

“阿波罗号”飞船返回地球

先进的宇航队伍

有了运载火箭，人类就能实现登天的梦想！为了探索茫茫宇宙，人类发明了在地球大气层外宇宙空间运行的各类人造飞行器，统称为航天器。航天器分为无人航天器和载人航天器两大类。无人航天器包括各种功能的人造地球卫星、月球探测器、太阳探测器、太阳系行星、彗星、小行星探测器以及其他宇宙探测器。载人航天器按飞行和工作方式分为载人飞船、航天飞机、随航天飞机在太空运行的各种实验室、长期在太空运行的太空站、飞往月球的载人飞船等。

▲"罗塞塔号"彗星探测器着陆器在彗核上着陆，对彗核进行钻洞探测，提取彗核表层以下物质，并将照片和数据经探测器上的高增益天线传送至地球接收站。

载人飞船

载人飞船是保障宇航员在外层空间生活、工作和执行航天任务并返回地面的航天器，又称宇宙飞船，仅能使用一次。载人飞船由运载火箭发射，执行单独飞行或完成与其他航天器的对接任务。主要用途是运送和接回航天员，但载人飞船在太空自主飞行时间比较短，一般仅为几天。

"联盟TM号"飞船

▲"联盟TM号"飞船是在"联盟T号"飞船的基础上改进形成的。为了适应航天员身高和体重要求，飞船对返回舱布局及着陆缓冲装置进行了改进。电子设备更具先进性。它现在是"和平号"太空站和国际太空站主要的天地往返运输器。

侦察兵

科学家向太空发射了一系列不载人的空间探测器，它们就像是飞往太空的"侦察兵"，担负着对月球、太阳、太阳系行星、彗星、小行星及宇宙天体进行探测的任务。迄今为止，各种探测器已先后对月球、水星、金星、火星、木星、土星、天王星、海王星、冥王星、哈雷彗星以及许多小行星、卫星进行了近距离或实地考察。2004年3月，由库鲁航天中心发射升空的"罗塞塔号"彗星探测器，用10年的时间去追赶丘留莫夫－格拉西缅科彗星，对彗星进行为期两年的探测；"先驱者10号"深空探测器曾首次发回详细的木星和土星照片。

人造卫星家族

人造卫星是环绕太阳系行星运行的航天器。环绕地球运行的人造航天器为人造地球卫星。此外，还有人造金星卫星和人造火星卫星等。人造地球卫星"家族"中有着众多的成员，人们根据用途将它们分为以下种类：负责通信的称为通信卫星；负责气象观测的称为气象卫星；负责导航的称为导航卫星；负责资源勘察的称为资源卫星。

"海洋1号"卫星

◀2002年5月14日中国发射了第1颗海洋卫星——"海洋1号"。"海洋1号"的主要任务是通过观测海洋的特性，为海洋生物资源合理开发利用、环境保护等提供科学依据。

太空站

在太空运行，供航天员在太空中长期生活、工作，并具有停泊其他航天器功能的载人航天器称为太空站。太空站就像设在太空中的“客栈”，它们随时欢迎宇航员们的光临。太空站里有舒适的生活环境和各种科学仪器，供宇航员长期生活和工作。太空站的主要用途是利用失重环境进行材料加工、生物技术、失重科学、生命科学等各种学科的科学实验和工程技术试验，利用空间资源进行对地观测和太阳观测。

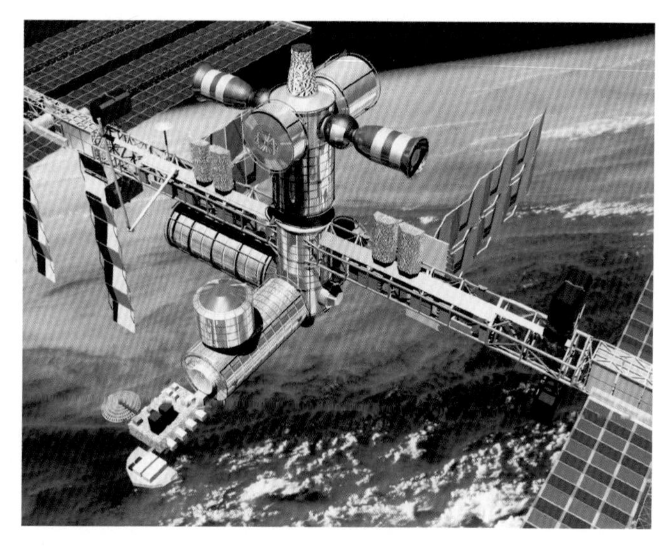

国际空间站

▲国际空间站是目前为止被投放在太空中的最大的人工物体，它的规模相当于一个足球场，在距地面350千米的轨道上运行。

航天飞机

航天飞机是可以重复使用的、往返于地球和近地轨道之间的航天器。航天飞机通常采用火箭推进，返回地面时能像滑翔机或飞机那样下滑和着陆。利用航天飞机，人类可以运送各类人造卫星、宇宙飞船和空间站进入轨道。航天飞机还能载着空间实验室，在太空进行科学实验呢！

◀航天飞机点火起飞。

▲抛助推器。

▶抛外挂燃料箱。

▶轨道飞行器进入近地轨道。

▼在太空中停留生活10~16天。

▼重返地球。

▶再入地球大气层。

▶准备进入跑道高速滑行。

▼滑翔着陆。

▼航天飞机组装楼

▼外挂燃料箱坠落回地球。

◀助推器回落地球时打开降落伞，落入海中。由船只将其打捞上来送回陆地，检查、维修后供下次使用。

航天飞机的飞行全过程

去太空旅行

到太空旅行的都是一些特殊“游客”，他们是训练有素的宇航员。宇航员不但有丰富的专业知识，还要有优秀的智力和健康的体魄。因为在失重的太空环境下，为了克服引力的影响，航天员在太空的生活和工作与在地面有着显著的差异。如航天员行走的功能由手臂来实现；航天员一直处于飘浮状态，没有办法依据方向判断上下，只有依据四周墙体和物件的颜色来做出判断；短期的太空飞行器一般不设置卫生间，而是使用抽吸式废物收集装置收集大小便等废物，以避免废物飘逸和异味散发至座舱。

航天员的“杂技”

进入太空后没有了重力，物体可以轻而易举地被搬动。地面上的大力士所能举起的重物，在太空中，即使是小孩子也能把它举起。在太空，任何人都可以用一个手指头将无论多么重的人举起来。实际上，不用手指托举，物体或人照样能飘浮在空中。航天员表演的高超杂耍，令地面上技艺再高的杂技演员也甘拜下风。

▶航天员的靴子由压力靴和舱外热防护套靴组成。踝部活动关节设计在压力靴上，并与压力服相连接。

食在太空

太空里用的所有的食品都用袋子密封，防止由于不慎导致的固、液态物质四处飞溅，引发不堪设想的后果。载人航天器一般携带3类食品：日常食品，航天员在飞行中每天正常就餐的食品；储备食品，也称应急食品，在特殊情况或出现故障需要延长飞行时间时航天员食用的食品；救生食品，航天员返回后未能在预定地点着陆，在等待救援期间食用的食品。

◀国际太空站航天员在服务舱准备进餐，西红柿、面包、三明治等在面前飘浮，航天员在开启调料。

太空睡袋

太空中的失重使航天员在睡觉时总是觉得身体下面没有支撑，所以在宇宙飞船里，站着睡觉跟躺着睡觉的效果是一样的。不过，要好好地睡上一觉，宇航员必须把自己牢牢地固定在睡袋里。航天飞机上有供宇航员睡觉用的睡袋和小睡间。睡袋用两个拉链与柔软的支撑垫相连。睡袋的双向拉链可以从底部到顶部全部打开，以方便航天员进入睡袋。睡袋两边还各有一个手臂孔，可以将手臂伸到睡袋外面。

▲睡眠间内有计算机、随身听等各种个人用品，航天员正在使用便携式计算机给家人发邮件。

◀录像机

▼头盔由头盔壳、面窗结构和颈圈组成，有软式和硬式两种。头盔内的通信帽，在噪声环境中也能够与地面进行通信。

◀通信载波集成

◀航天员的手套是通过腕圈与服装连接的。手套都是据航天员个人手型制造的，各手指关节部位均有波纹结构，跟手风琴的风箱一样，弯曲活动自如，便于航天员灵活操作设备。

◀下躯干

航天员出舱

在太空，如果像在地面那样开启舱门，航天员会像炮弹一样被“发射”到太空中。航天员出舱，必须经过一个过渡过程，这个过程在气闸舱中进行。航天员穿好舱外航天服进入气闸舱后，关闭座舱舱门，将气闸舱内的空气抽空，然后开启通往太空的舱门，就可以出舱活动了。

◀一位航天员在功率自行车上锻炼，另一位航天员在便携式计算机上工作。

宇航员的装备

航天服拥有完整的太空生命支持系统，可以适应太空基地建设和修理等大量机动性活动，是一套防护和应急救生的复杂系统，也是当今最昂贵的服装，仅成本就高达上百万至上千万美元。航天服一般由服装、头盔、手套和靴子等组成。分为舱内航天服、舱外航天服和弹射救生服。由于航天飞行中压力的改变，航天服的灵活性是仅次于安全性的重大问题，对灵活性的测试也是航天服设计加工过程中一项世界性的难题。

你知道吗？

【航·天·服】

航天员在飞行的各个阶段穿不同的服装。如在航天飞机内工作、在太空暴露工作或返回着陆，航天员都有相应的服装。

▲美国第1位航天员格林身着镀银的“水星号”飞船舱内航天服留影。

A.舱内航天服

● 舱内航天服一般是软式航天服，主要由头盔、压力服和手套3部分构成。压力服是低压航天服，由里往外共有6层，能够进行操作活动。这种压力服具有良好密封调压、通风散热、排湿功能。如果船舱的气压控制失效，舱内航天服可作为应急救生衣。

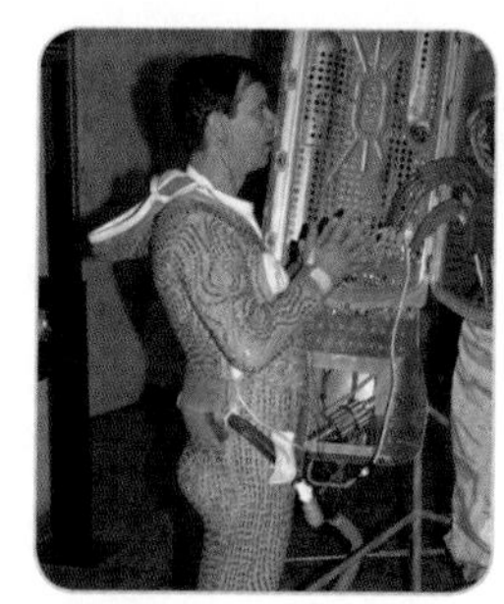

▲航天飞机航天员正在穿液冷服。

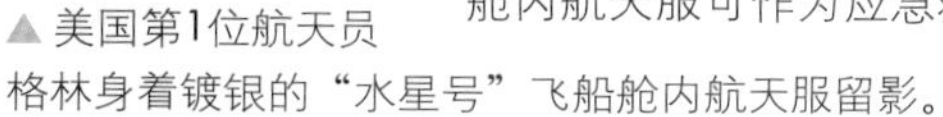

B.舱外航天服

● 舱外航天服是为航天员在舱外真空、辐射环境中活动，提供生存环境和工作能力的服装。舱外航天服由9~10层起不同作用的结构构成，具有防护和耐磨损的性能。

▲航天员在航天飞机上穿舱外航天服。

▲在地面训练中，则需要将笨重的航天服架起来，才能进行穿脱。

▲身着液冷服的俄罗斯航天员和生命保障系统背包。

探索太空

遨游太空是人类自古就有的愿望。随着现代工业的兴起，人类不再只停留在幻想阶段，开始对太空进行真正的科学探索。从使用天文望远镜观测太空到宇宙飞船、航天飞机以及太空站的问世，人类已经真正迈入了太空。根据目前人类对太阳系各行星的探测，只有水星、金星、火星为固态星球，而水星和金星的环境对于人类生存来说极为恶劣。因此，人们认为未来人类有可能登上的星球是火星。

小知识

·开路先锋·

1957年11月3日，苏联从拜科努尔发射场发射了第二颗人造地球卫星，这颗卫星的卫星舱里载有一只名叫“莱依卡”的小狗。小狗莱依卡作为第1个在太空飞行的有生命的物种，是人类进军宇宙空间的“开路先锋”，为人类进入太空做出了贡献。1961年1月31日，大型哺乳动物黑猩猩哈姆乘美国“水星号”飞船进行亚轨道飞行，成功返回地面，进一步证实了人类可以适应太空飞行环境。

载人航天的先驱

1957年10月4日，是人类航天史上划时代的日子，苏联第一位载人航天工程总设计师科罗廖夫在P－7洲际火箭基础上稍加改进，研制成功“卫星号”运载火箭，发射了世界上第一颗人造地球卫星。科罗廖夫以他的丰功伟绩表明，他无愧于“载人航天之路的开拓者”的光荣称号。为了表彰科罗廖夫的卓越功勋，苏联政府在他逝世后，将他的骨灰盒安放在莫斯科红场。

第一位飞入太空的宇航员

1961年4月12日，世界上第一艘载人宇宙飞船——苏联的“东方1号”宇宙飞船腾空而起。苏联的尤里·阿列克赛耶维奇·加加林乘坐着飞船首次进入太空，在环绕地球飞行了108分钟后安全返回地面，加加林成为世界上第一位环绕地球进行太空飞行的航天员。1964年，加加林被授予苏联英雄称号，后又获得列宁勋章。加加林作为第一个进入太空的航天员，获得了令人尊敬的各种荣誉，成了传奇式的英雄。

▲尤里·阿列克赛耶维奇·加加林是世界上第一个环绕地球进行太空飞行的航天员，也是第一位从宇宙中看到地球全貌的人。1968年3月27日，参加训练时因飞机失事而不幸罹难。为纪念加加林首次进入太空的壮举，俄罗斯把每年的4月12日定为宇航节，在这一天举行隆重的纪念活动，缅怀这位英雄人物。

世界上第一位女宇航员

苏联人瓦琳金娜·弗拉基米洛夫娜·捷列什科娃，是世界上第1位女航天员。她1962年进入航天员队伍，这是第一个没有航空试飞员经历的人被挑选为航天员。确定为“东方6号”飞船航天员后，捷列什科娃的航天服绣上了一只海鸥，“海鸥”就是她的呼叫代号。1963年6月16日，捷列什科娃乘坐的飞船从拜科努尔发射场起飞，在太空飞行了近3天，环绕地球48周，每周88分钟。6月19日飞船返回大气层，着陆于哈萨克斯坦的着陆场。

瓦琳金娜·弗拉基米洛夫娜·捷列什科娃

▲罗斯在太空展示他七次航天飞机飞行纪念徽章，这些徽章组成“7”字。

第一位七进太空的明星

杰瑞·L·罗斯是美国航空航天局的第六批航天员。罗斯飞过21种不同类型的飞机，总飞行时间超过3800小时。七飞太空的经历使他成为人类航天史上的明星人物，罗斯在太空的飞行时间已经超过1393小时，包括58小时18分的9次太空行走。

停留时间最长的太空旅行

塞尔南和施米特乘坐“阿波罗17号”飞船进行最后一次阿波罗登月飞行时，在月面停留75小时10分，在月面出舱活动22小时5分，是迄今为止在月面上停留时间和在月面活动时间最长的航天员。“阿波罗17号”1972年12月6日从地球起飞，12月19日完成登月飞行，返回地球，完美地结束了人类第一次实施的登月计划，以实践证明了人类有能力到达其他星球。

▲结束“阿波罗17号”月球着陆区的考察后，全身沾满月面尘土的塞尔南正在走向月球车，准备同施米特一起到另一区域考察。

你知道吗？

【“挑·战·者·号”的·意·外】

1986年1月28日，“挑战者号”航天飞机第25次飞行。“挑战者号”于美国东部标准时间上午11点38分起飞。起飞后地面控制人员同航天员进行了正常通话，信号显示一切正常。飞行至73秒，突然全部信号消失，地面跟踪电视图像表明“挑战者号”爆炸，一场空前灾难瞬时发生。爆炸后，航天飞机结构解体，轨道器结构在强大气动力作用下被破坏，导致7名航天员全部丧生。

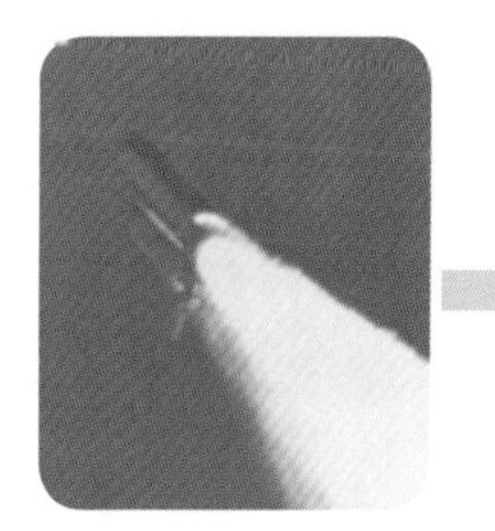

▲“挑战者号”航天飞机上升段飞行58秒，一团火焰从固体助推器发动机喷管上方喷出。

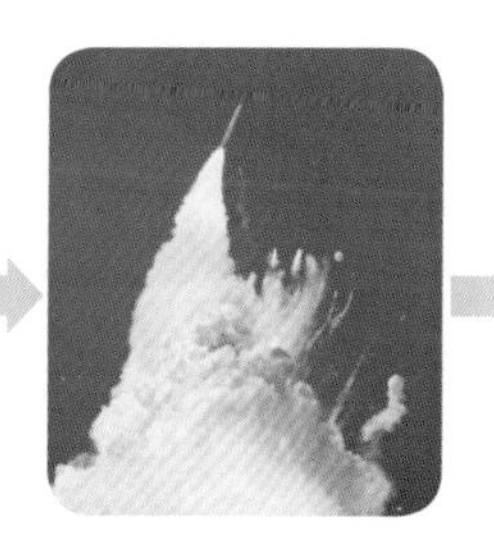

▲大约76秒，轨道器炸成碎片，空中充满烟雾和从外贮箱中散发出的推进剂。

▲在肯尼迪航天中心的航天飞机着陆场，“挑战者号”航天员的遗物由7台灵车运向运输机，准备运往丹佛空军基地。

▲人们为“挑战者号”航天飞机上遇难的航天员举行隆重葬礼，寄托人们的哀思。

未来的太空

迄今为止，人类已经利用探测器对地球、月球和太阳系中所有的行星进行了探测，并且对一些行星的环境有所了解，但是如何利用宇宙中的资源，始终是科学家努力研究的问题。现在，人类已经成功登陆月球，并且开始筹划如何在月球上建立人类的居住点和进行工业生产，以节约有限的地球资源。除了月球，火星也是科学家未来主要的开发目标。

飞往火星

21世纪载人航天飞行的重要目标之一可能是载人火星飞行，我们以此来探索飞往太阳系其他行星需要具备的条件。火星飞行任务面临的挑战有：长达近3年的飞行时间；可靠性和安全性极高的航天器；需求自给自足；相当长时间的低重力环境；危险的宇宙辐射；陨星碰撞的危险；在火星表面长时间生活和工作。

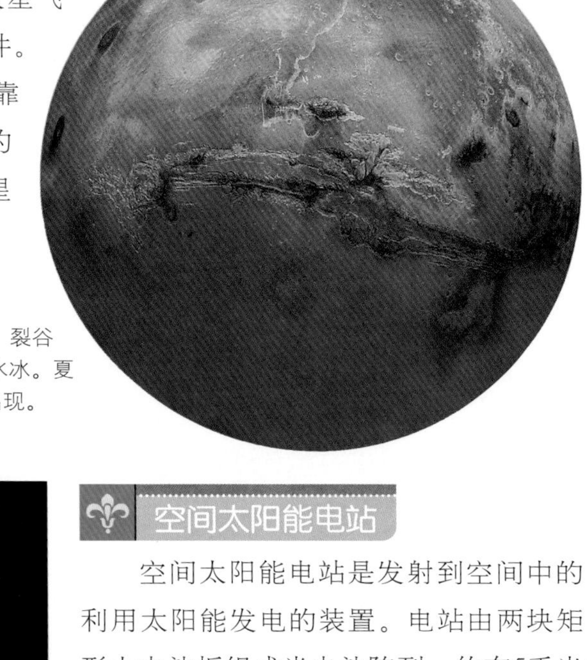

▶火星的表面崎岖，到处有引人注目的高山、深坑、裂谷和巨大的火山。火星的两极有冰帽，主要是干冰和水冰。夏季，冰帽消融，露出岩石层；冬季，冰帽又会重新出现。

空间太阳能电站

空间太阳能电站是发射到空间中的利用太阳能发电的装置。电站由两块矩形大电池板组成光电池阵列，约有5千米宽，20千米长。太阳辐射能通过光电效应形成直流电，经过变换装置转化为微波，然后射向地面接收站。地面接收站就可以将微波束转换为电流。专家主张把接收站设在海上或沙漠中，以解决传输和装配时的困难。

◀空间太阳能电站设想图。圆盘形太阳能电池阵将太阳能转化为电能，集中到朝向地面的发送设备上，以微波形式发送到固定的地面微波接收站。

空天飞机设想图

空天飞机

空天飞机是航空航天飞机的简称。它既可以在大气层内飞行，也能在太空中飞行。空天飞机的动力装置既不同于飞机发动机，也不同于火箭发动机，是一种混合配置的动力装置，起飞时也不使用火箭助推器。它由空气喷气发动机和火箭喷气发动机两大部分组成，空气喷气发动机在前，火箭喷气发动机在后，串联成一体，为空天飞机提供动力。空天飞机可以在一般的大型飞机场上起落。

太空工厂

太空城中的工业区除了生产城内居民生活和太空城建设所需的产品外，主要任务是利用太空特殊的环境条件，生产地球上无法生产或生产成本很高、污染严重的产品，满足人们的需求。想象中的太空工厂是完全自动化的，平时无人值守，自动化生产。载人航天器定期携带航天员到太空工厂进行访问，运送原料、进行补给、回收产品并对太空工厂进行维护和维修。

▶伞状太空城设想图。居住区设在中间球体中，一个个圆环是农作物耕作区，反射镜将阳光反射到居住区和耕作区，巨大的辐射板将多余的热量辐射到太空，太阳能电池阵提供电能，工厂和航天器停泊处设在中间管道的端头。

伞状太空城

设想中的伞状太空城像一把张开的大伞，只是没有伞衣。一个个农业舱连成圆环，构成伞的边缘。伞柄是个巨大的圆筒，可居住100万人。圆筒以两分钟每转的速度旋转，产生人造重力。圆筒四周对称地设置四面玻璃窗，窗外装有盖板，盖板里面是一面镜子。利用盖板的张合，可以控制白天和黑夜的变换。太阳能发电站、太空工厂、航天码头都设在圆筒的一端，另一端则供太空城的居民们居住。

小知识

·太阳帆·

太阳帆不需要推进剂，其推进力来自太阳风和太阳光，是廉价的能源，但作用力很小。星际探测器太阳帆大约0.5千米宽，连续不断的阳光压力缓慢地加速航天器，能够达到的速度将比传统火箭的速度高5倍，航天器大约以每秒90千米的速度飞向恒星。

▲用于与哈雷彗星相会，对哈雷彗星进行实地探测的正方形太阳帆航天器设想图。

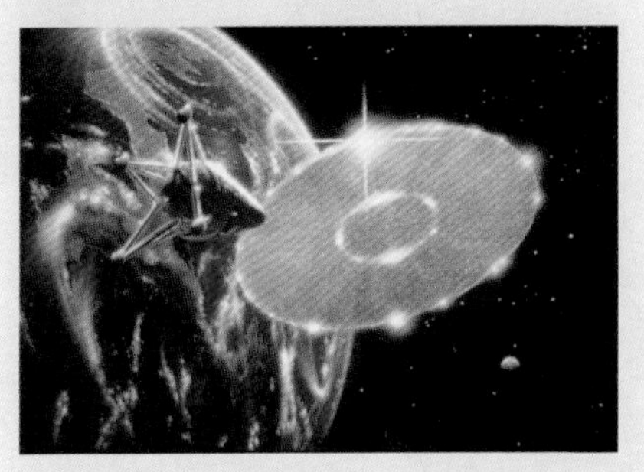

▲圆盘形太阳帆设想图。

中国航天

中国载人航天工程分三步实施：第一步是载人飞船工程，突破载人航天技术，建立初步的载人航天系统，开展太空应用实验；第二步是突破航天员出舱活动技术和载人航天器太空交汇对接技术，发射短期有人照料的太空实验室，建立中国的载人航天体系，开展一定规模的载人太空科学研究试验；第三步是建立长期载人运行的太空站，解决规模较大的、长期需要管理的太空站的应用问题。

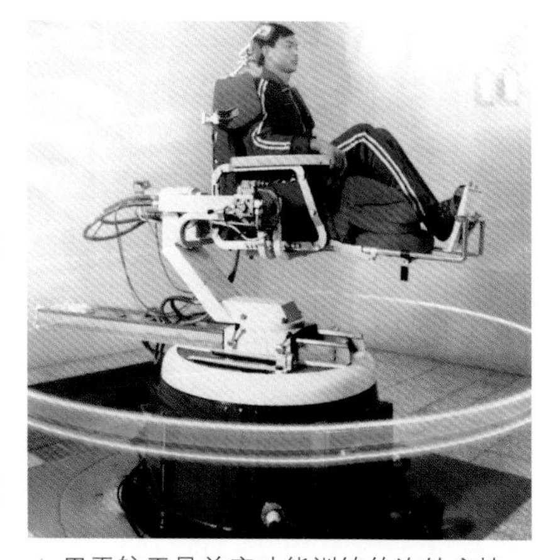

▲用于航天员前庭功能训练的旋转座椅，下端支座带动座椅旋转，座椅可以沿支架轨道调整旋转位置。

航天员选拔和培训

杨利伟

中国于1996年初从20多名空军歼击机飞行员中选拔出两名航天教练员，于1996年底赴俄罗斯加加林航天员培训中心进行为期一年的培训。自1995年底开始进行航天员的选拔工作，首先，从空军歼击机飞行员中确定了800余人参加初选。经过医学检查，确定了60人进入复选。再经过特殊环境耐力检查和心理测试等更为严格的检查测试，最后确定12名航天员，连同两名赴俄培训归来的航天教练员，1998年1月正式组建航天员大队，首批航天员的选拔至此完成。

中国航天员

翟志刚

2003年7月，航天员评选委员会进行中国首次太空飞行航天员的评选工作。2003年9月的第二轮评选，从5名航天员中再选拔出3名尖子，组成中国首次太空飞行航天员梯队，他们是：杨利伟、翟志刚、聂海胜。2003年10月14日，航天员评选委员会确定杨利伟为首次载人飞行任务的正式航天员。

飞行试验

聂海胜

在首次载人飞行前，共进行了一次逃逸飞行试验和四次无人飞行试验。1998年10月，在酒泉卫星发射中心进行了待发射状态的逃逸飞行试验，获得圆满成功，验证了逃逸系统设计的正确性，证实逃逸性能满足确保航天员安全的要求。在所有飞行试验中，均在座椅上安装了假人，以确认各种力学环境对航天员身体的影响。

▲逃逸飞行试验中，逃逸发动机点火起飞。

◀运载火箭点火起飞，开始无人飞行试验。

▲“长征2号”F运载火箭起飞。

▲在强大的发动机推进力的托举下，缓缓上升。

神舟飞船升空

2003年10月15日9时“长征2号”F运载火箭运载着“神舟5号”飞船和中国第一位航天员杨利伟离开发射台，缓缓上升，开始奏响创造历史的中国第一次载人航天飞行的乐章。在上升段飞行过程中，逃逸塔分离，助推器分离，一级分离，当整流罩分离时飞船舱内顿时变亮。飞行至584秒达到预定速度并到达预定位置，发动机关机。3秒后飞船与火箭分离，“神舟5号”飞船载着杨利伟进入环绕地球运行的椭圆轨道。在第二圈飞行时，杨利伟报告飞船各系统工作正常。在整个飞行中，杨利伟共三次进餐、两次睡眠。飞行至第14圈，05时35分，飞船调整姿态，开始返回程序。

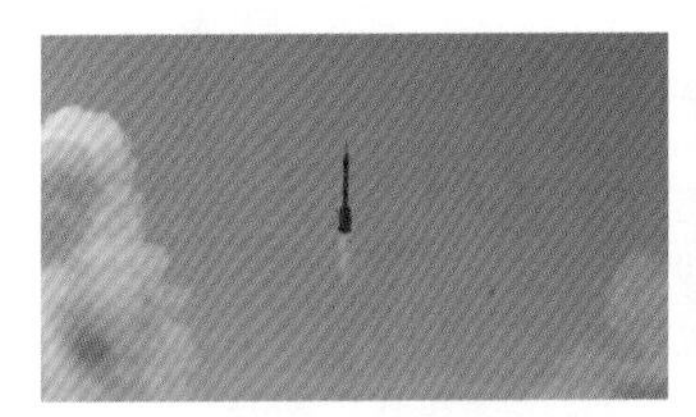

▲“长征2号”F运载火箭脱离发射工位塔架，加速上升。飞行中下落的物体是保温用泡沫塑料，起飞后在空气动力作用下自行脱落。

▲“长征2号”F运载火箭承载着中国首位航天员杨利伟乘坐的“神舟5号”飞船，开始了中国人进入太空的第一次征程。

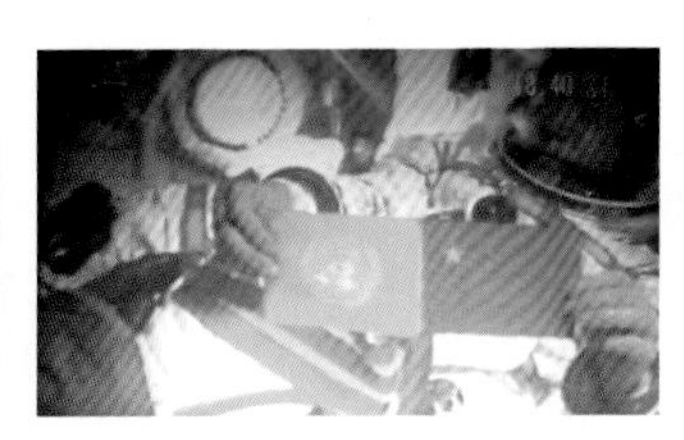

▲杨利伟在太空展示联合国旗和中国国旗，表示和平利用太空、为人类造福的意愿。

▲北京航天指挥控制中心指挥控制大厅中的大屏幕正在显示15日19时59分33秒时的“神舟5号”飞船飞行轨迹，此时飞船座舱内杨利伟的图像清晰地显示在左侧屏幕上。

“神舟5号”飞船的升空过程

“神舟7号”

2008年9月25日21时10分，中国“长征2号”F运载火箭点火，乘载着翟志刚、刘伯明、景海鹏3名宇航员的“神舟7号”飞船在甘肃酒泉卫星发射中心升空。9月27日16时40分，中国航天员翟志刚打开“神舟7号”载人飞船轨道舱的舱门，首度实施空间出舱活动，茫茫太空第一次留下中国人的足迹。9月27日19时24分，航天员出舱活动结束后，伴飞小卫星由航天员手控指令释放，释放机构将其推出进入既定轨道。北京时间9月28日17时37分，“神舟7号”飞船返回舱成功降落在内蒙古中部预定区域。中国“神舟7号”载人航天飞行获得圆满成功，中国由此成为第三个掌握出舱技术的国家。

▲翟志刚出舱行走，成为中国太空行走第一人。

小知识

·中国载人航天总设计师·

王永志是中国工程院院士、国际宇航科学院院士、俄罗斯宇航科学院外籍院士。1992年9月，国家批准了载人航天工程论证报告，开始实施载人飞船工程，王永志被中央专门委员会任命为中国载人航天工程总设计师。11年来，王永志倾注了他的聪明才智和心血，以他丰富的经验指导着载人飞船工程疾步向前发展，在4次无人飞船飞行试验的基础上，终于实现了中国人遨游太空的梦想。

航天中的意外事件

航天员在上升段和返回段飞行中，往往会出现一些意想不到的意外事件，一些航天员会因意外而奉献出自己宝贵的生命，而有些意外却因航天员或救援人员的努力而化险为夷。虽然探索太空充满了危险，但人类并没有因此而停止迈向太空的步伐。

①

降落伞未展开

1967年4月24日，苏联新型“联盟1号”载人飞船载着1名航天员，执行第一次与“礼炮1号”太空站对接任务。飞船进入轨道后，即出现一系列故障。右侧太阳能电池阵未展开，飞船因此供电不足；无线电短波发射机出现故障不能工作；姿态控制系统也不能正常工作，飞船姿态不能得到很好的控制，处于不稳定状态。地面控制中心决定中止飞行任务，飞船紧急返回。返回途中飞至约7千米高度开伞时，由于飞船姿态失稳，致使降落伞绳缠绕在一起，未能打开主降落伞，最后返回舱坠落在乌拉尔地区奥尔斯克以东65千米处，航天员壮烈牺牲。

“联盟1号”飞船返回舱坠地后着火燃烧的残骸。

②

飞船座舱着火

遭受火灾烧毁后的“阿波罗号”试验飞船指令舱外表面。

1967年1月27日，“土星5号”运载火箭和“阿波罗号”试验飞船在肯尼迪航天中心的34号发射台上，进行最后一次发射倒计时演习。火箭没有加注推进剂，飞船座舱为34千帕的纯氧环境，所有舱门全部关闭，与飞行状态基本一致。试验进行至下午6点30分，传来舱内航天员急促的声音：“我们的座舱内有大火!”航天员试图打开舱门，由于舱门是用6个销子固定的，没能打开。工作人员试图去打开飞船的舱门，通往飞船座舱共有3道门，首先打开工作塔架上围在飞船周围的洁净间的门，才能接近飞船。当工作人员刚刚接近洁净间时，飞船发生了爆炸。最后，3名航天员全部窒息而死。

“联盟 11 号”飞船返回舱着陆后，营救人员对航天员进行抢救。

座舱失压

1971年6月29日，在“礼炮1号”太空站工作了22天的航天员乘坐“联盟11号”飞船，离开“礼炮1号”太空站开始返回地面。返回舱上设有一个平衡阀门，当返回舱降落到一定高度，外界大气压达到一定值时，此阀门开启。“联盟11号”飞船在返回制动前进行生活舱分离时，此阀门已经意外开启，致使返回舱内气体很快通过阀门释放到太空中，最后致使3名航天员全部牺牲。

“哥伦比亚”号航天飞机解体

2003年2月1日，“哥伦比亚号”航天飞机结束飞行任务开始返回地面，在进入大气层后，遥测数据表明，轨道器左翼内的温度在逐渐异常升高，一些温度传感器相继因过高的温度而失效。此时，强烈的空气动力加热从受损处进入左翼内部，异常高温使左翼结构材料失去了原有的性能，左翼破损，进而导致整个轨道器迅速解体，7名航天员全部遇难。

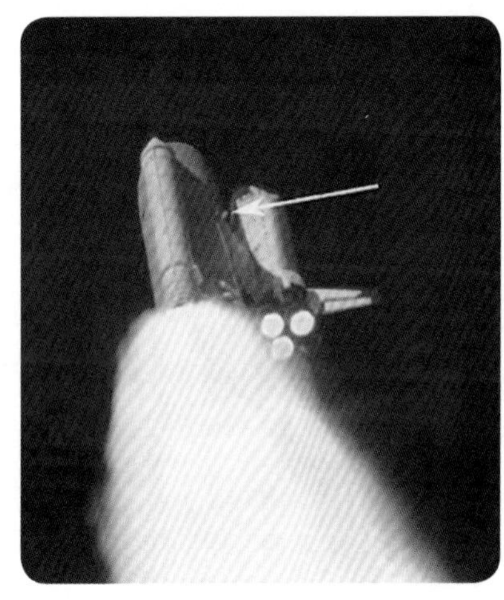

“哥伦比亚号”航天飞机起飞后大约80～84秒，来自于外贮箱上的一大块材料碎片朝轨道器左翼前缘撞去。

空中逃逸

1975年4月5日，苏联发射载有两名航天员的“联盟18A”飞船，准备与“礼炮4号”太空站对接。火箭第三级点火不久，正值火箭上升到144千米高空时，因火箭制导系统发生故障，产生翻滚，并偏离预定飞行轨道。地面控制中心发出逃逸指令，飞船在逃逸发动机强大推力作用下迅速脱离故障火箭，之后，返回舱在西伯利亚西部的阿尔泰斯克附近山区着陆，降落伞挂在树上，航天员安然无恙，被营救人员安全救回。这是载人航天以来，第一次逃逸救生。

“联盟号”运载火箭装载着“联盟号”飞船正在起飞，其最上部是逃逸塔，一旦飞行中出现危及航天员生命安全的故障，逃逸塔上的发动机点火工作，将部分整流罩及其内的飞船乘员舱迅速带离故障火箭，飞船返回舱以降落伞着陆，保障航天员安全。

给地球照张相

自人类诞生以来就一直没有停止过对地球的探索和研究。但在古代，人们没有办法使自己离开居住的地球，无法直观而完整地看到地球的外形。随着现代科技的迅猛发展，人类已经可以把人造地球卫星或载人的宇宙飞船发射到几百千米甚至更高的太空中。宇航员可以从太空中看到自己的“家”，并且通过飞船上的相机，拍下最珍贵的镜头——地球的全身相。地球是一个两极稍扁，赤道略鼓的球体，被一层浓厚的大气包围着，表面有山川、海洋、岛屿、大陆……

量量地球有多大

地球是一个相当大的球体，它的平均半径6371千米，极半径6357千米，赤道半径6378千米。地球的表面总面积是5.1×10^{8}平方千米；地球的体积1.083×10^{12}立方千米；地球质量5.976×10^{24}千克。也许你会觉得这些数字有点枯燥，没有一个明确的概念。可以打个比方，亚洲面积是4.4×10^{7}万平方千米，约占地球表面积的8.6%，也就是说，地球表面大约等于11.6个亚洲那么大。

▲整个地球像个梨形的旋转体，它的赤道部分鼓起，是它的“梨身”；北极有点尖，像个“梨蒂”；南极有点凹进去，像个“梨脐”，因此人们称它为梨形地球。其实确切地说，地球是个三轴椭球体。

地球的照片

科学家设计出不载人的地球卫星，专门用来测量地球。卫星里安装着各种各样的先进科学设备，可以在几百千米的高空，不停地对地球进行拍照，同时还能把这些照片变成电号，用无线电波传给地面接收站，最后还原成一张张地球的照片。用卫星拍摄照片范围很大，有的卫星拍摄的照片能照下相当于地球表面180多平方千米的面积。人造地球卫星不停地绕地球旋转，100分钟左右就能绕地球1周，18天就能把整个地球拍照一遍。

◀现代的测量显示，地球赤道的全长是40024千米，而赤道的长度与地球的周长是一致的。

名副其实的水球

宇航员说，地球曾被叫作水球，因为在地球表面，海洋面积大于陆地面积。根据统计，地球表面的总面积为5.1亿平方千米，其中海洋面积3.61亿平方千米，约占地球总面积的71%；陆地面积1.49亿平方千米，约占地球总面积的29%。无论在哪个半球上，海洋面积都超过陆地面积。宇航员在太空中看，地球基本上被彼此相连的海洋包围着，而那些大陆只不过是漂浮在海洋中的岛屿。

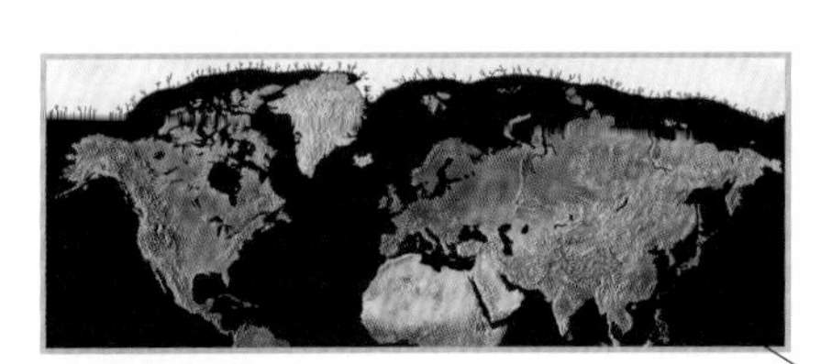

1 陆半球

▲在北半球，陆地占总面积的39%。如果从北极方向俯视北半球，地球上的陆地均集中在北半球上，所以北半球被称为陆半球。

2 海洋

▲海洋分为洋、海和海峡。海洋主体部分是洋，它远离大陆，大多数水深在2000米以上。地球表面面积的71%是海洋。海洋里有各种各样的生物，还分布着山脉、深沟以及辽阔的平原。

3 陆地

▲地球表面没有被海水淹没的部分统称为陆地，地球表面面积的29%是陆地。陆地是人类赖以生存的家园，其上分布着河流、山脉、平原、沼泽、高原等。

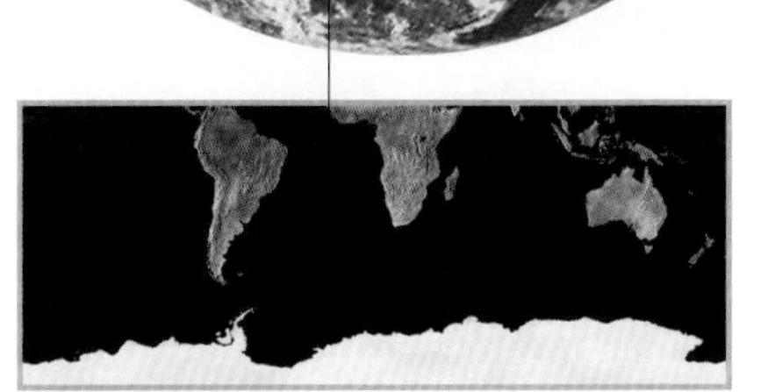

4 水半球

▲在南半球，海洋占其总面积的81%。如果从南极方向俯视南半球，海洋占据了绝大部分，所以南半球被称为水半球。

小知识

·地球的特性·

地球是已知唯一存在生命的星球，这与地球的特性是分不开的。最重要的就是适宜的温度，地球距离太阳刚刚好保证了温度不会太冷也不会太热；厚厚的大气层使地球的昼夜温差不会太大，而且大气中氧气浓度适宜，是生命体存活的保证；适宜的温度又保障了水能以液态形式存在，大量液态水也是地球存在生命的重要保证；另外，地球也富含合成生物所必需的各种元素。正是这些原因使地球成为一个生命的乐园。

深入了解

有了人造地球卫星的帮助，人类可以对地球上一些自然条件极端恶劣的地区，如浩瀚的海洋、广阔的沙漠、难以进入的高山、高原等地区的内部情况进行深入地了解。如不少的探险队进入到了中国的青藏高原，但始终没有弄清楚那里有多少湖泊，有的湖泊即使被发现了，位置也不是很准确。现在，科学家们利用卫星拍下来的照片，轻而易举地找到了青藏高原上所有的300多个湖泊，并且把他们精确地画在了地图上。

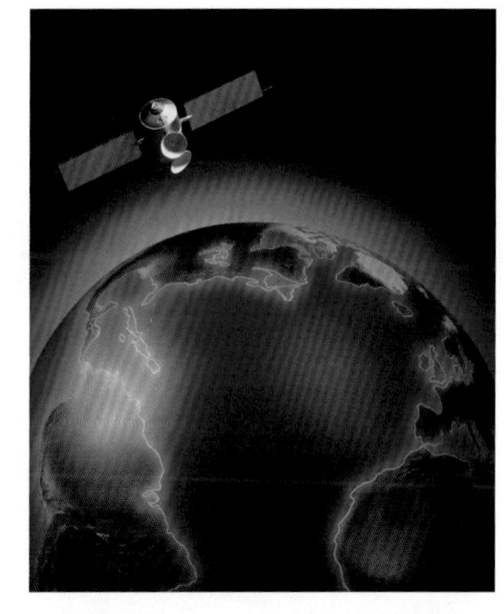

▲测地卫星是专门用于大地测量的人造地球卫星，主要是对地球形状、重力场和地磁场分布、地球表面上诸点的精确地理位置、地壳的漂移情况等进行测量，是地面观测设备的定位依据。

地球的诞生

地球是人类和其他生物存活的场所，可是你知道地球是怎样诞生的吗？大约在50亿年前，宇宙中充满了气体和尘埃。后来，一部分气体和尘埃聚集在一起，于是就形成了太阳。约46亿年前，遗散在太阳周围的气体和尘埃，又聚集起来，形成了地球和其他的行星。那时的地球还只是一个巨大的灼热的岩石球，就像烧红的烙铁。经过了很长时间之后，才有了比较稳定的固体表面，有了空气和水。早期的地球火山爆发不断，喷出的岩浆在地表冷却，地壳的厚度逐步增加，温度也逐渐降了下来，然后逐渐演化，到了距今25亿～5亿年的元古代，地球上出现了大片相连的陆地，地球便形成了。

大气圈的形成

地球大气圈的形成，主要因为地幔物质的分异作用。岩浆活动排放的气体，通过火山喷发大量地集聚在固体地球的外圈，形成原始大气圈，而地球诞生时星云中的原始气体，如氢、氦早已散失殆尽。所以原始大气圈的成分主要是水蒸气，还有一些二氧化碳、甲烷、氨、硫化氢和氯化氢等，是缺氧和呈酸性的。

海洋的形成

当地球刚刚诞生的时候，它的表面几乎找不到一滴水，当然不会有任何生命。后来，地球渐渐冷却下来，当低于100℃时，弥漫在大气层中的水蒸气开始凝结成雨，不断地降落到地球上，流向地势低的地方，日积月累，逐渐形成了原始的海洋和湖泊。地球上最早的生命物质就是从原始海洋中萌发的。最初的海水是缺氧和呈酸性的。

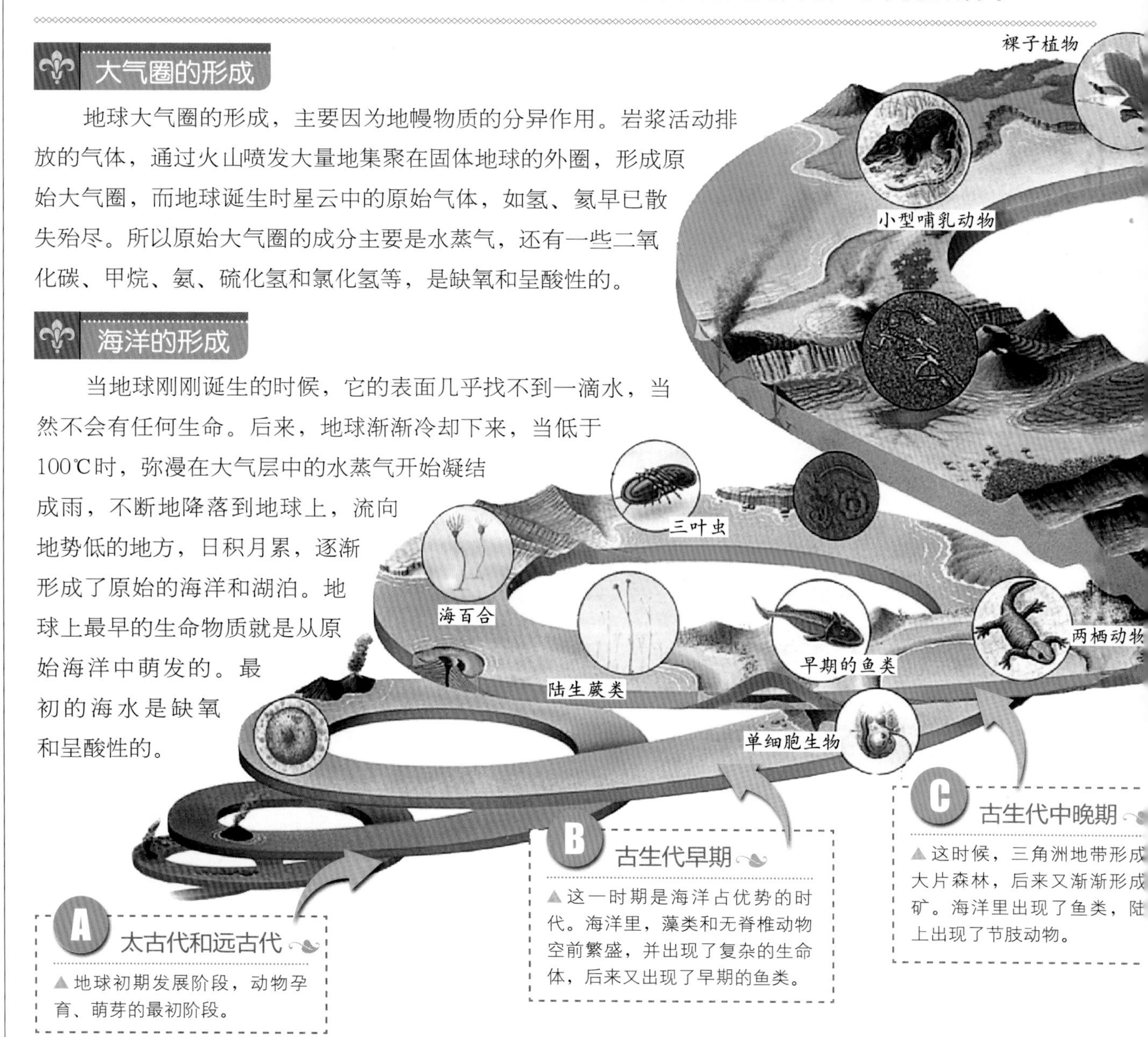

地质年代图表			
代	纪	距今年代/亿年	生物发展阶段
新生代	第四纪	0.03～0.02	人类时代
	第三纪	0.7～0.25	哺乳动物时代、被子植物时代
中生代	白垩纪、侏罗纪、三叠纪	2.5～1.4	爬行动物时代、裸子植物时代
古生代	二叠纪、石炭纪	3.3～2.85	两栖动物时代
	泥盆纪	4	鱼类时代
	志留纪、奥陶纪、寒武纪	6～4.4	海生无脊椎动物时代
元古代	震旦纪	25～9	动物孕育、萌芽发展的初期阶段
太古代		38	原始细菌（最低等的原始生命产生）

地质年代

地球形成、演化发展46亿年以来，留下了一部内容丰富的大自然的巨大史册，这就是各时代的地层。地质学家把地层分为六个阶段，即远太古代、太古代、元古代、古生代、中生代和新生代。其中，远太古代、太古代、元古代是地球的发展初期阶段，距今时间最远，经历时间也最长，当时的生物处于发展和孕育阶段；古生代时，海洋生物已经相当多；中生代和新生代，像恐龙、始祖鸟、鱼类等大型动物相继出现，地球生物界出现了繁荣景象。为了深入提示各地质年代中地层和生物界的特征，地质学家又在“代”的下面划分出许多次一级的地质年代“纪”。

始祖鸟

恐龙

海洋爬行动物

煤矿形成

大片森林

大型哺乳动物

人类

D 中生代

▲这一时期的侏罗纪是恐龙的天下，侏罗纪晚期出现了始祖鸟，裸子植物大量繁殖。1.35亿年后，被子植物和小型哺乳动物出现了，海洋生物的遗体形成了丰富的石油和天然气。

E 新生代

▲这一时期，哺乳动物大量出现，灵长目动物也出现了，草原面积大量地增加，地球的容貌，如海陆分布、山川位置等与现代非常相似。

你知道吗？

【两·种·理·论】

对于地球的形成原因目前有两种理论：第一种是均质论，认为形成地球的物质先凝聚在一起，再分离为不同的圈层，最轻的一层在最上面。第二种是非均质论，认为较重的物质形成地核，然后较轻的物质聚在地核的外围。

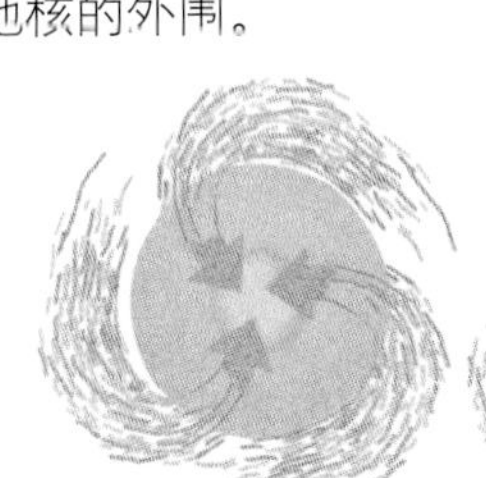

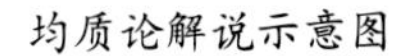

均质论解说示意图　　非均质论解说示意图

地球年龄探秘

每过一年，大家都要长大一岁。一年，对我们大家来说是个比较长的时间，可是这在地球的历史上，却是微不足道的一瞬间。地球的年龄至少已有46亿年了，在这漫长的时间里，覆盖在原始地壳上的层层叠叠的岩层记录下了地球沧桑的历史。在这漫长的岁月中，地球上还繁衍了各种各样的生命，其中的大多数都已灭绝了，但它们的遗留物有一部分在岩层中保留了下来，形成了化石。地质学家通过对岩层和化石的研究，更加深入地了解地球。

天然的地质史书——地层

铺盖在原始地壳上的层层叠叠的岩层，是一部地球几十亿年演变发展留下的“石头书”，地质学上叫作地层。地层形成的历史有先有后，一般说来，先形成的地层在下，后形成的地层在上，越靠近地层上部的岩层形成的年代越短。在地层的形成过程中，生物也不停地从低级阶段向高级阶段进化发展。当某一时期的生物死亡后，就被掩埋在土壤中，以化石的形式保留在原来的地层中。所以，不同时期的地层便有不同的化石相对应。地层是记录地球发展状况的历史书。

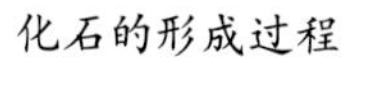

化石的形成过程

▶活着的树

▶沉没和埋葬

▶地下水带来矿物质取代了原始木质部分，树干变成化石。

特殊的地层文字——化石

翻开地层这本硕大无比的书，地质学家找到了许多隐埋其中的特别文字和图画——化石。化石记录着地层生物活动的历史和年龄，是划分地质年代的重要依据，也是人类开启地球迷宫的一把“钥匙”。在有些五光十色的大理石上，镶嵌着许多美丽精致的花纹图案，有的像水中的波浪，有的像树木的年轮。这些花纹图案就是一种原始植物形成的化石，是七八亿年前的一种水生藻类的遗体，叫作遗体化石。它包括动物的骨骼、牙齿、贝壳及植物的茎干、花叶、种子等。

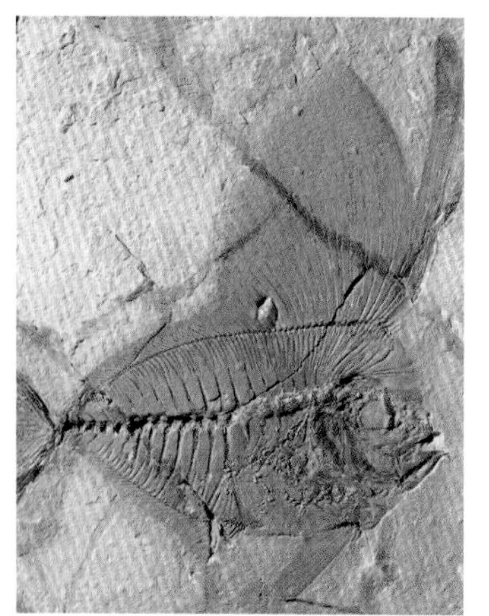

鱼类的化石

小知识

·有利的证据·

1963年，在中国新疆地区首次发现了一种叫准噶尔翼龙的大型爬行动物化石，距今已有一亿多年的历史。这种个体巨大的翼龙与恐龙一样，属于已绝迹的古代爬行类动物。它的发现，证明了在一亿多年前，中国新疆的戈壁荒滩地区，原来曾是植物繁茂、碧波荡漾的湖区。1964年，中国登山队员在8000多米的西藏希夏邦马峰上，发掘到一种巨大的海生动物鱼龙的化石，距今已有两亿多年历史。这一发现，有力地证明了在两亿多年前的中生代时，整个喜马拉雅山区都是一片苍茫辽阔的大海。

化石林

化石的形成是一个相当长的过程，当一棵树死掉后，树干沉没并被埋葬，木质部分被新的矿物质置换了，但它的形状没有发生改变，而它周围的沉积物被逐渐侵蚀掉，留下了树干化石。位于美国亚利桑那州北部阿达马那镇附近的化石林是世界上最大、最绚丽的化石林集中地。它们原是史前林木，约在1.5亿年前的三叠纪，被洪水冲刷裹带，逐渐被泥土、沙石和火山灰掩埋，几经地质变迁，陆地上升，使这些埋藏地下的树干逐渐显露出来。

化石林

三叶虫化石

三叶虫化石

三叶虫是生活在古生代的一种生物，而且演化明显。在古生代不同时代中都有各具特色的属种代表，假如我们在某个地方采集到三叶虫化石，我们可以肯定地说，这个地区的地层年代是古生代，而且还可以根据三叶虫的属种进一步确定是生活在古生代的某一段具体时间。

叠层石

叠层石主要由蓝藻、少数细菌及其他真核藻类和真菌等共同形成，不是单一物种的群体，而是小的生物群落。已在澳大利亚、北美洲和南非3个大陆、10余个地点发现了25亿年以上的叠层石。从20亿～7亿年前是地质史上叠层石最繁盛的时期，形态多样，分布广泛。今天人们仍能在澳大利亚西部的沙克湾找到这些蓝绿藻的后代。

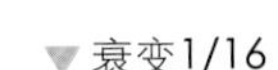

放射性元素衰变示意图

放射性元素衰变

目前，科学上是用测定岩石中放射性元素和它们衰变生成的同位素含量的方法，作为测定地球年龄的“计时器”。放射性元素在衰变时，速度很稳定，而且不受外界条件影响。在一定时间内，一定量的放射性元素，分裂的分量，生成多少新的物质都有个确切数字。例如，一克铀在一年中有七十四亿分之一克裂变为铅和氦。因此，我们可以根据岩石中现在含有多少铀和多少铅，算出岩石的年龄。地壳是由岩石组成的，这样我们就能得知地壳的年龄。地壳的年龄不等于地球的实际年龄，因为在形成地壳以前，地球还要经过一段表面处于熔融状态的时期，加上这段时期，地球的年龄就可以估计出来了。

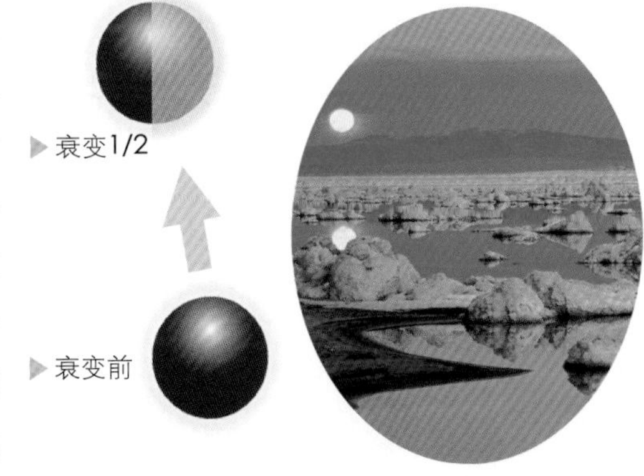

澳大利亚西部的沙克湾

坚硬的石头

在我们的周围，有很多颜色、形状、大小等都不相同的石头，它是大自然给人类的恩赐。因为石头坚硬不容易损坏，从远古以来，我们的祖先就把石头作为工具。现在，人类仍然用它来造桥、盖房子，艺术家还用它来做石雕。同时，人类通过对自然界中的岩石的提取，得到了金、银、铜等许多非常稀有的矿物质。

岩石

覆盖在地球上的坚固部分称为岩石。岩石是地壳的基本物质，雄伟的泰山、险峻的华山、奇秀的黄山都是由岩石组成的山地。岩石质地非常坚硬，一旦形成即可持续千百万年。目前已知的最古老的岩石年龄至少是39亿年，几乎与地球本身一样老了。岩石由8种化学元素组成，分别为氧、硅、铝、铁、钙、钠、钾和镁。岩石的种类较多，形态、结构、颜色各异，但按其成因可以分三大类：沉积岩、火成岩和变质岩。沉积岩是由砂石、泥土等堆积之后形成的岩石。它是地壳最上层的岩石，由亿万年前的岩石和矿物经水、风或冰川的搬运、冲刷堆积而成的。火成岩是由地壳内部的岩浆冷凝固化而形成或是由随火山喷发涌出地面的熔岩凝结而成的。变质岩是由沉积岩和火成岩因高压及温度等条件下导致性质改变而形成的岩石。

矿物

含有某种特定性质的石头称为矿物质，包括金、银、铜、钻石、红宝石等。有些矿物具有非常不可思议的色彩和形状，如金刚石呈八面体状，石英石呈柱状。所有的岩石都含有矿物的天然化学物质，只是每种岩石是由矿物经过特殊组合构成的，有时只含有一种矿物质，有时则含有六种或更多。矿物质是由一种元素或不同元素组成的化合物，矿物质共有1000种以上，但是只有少数是常见的。

碎屑沉积岩

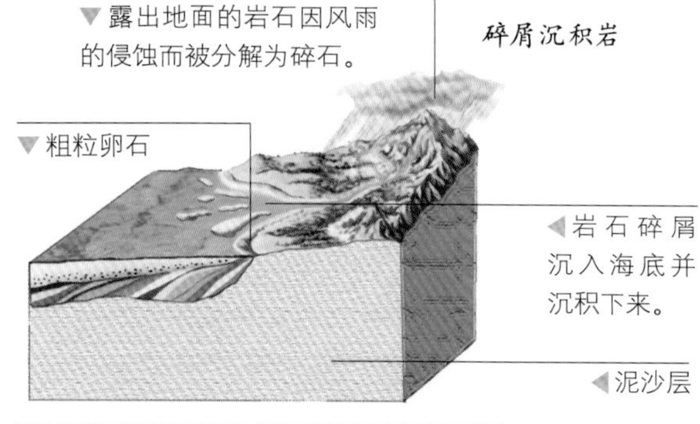

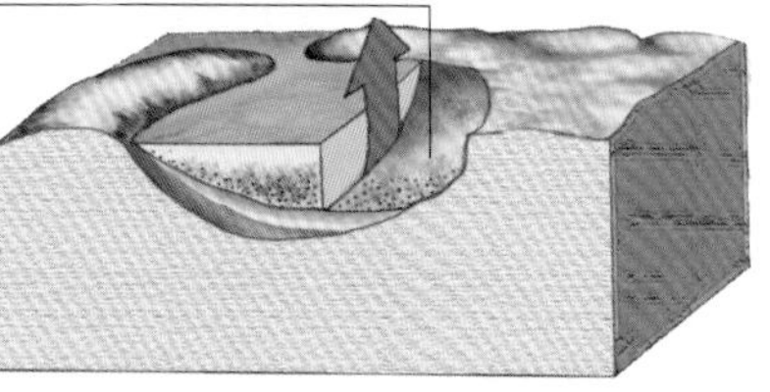

化学沉积岩

生物沉积岩

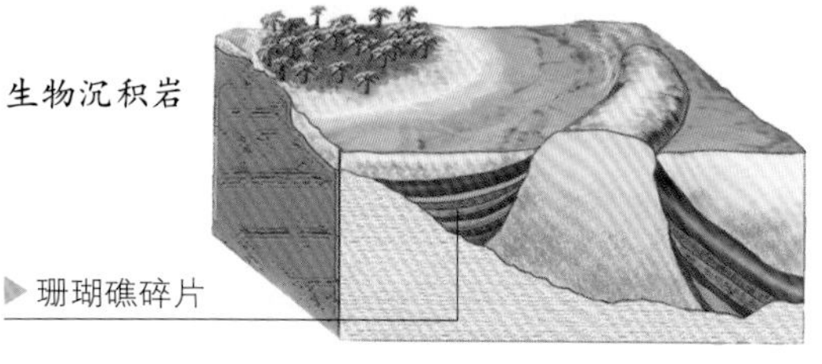

数百万年前

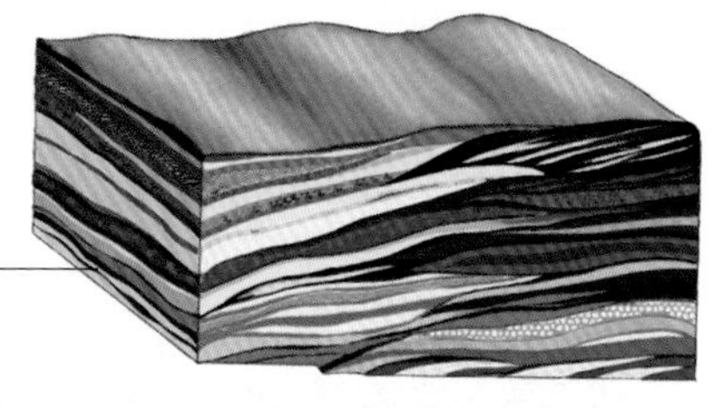

现今

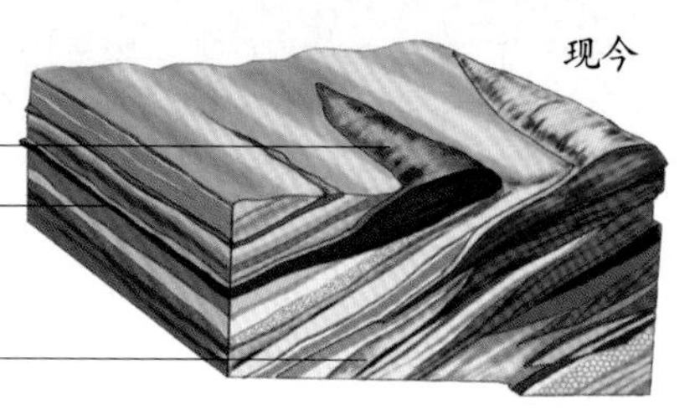

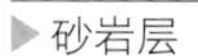

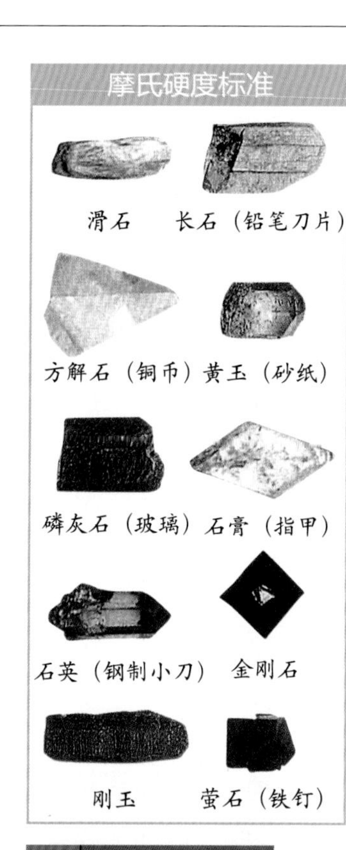

宝石

宝石是一些较为稀少、美丽而昂贵的矿物的总称。宝石包括钻石、软玉、红宝石、蓝宝石，另外珍珠、珊瑚、琥珀也是宝石（生物宝石）。钻石，又称金刚钻，矿物名称为金刚石；钻石的化学成分是碳，它是唯一由单一元素组成的宝石。红宝石的矿物名称为刚玉；蓝宝石也属刚玉族矿物，蓝宝石被称为“命运之石”，象征忠诚、坚贞、慈爱和诚实。玉是以透闪石为主的矿物集合体，是古老的宝石。而珊瑚则是重要的有机宝石之一。

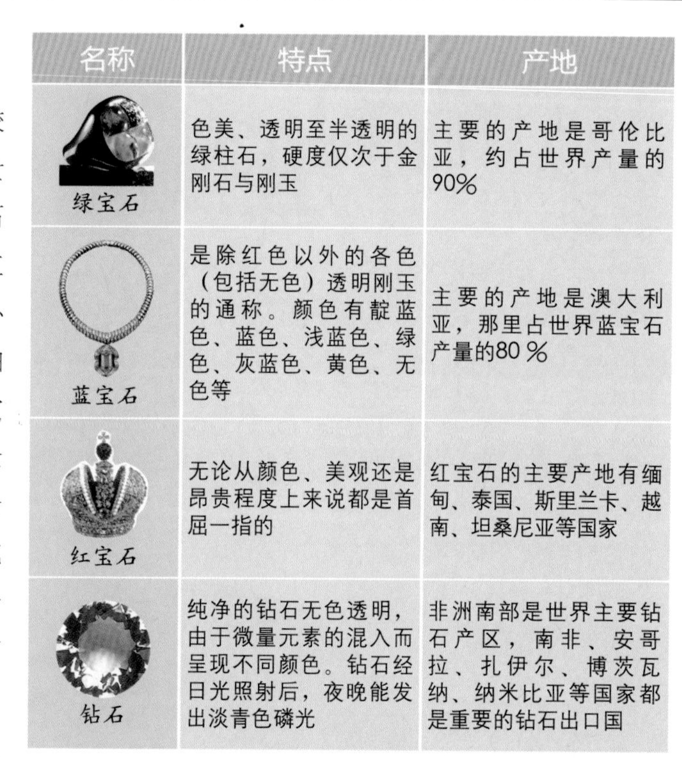

名称	特点	产地
绿宝石	色美、透明至半透明的绿柱石，硬度仅次于金刚石与刚玉	主要的产地是哥伦比亚，约占世界产量的90%
蓝宝石	是除红色以外的各色（包括无色）透明刚玉的通称。颜色有靛蓝色、蓝色、浅蓝色、绿色、灰蓝色、黄色、无色等	主要的产地是澳大利亚，那里占世界蓝宝石产量的80％
红宝石	无论从颜色、美观还是昂贵程度上来说都是首屈一指的	红宝石的主要产地有缅甸、泰国、斯里兰卡、越南、坦桑尼亚等国家
钻石	纯净的钻石无色透明，由于微量元素的混入而呈现不同颜色。钻石经日光照射后，夜晚能发出淡青色磷光	非洲南部是世界主要钻石产区，南非、安哥拉、扎伊尔、博茨瓦纳、纳米比亚等国家都是重要的钻石出口国

能吃的石头

20世纪80年代，曾有一种“能吃的石头”风靡中华大地，这种石头就是麦饭石。它能发挥海绵的吸附作用。因它含有锌、锶、硒、钾、镁、钴、锰等数十种微量元素，具有吸附水中有害重金属与大肠杆菌的性能，再加上它含有对人体有益的偏硅酸，使得它很受欢迎。麦饭石可以双向调节人体内化学元素的状态，排除积存的毒素，补充不足的部分，使失衡状态转为平衡状态，保证人体的健康。

英国史前巨石阵

英国史前巨石阵位于英国南部的沙利斯伯里，巨石阵的主体是由一根根巨大的石柱排列成的几个完整的同心圆，石阵中心的砂岩圈是巨石阵最壮观的部分。这些石柱高4米、宽1米、重达25吨。砂岩圈的内部是由5组砂岩排列成的马蹄形，每组砂岩由两根巨大的石柱组成。这些巨石阵建造的时间比埃及金字塔还要早700多年，更让人不可思议的是，巨石阵用的建筑石料均是从160多千米以外的地方运来的。

▼30根石柱每两根上架着横梁，彼此之间用榫头、榫根相连，形成一个封闭的圆圈。

地球结构的秘密

我们生活的地球的表面与它下面的部分相比只不过是一层很薄的皮。由于地球的体积非常庞大，钻探机所能钻到的最深的钻孔深度只有12千米，这对于厚厚的地球来说是极其微不足道的。目前人类是通过研究地震波、地磁要素和火山爆发来间接地揭示地球内部的奥秘。科学家根据研究绘制出了一幅多圈层的地球构造图。地球由外部圈层和内部圈层两大部分构成。外部圈层包括大气圈、水圈和生物圈；内部圈层由地壳、地幔和地核组成。

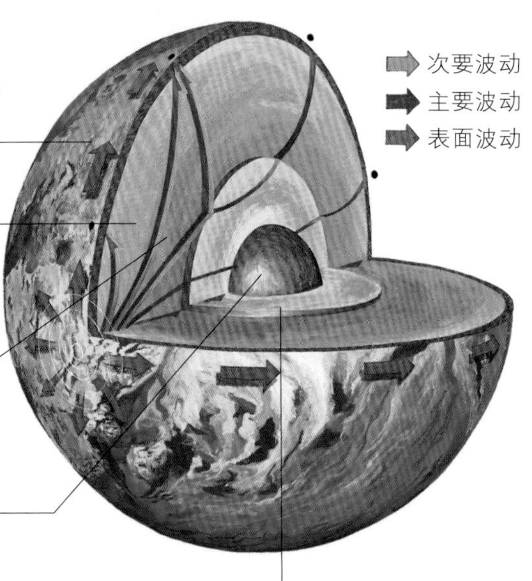

▶ 地壳和上地幔的顶部一起构成岩石圈。

▶ 上地幔顶部较软的层面是岩石圈的组成部分。

▶ 下地幔是地球最厚的部分，由含硅酸盐矿的石类物质组成。

▶ 金属内地核处于高温状态，但因受到压力而不至于熔化。

▲ 金属外地核是地球唯一的液态圈层。

地球的"五脏六腑"

地壳是内部圈层的最外层，由风化的土层和坚硬的岩石组成。如果把地幔、地核比作蛋清和蛋黄，那么地壳就像蛋壳。地幔介于地壳和地核之间，厚度为2900千米，一般分上下两层，即上地幔和下地幔。地球内部的热量使上地幔部分岩石熔化，而下地幔由于承受更大的压力，熔缩成固体状态。地核是地球的核心，直径达6900千米，包括液态的金属外地核和固态的金属内地核。固态的金属内地核半径为1370千米，由铁、镍组成；金属外地核厚度为2200千米，由铁、镍组成，但可能还含有硫等其他物质。

地　壳

地壳是地球表面最外面的一个薄薄的壳层，漂浮在地幔上。地壳的厚度在地球各地是不同的。大陆下面的地壳最厚，平均为30～40千米；而海底的地壳最薄，厚度仅6～11千米。地壳在不断地运动变化着，如大陆漂移、板块运动、火山爆发、地震等都是地壳运动变化的表现形式。地壳还受到大气圈、水圈和生物圈的影响和侵蚀，形成各种不同形态和特征的地壳表面。

地壳的组成	特点	组成成分
地壳的上部	由密度较小、比重较轻的花岗岩组成	硅、铝元素
地壳的下部	由密度较大、比重较重的玄武岩组成	硅、镁、铁元素

▲ 地壳厚度约6~40千米。

地幔

地幔是地壳与地核之间的中间层，分为上地幔和下地幔。地幔厚度约为2900千米，约占地球总体积的80%。地幔层的温度高达1000～2000℃，内部压力和物质密度都很高，在这样的条件下，物质处于一种塑性的固体状态。在地幔的上层，由于压力较小，物质呈半熔融状态，被称为“软流层”，坚硬的地壳就浮在这个软流层上。一旦在地壳的较薄地段发生裂缝，灼热的岩浆就会沿裂缝喷出地面，造成火山爆发。地幔层是一个广阔的地下世界，还有待我们去探索。

▲地幔厚度约2900千米。

地核

地核分为外地核、过渡层和内地核。外地核厚度约为2200千米，由铁和镍组成，也可能还含有其他物质。外地核温度非常高，以至于它的金属总是熔融状态的，因此它也是地球唯一的一个液态圈层。过渡层的物质处于由液态向固态过渡状态。内地核则是固态的，它的压力非常大，所以虽然温度达到了3700℃，但仍然不会熔化。

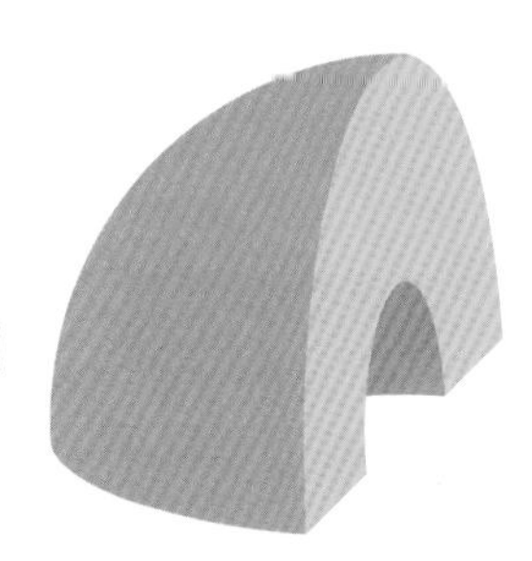

▲外核厚度约2200千米，由铁和镍组成。

厚厚的外衣

包围在地球四周的空气叫作大气，地球的大气层就如同是地球的外衣，能抵御来自宇宙的任何酷暑和严寒，使地球的“体温”变化不致过于剧烈，呵护着地球上的生物免受伤害。离地面越高空气越稀薄，人类就居住在这层大气的底部。空气中有许多种气体，其中最重要的是氧气，地球上的生物都离不开它。

▲大气厚度约500千米。

▼水蒸气在上升过程中冷却形成云。

▼雨水流入江河海洋。

▼太阳使水的温度升高，变成水蒸气蒸发到大气层中。

水的循环

▲云产生雨水降落到地面。

▲地球上的海水受热蒸发。

生命的摇篮——水圈

地球水圈由海洋、湖泊、江河、沼泽、地下水和冰川等液态水和固态水组成。在太阳照射下，地球水圈一直处在不断的循环运动之中。海洋和陆地上的水，经过阳光曝晒后温度升高，变成水蒸气升入空中，成为大气水；大气水在适宜的条件下又会凝结降落到地面或海洋。地面上的水又流入江河湖海或渗入土壤和岩石缝隙成为地下水，或直接进入大气，循环往复流动。由于地球上水循环在永不停歇地进行着，使得地球表面万物生机勃勃。

一张看不见的“网”

地球到处都是浑圆浑圆的球面，到处没边儿没沿儿。要找到地球上任何一个地点的具体位置都很困难。科学家设计出了一套既科学、又有效的办法来确定地球上任何一点的位置，这就是地球上的经纬网。经纬网是由一组基本上互相垂直的经线、纬线构成的。其实地球并不存在这样一些线条，而是科学家们通过计算，在地球仪上或者在地图上画出的假想线。经线和纬线相互交织构成一张密密麻麻的经纬网，地球上任何一个点，都可以用精确的经度和纬度值表示出来。

地球仪

为了直观地了解地球，人类将地球缩小了制作成一个模型，即地球仪。并用不同的颜色和符号把地球表面上陆地、海洋、山脉、河流、湖泊、城市等地理情况表示出来，观察地球仪，可以发现蓝色的是海洋，其他颜色是地球上许多国家和地区。另外，蓝色的曲线是河流，红色的线条是铁路，一横一点的连线表示国界，圆圈代表着一座座的城市。地球仪能正确反映出地球表面的地理状况，还能很好地解释由于地球本身的自转和公转而形成的某些自然现象。

小知识

·赤道纪念碑·

南美的厄瓜多尔首都基多在赤道附近，人们在距基多不远的地方，建造了一座漂亮的赤道纪念碑。凡到过厄瓜多尔的游客，都要跑到赤道纪念碑下，横跨赤道照一张纪念照。

绘制地图

地图的形式因所要表现的内容而各有不同。大多数地图显示的是与实际相同的相对距离和方向。今天，人们绘制出的地图已经越来越精细，类型也多种多样，有地形图、行政区图、气象图等，它们用途各不相同。地图是怎么绘制出来的呢？投影法是绘制地图的主要方法。简单地说，可以设想地球是透明的，在它的中心放一盏灯，灯光就会把地球表面特征的影子投射在附近平展开的一张纸上，落在纸上的影像就是绘制地图的依据。

你知道吗？

【绘·制·地·图·的·方·法】

绘制地图的方法多种多样，投影法是最主要的方法。其中，投影法又分为圆柱投影、天顶投影、圆锥投影等。

A.圆柱投影

● 圆柱投影是设想把纸面卷成圆柱形，围在地球上，让接触点落在赤道附近。圆柱投影绘制出的地图可以保证北面始终在顶部，但面积会失真。

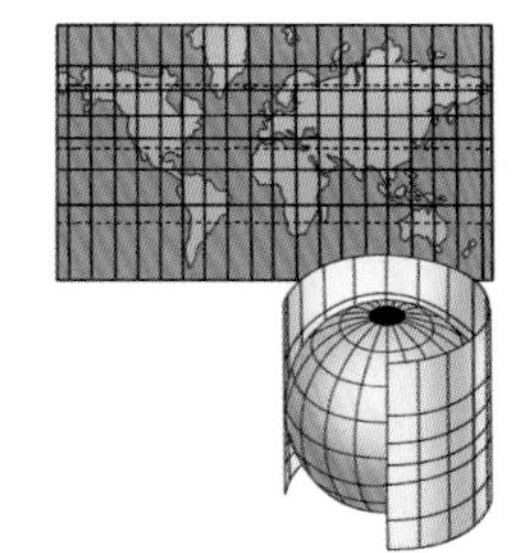

B.天顶投影

● 天顶投影是设想把纸平展开，与地球的某一点接触。如果这一点是极点，那么两条经线间的角度就与实际相应的角度是相等的。

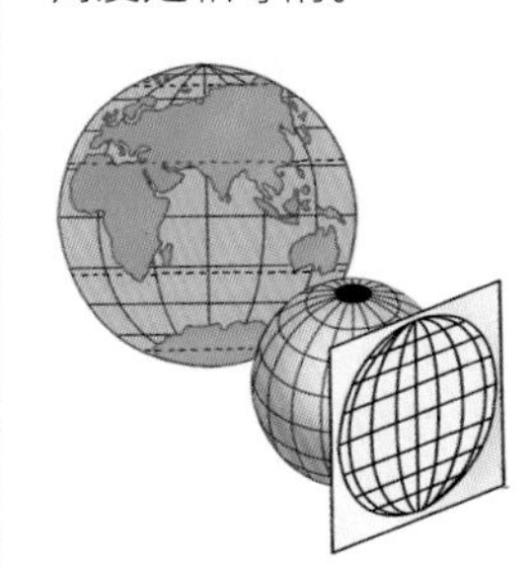

C.圆锥投影

● 圆锥投影是设想把纸卷成圆锥形，沿着某条特定的纬线圈接触地球。用这种方式绘制的地图，面积大小的失真程度最小。

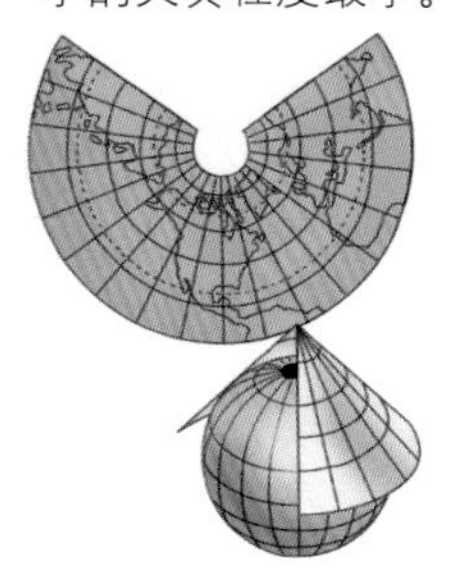

经线和纬线

经线是连接南极点、北极点的南北方向的弧线，也称子午线，它指示南北方向。地球表面各条经线长度大致相等，在地表可以画出无数条经线。通过英国伦敦格林尼治天文台旧址的经线叫本初子午线，也叫零度经线。从本初子午线向东和向西各分成180份，每份所在位置的经线相差1°。纬线是沿东西方向，环绕地球一周的圆圈。所有纬线都相互平行，并且与经线垂直。纬线圈大小不等，最大的纬线圈为赤道，赤道的纬度为0°，从赤道向南北各分成90份，每份表示1°，这样，纬线从赤道向南北两极逐渐缩小，到南纬90°是南极，北纬90°是北极。

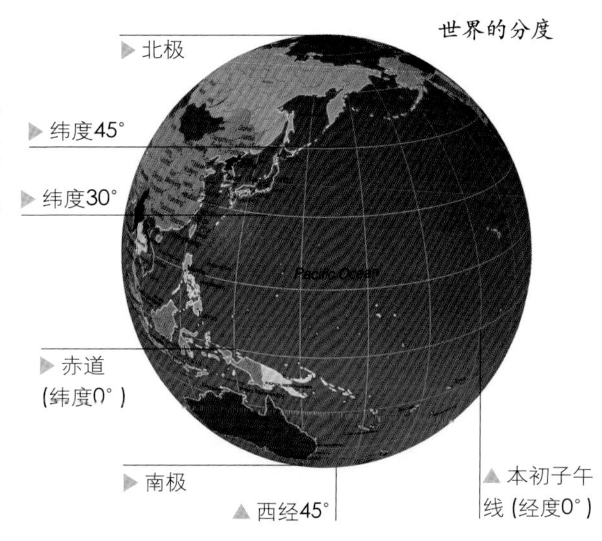

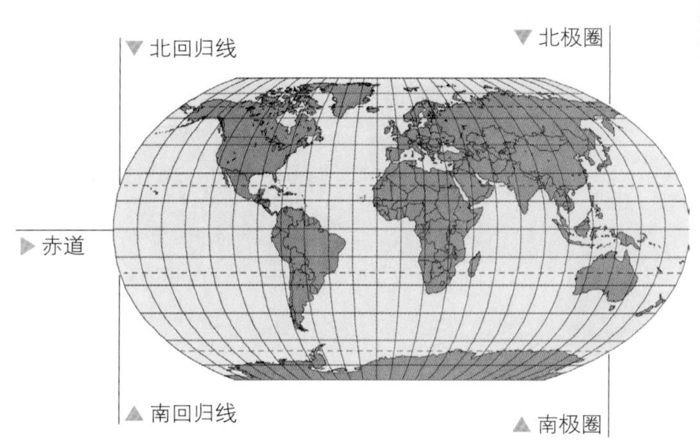

纬线	纬度值	特点
赤道	0°纬线	平分地球，赤道以南叫南半球，赤道以北叫北半球
南回归线	南纬23°26′	12月22日，太阳直射南回归线上，北半球是冬至日
北回归线	北纬23°26′	6月22日，太阳直射北回归线上，北半球是夏至日
南极圈	南纬66°34′	6月22日，南极圈里全天太阳不落，是极日
北极圈	北纬66°34′	12月22日，北极圈里全大见不着太阳，是极夜

地球上的“五线谱”

在这些纵横交错的经线和纬线中，有五条纬线和两条经线是非常重要的。五条重要的纬线是赤道、南回归线、北回归线、南极圈、北极圈，它们就像环绕着地球上的“五线谱”，虽然不能奏出优美的乐章，却能帮助我们科学地描述和观察地球。两条重要的经线是本初子午线和国际日期变更线。我们把纵贯太平洋中部的180°经线称为国际日期变更线，凡是通过这条经线时，从西向东，日期要减一天；从东向西，日期要加一天。

南北回归线

太阳光线在地球上的直射点一直往返于南北回归线之间，且往返一次的时间是一年。每年3月21日，太阳直射赤道，这时北半球是春分日；接着太阳直射点北移，在6月22日，太阳直射点移到北回归线，这时候是北半球的夏至日；而后太阳直射点向南返回，9月21日，太阳直射点回到赤道，这时候是北半球的秋分日；12月22日，太阳直射点南移到南回归线上，这时候是北半球的冬至日。

地球的运动

站在地球上，感觉它似乎是稳定不动的，其实作为太阳系的八大行星之一，地球也在不断地运动着。像其他同伴那样，地球的运动同样具有自转和公转两种形式。地球的公转是地球围绕太阳在一个椭圆轨道上的转动，方向从北半球看是逆时针方向；地球的自转是地球围绕地轴的转动，方向是自西向东。由于地球转动具有相对稳定性，所以人类生活历来都用公转和自转作为计时的标准。公转一圈的时间是一年，自转一圈的时间是一天。自转产生了地球上黑夜与白昼的交替，公转以及地球自身地轴的倾斜则产生了一年四季的变化。

小知识

·惊人的事实·

地球自转和公转的速度并不是固定不变的，而是一直在缓慢地减速。在5.7亿年前的寒武纪，地球一昼夜只有20.47小时，每年有428天；在3.7亿年前的泥盆纪中期，地球上的一年有398天左右，每天有22小时。

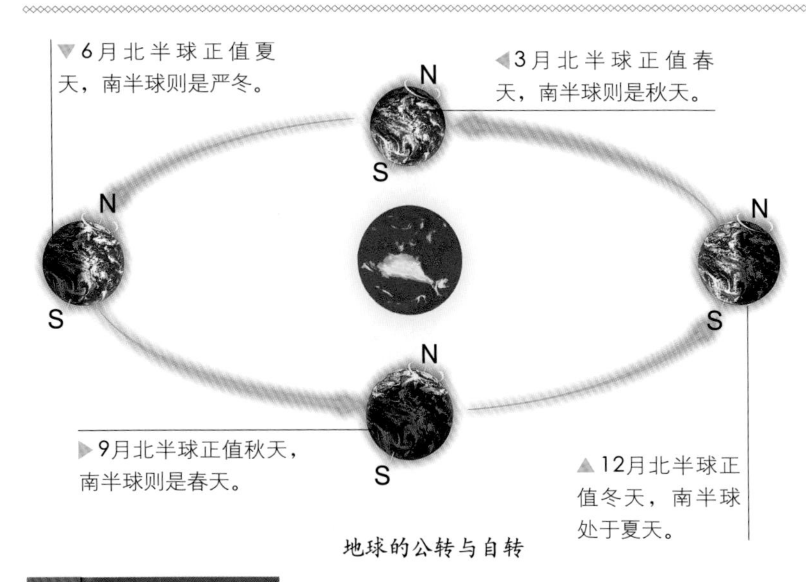

▼6月北半球正值夏天，南半球则是严冬。

◀3月北半球正值春天，南半球则是秋天。

▶9月北半球正值秋天，南半球则是春天。

▲12月北半球正值冬天，南半球处于夏天。

地球的公转与自转

地球的自转和公转

地球会绕着自己的地轴不停地自转。地球自转一周需要大约24小时（精确时间应为23小时56分58秒），称为一个“地球日”，也就是我们通常所说的“一天”。由于地球是自西向东方向自转的，因此我们每天看到的太阳都是从东边升起，从西边落下。地球一边自转，一边还在绕着太阳公转。地球公转与地球自身的倾斜，形成了四季变化。在地球绕太阳公转一圈的过程中，南北半球接受太阳的辐射及热量在不断发生变化，产生了冷暖交替的循环。世界各地四季的早晚和长短有较大差异，只有在温带地区，四季界限才表现得比较明显。

白天和黑夜

地球自转时，总是半面对着太阳，半面背着太阳。由于地球是一个不发光、不透明的球体，因此平行地射向地球的太阳光只能照亮地球面向太阳的一半。对着太阳的半面接受太阳照射，就是白天；背着太阳的半面受不到太阳的照射，就是黑夜。自转使地球产生了昼夜的更替，而且地球的自转周期适中，使地球白天不会过热，夜晚不会过冷。

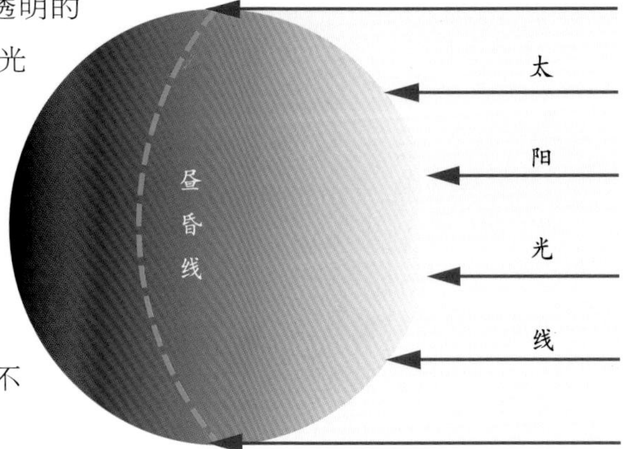

昼夜形成示意图

地球的五带

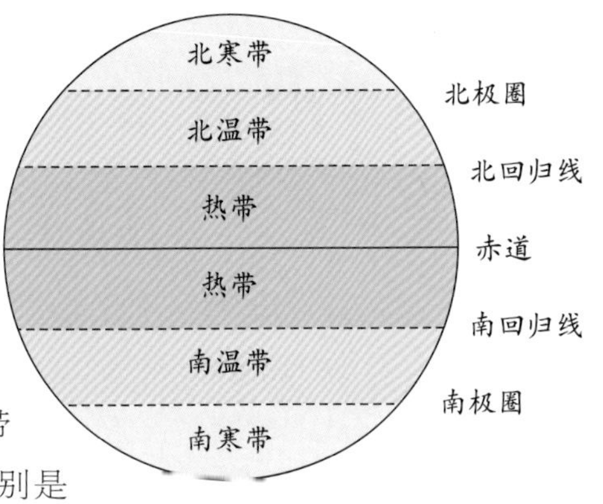

在地球纬度不同的地方，太阳照射的角度不一样，有的地方直射，有的地方斜射。所以，地球上各个地方获得的太阳热量有多有少。按照各个区域获得太阳热量的多少，人们把地球分为5个气候带，分别是热带、北温带、南温带、北寒带和南寒带。热带与南、北温带的分界线分别是23°26′的南、北经线圈，称为南、北回归线；温带与寒带的分界线分别是66°24′的南、北经线圈，称为南、北极圈。

地球数据	
与太阳的平均距离	1.496亿千米
公转周期	365.25地球日
公转速度	29.8千米/秒
自转周期	23.93小时
赤道直径	12756千米
表面温度	−70~55℃
质量（地球=1）	1
重力（地球=1）	1
卫星数	1

公历与农历

我们日常生活中使用的“公历”俗称为“阳历”，是1582年由罗马教皇格里高利十三世颁布施行、后来又根据儒略历修订而成的。公历以耶稣诞生的年份为公元1年，以此类推；1年365天，每4年出现一个闰年，即366天；每年分为12个月，有31天或30天的大小月之分（其中2月为28天，闰年29天）。这也是现在世界大多数国家所采用的历法。在中国，民间通常还会使用传统的农历，也俗称为“阴历”，农历严格按照月相的变化周期来记录，并且设有24个节气，仍然对农事活动起着重要的指导作用。

一年四季

地球的公转以及黄赤交角的存在使地球的同一地点在不同时候昼夜长短、获得的太阳热量不尽相同，这样，随着地球一年绕太阳转一圈，地面上出现了四季的变化。夏季是白昼最长、太阳最高的季节，冬季则相反，春、秋属于过渡季节。由于地球不停地公转，春、夏、秋、冬四季便交替不断出现。不过，北温带和南温带地区，四季的出现正好相反，当北温带的人们正穿着大棉袄的时候，南温带的人们却在海滨浴场避暑呢！全球范围内也不是所有地方都有四季。在赤道和极地，只有夏季和冬季，有些地方一年中也许只有两季、三季。只有在温带地区，四季的界限才表现得相当明显。

春

夏

秋

冬

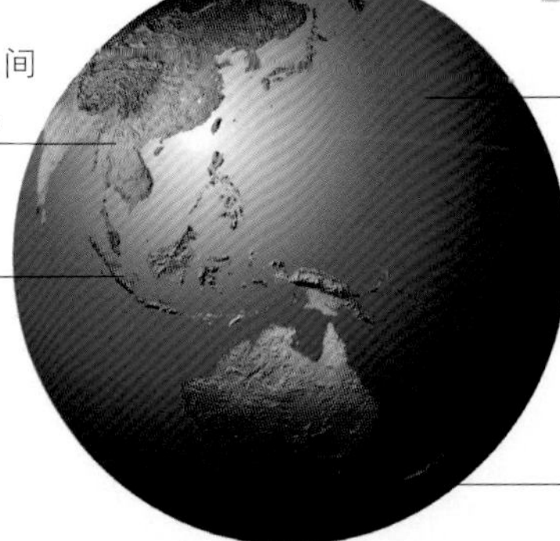

▶南极与热带之间的地区四季分明。

◀北半球背离太阳倾斜时处于冬季。

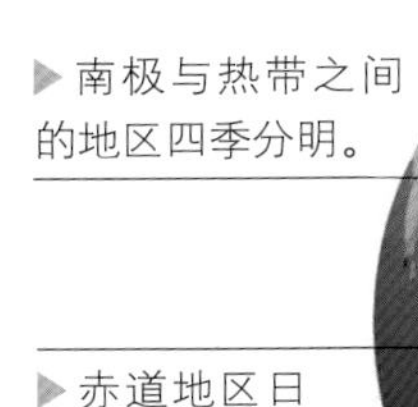

▶赤道地区日照最充分。

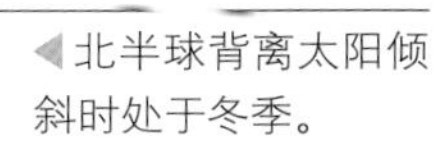

◀南半球的夏季

季节分布图

不停变动的地球

地球一直处在不停地变化中，自从地球诞生一直到今天的漫长时间里，沧海桑田。地球上的岩石能变成各种形状，庞大的山体能被掀翻，浩渺的海洋上会升起高山。

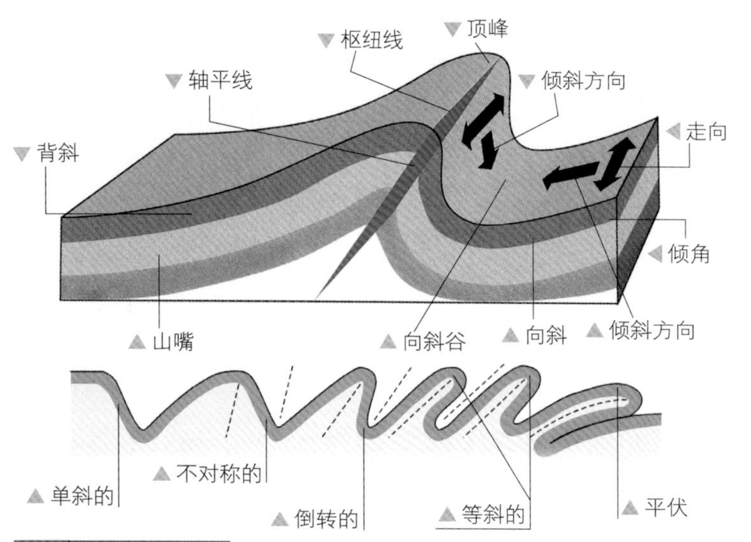

地壳运动

地壳运动包括水平运动、垂直运动、褶皱、断裂及伴随而产生的地震，岩浆作用中的火山喷发。地壳运动有时候非常激烈，造山运动就是其激烈的表现形式之一。如北京现在的燕山在1亿多年前还是深深的海洋，后来经过激烈的造山运动，变成了雄伟的高山。地壳运动一般是在神不知鬼不觉的情况下进行的。科学家发现，地球上几乎所有的地壳都在不停地、极为缓慢地运动着。它们之间有的彼此分离开来，有的互相挤在一起，有的上升为山，有的下降为谷。

地壳运动塑造出多姿多彩的地表形态。

移山填海的力量

自然界中常会看见一堵高大的石壁在你面前排空直立。它们就好像柔软的面团，被揉搓成弯弯曲曲的形状。究竟是什么力量，能把坚硬的岩石搓成“面团”？这是孕育在地壳内部的构造力在不停地起作用。这种地球内部能量引起的地质作用，叫内动力作用，主要有地壳运动、岩浆作用和变质作用几种类型。

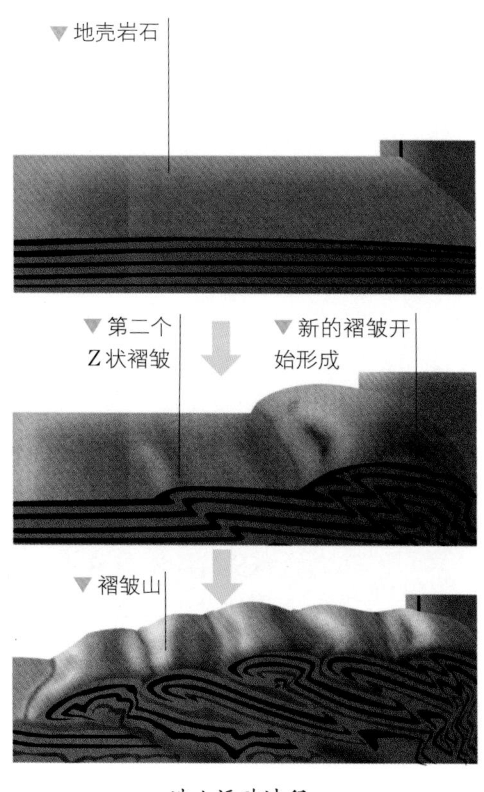

造山运动过程

大海的诞生

东非大裂谷，南起印度洋海岸，向北一直到西亚的死海一带，全长6000余千米。裂谷带分布着一连串狭长幽深的湖泊，从马列拉维湖到坦噶尼喀湖，再到图尔卡纳湖，甚至于红海都是这条裂谷的组成部分。科学家经过深入考察这个地球上数一数二的自然奇观，发现这里地壳下面的地幔正在不停地往上涌，使地壳变薄并推动着两侧地壳不断地向两侧裂开。据推算，近200万年来，平均每年要向外扩展2～4厘米。随着裂谷的扩展，裂开的部分就会变成海洋，红海就是这样形成的。这是大海诞生的一个典型的例子。

会移动的断层

圣安德烈斯断层

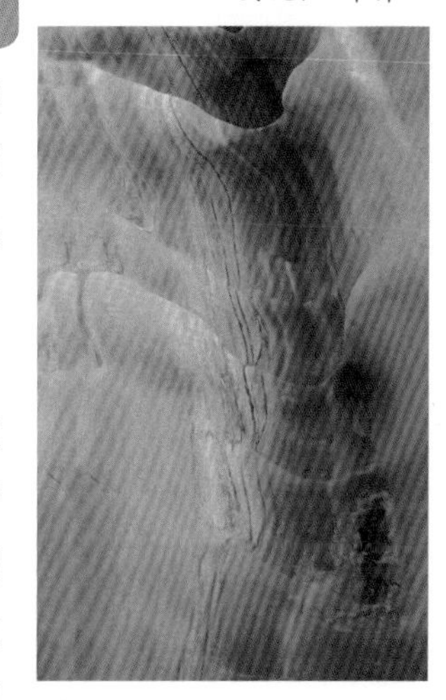

断层是常见的断裂构造，它是由两岩块沿破裂面发生显著相对位移形成的。断层规模大小不等，大者可沿走向延伸数百千米，常由许多断层组成，可称为断裂带；小者只有几十厘米。最著名的是美国的圣安德烈斯断层，它纵贯北美洲西部沿海，并且深入到太平洋中。它的形成是由于太平洋板块在上面擦过北美板块造成的。这个断层处在不停地运动中，在大多数情况下，断层的移动很慢。

▶断层擦痕带有光滑的坡尖。

▶断层擦痕

▼断层的抬升在河流地区形成了水坝进而形成湖。

◀地表沙流阶地

◀鞍状湖

正断层

▲又被称为倾向滑动断层，它是岩块沿着断层的倾角垂直下滑的断层。

▲断层擦痕

逆断层

▲是岩块上滑高出另一岩块的断层。

▲断层山脊

▲河岸因断层而错断。

走向断层

◀是两个岩块沿水平方向运动的断层。

▲地震断裂导致了地界的挪位。

不断变动的海岸线

近300万年以来，海岸线起码发生过三次全球性的大变动。有时，海水慢慢退去后，原来在海面以下的大片土地变为陆地；有时，海水又渐渐涨上来，使沿海大片土地沦为沧海。海水就是这样时进时退，永无休止。导致海面这种大幅度的升降有三个原因：一是气候的变迁和冰川的进退，这是造成海面升降的最主要的原因；二是地壳的升降运动，地质历史上的海陆变迁，常常是由地壳升降造成的；三是河流的泥沙淤积，在一些大河入海口，常常因为河流带来大量泥沙，淤积成宽阔的三角洲。

解密地球 三次大冰期

在地球演变发展的历史中，发生了全球范围的气温剧烈下降，冰川大面积覆盖大陆，地球非常寒冷，我们把这段时期称为大冰期。这是根据地层中发育的冰碛层而确定的。在地球的历史上，曾发生过距今较近的三次大冰期，即震旦纪大冰期、石炭－二叠纪大冰期和第四纪大冰期。

两次大冰期

▲成堆的冰雪缓慢滑动。

在距今7亿～9.5亿年前，当时地球上的许多地方都覆盖着厚厚的冰层，最厚的冰层达到几百米甚至上千米，这就是震旦纪大冰期。从西伯利亚到中国北方和长江中下游地区，从西北欧到非洲，从北美到澳大利亚南部，到处都是白茫茫的雪原和林立的冰川。石炭－二叠纪大冰期约出现在距今2亿多年前。这次大冰期主要影响南半球的澳大利亚和南美洲、非洲等地方。现在的南美和非洲的一些地方，还可以看到当年冰川活动留下的痕迹。

第四纪大冰期

▲植物泛出了新绿，出现了整片森林。

出现在200万年前，这次冰期持续时间较长，而且还出现了温度相对较高的温暖期，称为间冰期。在整个第四纪中曾出现过四次寒冷的冰河期和三次温暖的间冰期。冰河期间，在赤道非洲的许多高山上，都有规模很大的冰川活动。当冰河期结束后，间冰期开始了，这时整个地球气温开始回升，冰雪慢慢消融，低纬度的植物重新泛起新绿，树林中的动物开始慢慢活动起来了。

冰 川

冰川是地表上长期存在并能自行运动的天然冰体。它是由多年积累起来的大气固体降水在重力作用下，经过一系列变质成冰过程形成的。冰川有两种形式，一种叫作大陆冰川，如南极冰川和格陵兰冰川；另一种是山岳冰川。冰川以它巨大的能量塑造了独特的冰川地貌景观。

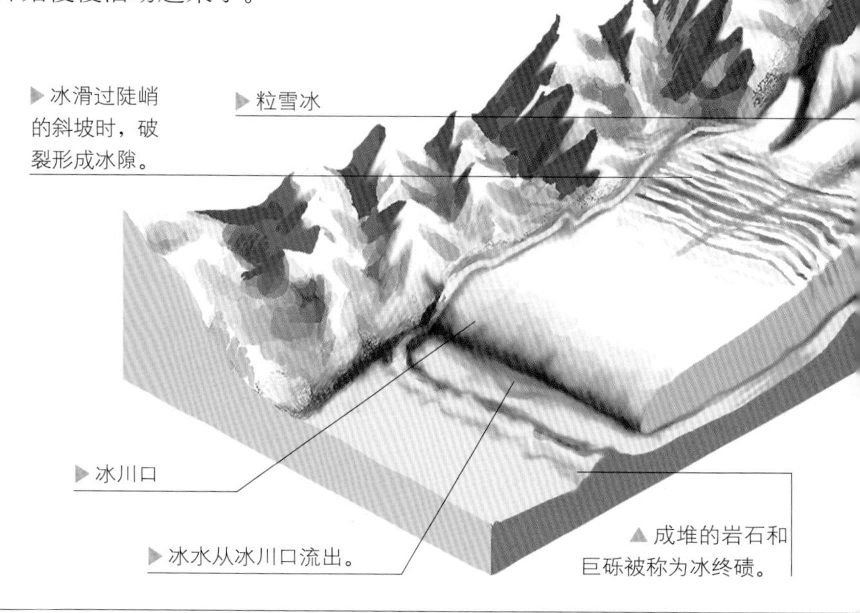

▲成堆的岩石和巨砾被称为冰终碛。

冰蚀作用

冰蚀作用就是冰川和冰川携带的岩石碎块在冰川运动中对于地面进行的破坏作用。冰川的体形庞大，在移动过程中会使一部分岩石破碎，而岩石的碎片一部分沉积在原地，还有一部分随冰川移动，这些碎块加剧了冰川对地面的掘蚀和磨削作用。这就是冰蚀，冰斗、角峰、冰川槽谷等地貌都是冰蚀作用的结果。

▲冰蚀前“V”形的山谷被河流侵蚀得十分陡峭。

▲冰蚀后“V”形河道被沿河道而下的冰川侵蚀成“U”形。

小知识

·冰川的移动·

冰川也是在不断移动的，但它运动的速度，平均每天不过几厘米，最多的也不超过几米，肉眼根本看不出冰川是在运动着的。冰川运动速度是有季节变化的，夏季快冬季慢。格陵兰岛的一些冰川，运动速度世界第一，但每年也不过运动1000多米。

▼冰川形成处的洼地被称为冰斗。

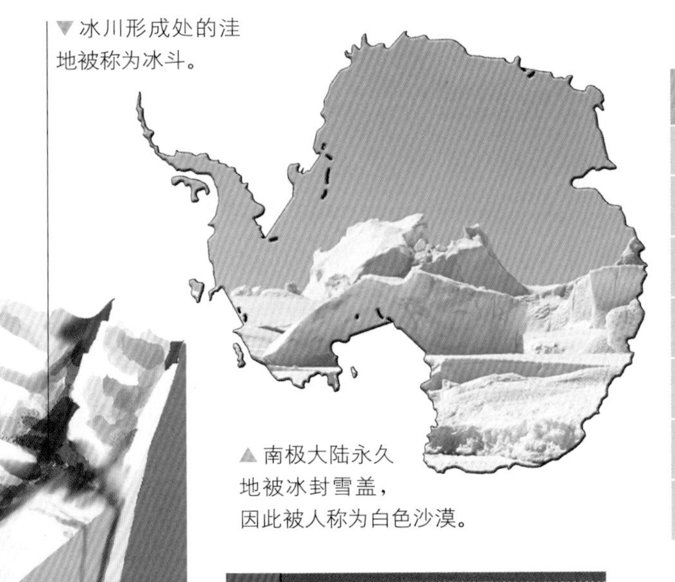

▲南极大陆永久地被冰封雪盖，因此被人称为白色沙漠。

世界著名的冰川

所在地	冰川	长度/千米
南极洲	兰伯特·费希尔冰川	515
俄罗斯	新地岛冰川	418
南极洲	尼姆罗德冰川	289
南极洲	登曼冰川	241
南极洲	比尔德莫尔冰川	225
南极洲	里卡弗里冰川	200

山谷冰川和极地冰川

新雪降落到地面后，经过一个消融季节而未融化的雪叫粒雪冰。当粒雪冰进一步密实或由融水渗浸再冻结而使晶粒间失去透气性和透水性，便成为冰川冰。而冰川冰在重力作用下，沿着山坡慢慢流下，就形成了山谷冰川。极地冰川在地球的南极和北极地区，冰川大量集结在大陆地区，形成冰冠或冰盖。它们不像山谷冰川那样向下方移动，而是向外移动。南、北极的两大冰盖分别位于南极洲和格陵兰岛，这两处地方聚集了全球淡水总量的90%左右。

冰川的形成

▲冰川之间的山脊

地球拼图游戏

地质学家们发现，本来生活在海洋里的生物，却在高高的山上发现了它们的化石，是什么原因造成这种现象呢？经过长达一个世纪的探索，现在人们终于知道，原来地壳是会运动的，我们居住的大陆会随着地壳的运动进行漂移。人们认识到，地球的表层并不是固定不动的，而是分为若干大小不同的板块，处在一种漂移的状态中，就像浮在黏稠的海洋中的木块，以缓慢但不可阻挡的趋势移动着。板块分开时，地幔中的岩浆就会喷发出来，形成新的地壳；板块之间互相挤压、碰撞时会形成山脉和海沟。板块构造学说就是在这个认识的基础上产生的，它解释了地球上许多地质活动的原因和实质。

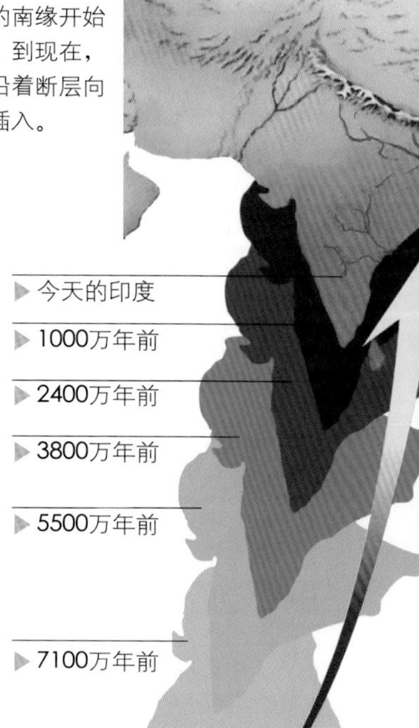

▶约在5500万年前，印度板块和亚洲板块的南缘开始在地壳之内对接。到现在，印度平原仍然在沿着断层向喜马拉雅山脉下插入。

大陆漂移的提出

大陆漂移是由德国科学家魏格纳（1880—1930）首先提出的。据说他在一次患病休息的时候，无聊之下便开始观察墙上的世界地图，突然意识到几块大陆的轮廓像是可以拼合在一起的，于是触发了他的灵感，意识到或许它们是从一整块大陆分离出来的。在1912年，他第一次提出了“大陆漂移”的伟大设想：在两亿多年以前，即地质年代的古生代晚期，地球上所有的大陆都聚集在一起，形成一块辽阔的大陆，地质学家称它为联合古陆，又称泛大陆。泛大陆存在了大约1亿年，从中生代起，就开始破裂，分成了两部分，北部的叫作劳亚古陆，南部的叫作冈瓦纳古陆。两块古陆继续分裂，这些破裂的陆块像是浮在海上的轮船，向外漂移。

地球上的六大板块

20世纪70年代，科学家们把“大陆漂移理论”和这一时期提出的“海底扩张理论”结合为一体，形成板块构造理论。地壳是由6大坚硬的板块组成的，即太平洋板块、亚欧板块、美洲板块、印度洋板块、非洲板块和南极洲板块。当板块运动时，大陆像“乘客”一样在大洋板块上一同向前运动。板块的运动形式多种多样，可以沿着一个轴线向两边拉开，产生移动，也可以相互滑移产生运动，或者是相互碰撞运动。火山和地震等激烈的地质活动，就多发生在两个大板块碰撞的边缘上。

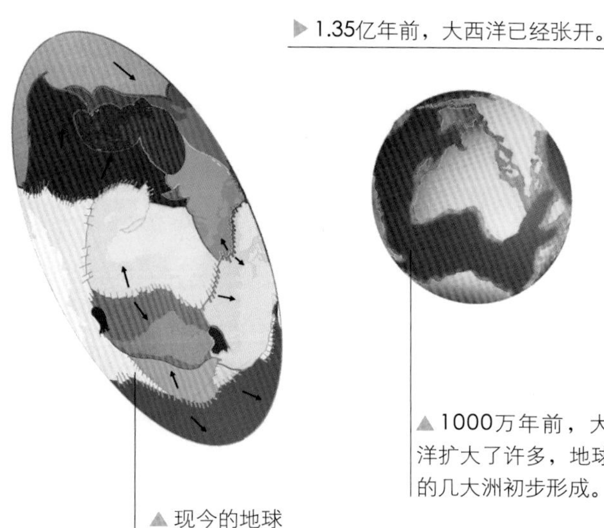
▶1.35亿年前，大西洋已经张开。

▲1000万年前，大西洋扩大了许多，地球上的几大洲初步形成。

▲现今的地球

大陆的漂移过程

板块碰撞

板块移动的速度虽然很小，但是亿万年后，地球的海陆面貌会发生巨大的变化。当两个板块逐渐分离时，在分离处即可出现新的凹地和海洋，大西洋和东非大裂谷就是在两大板块分离时形成的。当两大板块互相碰撞时，会形成高大险峻的山脉。喜马拉雅山就是三千多万年前由南面的印度板块和北面的亚欧板块发生碰撞挤压而形成的。还有一种情况是，当两个坚硬的板块发生碰撞时，其中一个板块深深插入另一个板块的底部。由于碰撞的力量较大，所以会把原来板块上的老岩层一直带到地幔中，最后被熔化了。而在板块向地壳深处插入的部位，即形成了很深的海沟。

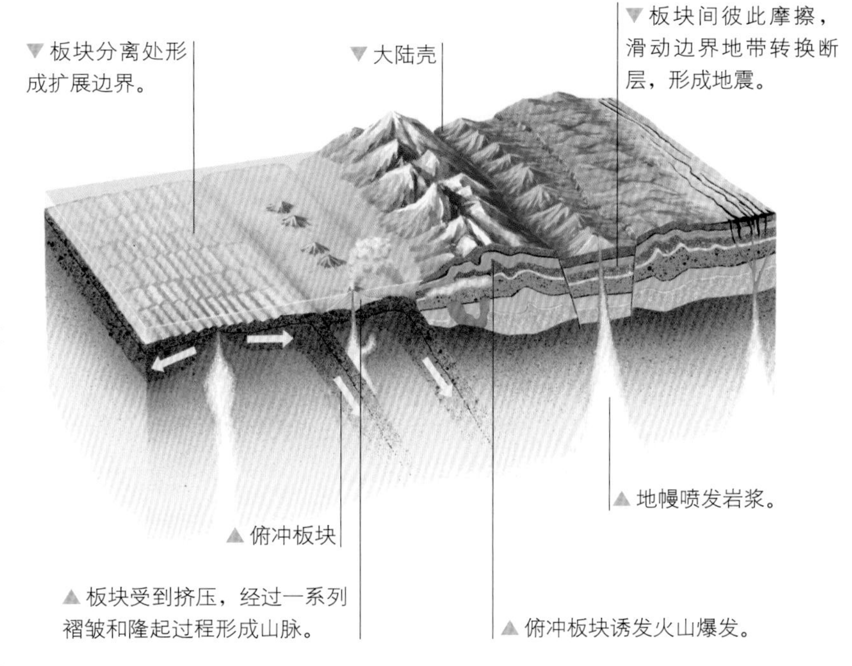
▼板块分离处形成扩展边界。

▼大陆壳

▼板块间彼此摩擦，滑动边界地带转换断层，形成地震。

▲地幔喷发岩浆。

▲俯冲板块

▲板块受到挤压，经过一系列褶皱和隆起过程形成山脉。

▲俯冲板块诱发火山爆发。

海底在扩张

▼冈瓦纳古陆

▼劳亚古陆

▲特提斯海

▲大约在1.8亿年前，联合古陆开始分裂。

地壳以下的地幔层，有一个几百千米厚的软流层，这里的物质处于不断的对流运动中，对流运动速度每年约为一厘米至几厘米。在对流运动中，较重的物质会慢慢地向地核中心聚拢，而较轻的物质则缓慢地向上升，当上升的物质遇到地壳岩石的底部时会发生分流现象，即高温高压的软流层物质沿岩层底部向四周扩散流动。这种流动作用能渐渐地把岩层拉裂开来。在被拉裂的部位，岩浆便沿着裂缝涌出地壳表面，冷却后形成岩墙。随着岩浆的不断涌出，岩墙也随之不断增高，新的海底不断向两侧扩大延伸，在大洋底部会形成一条条蜿蜒起伏、雄伟壮观的新生海底山脉，叫“海岭”，也叫“洋中脊”。

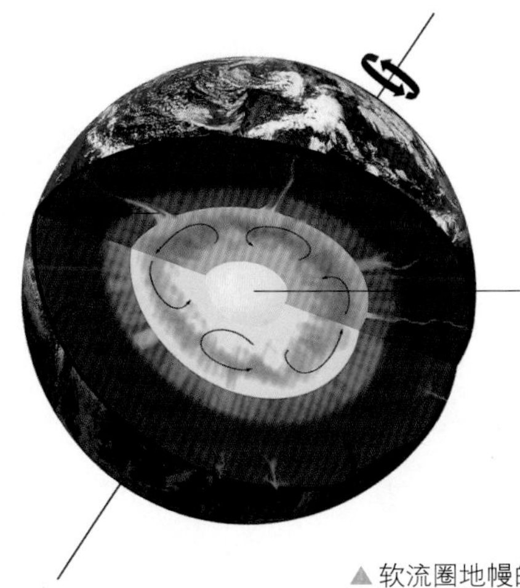
▶岩浆向四周扩散流动。

◀熔融的地核

▲软流圈地幔的热对流运动和地球的自转运动是造成板块移动的原因。

小知识

· 真奇妙 ·

- 大陆的漂移需要巨大的能量，这些能量来源于地幔。
- 科学家们利用激光束来测量大陆间的距离，证实了大陆确实在漂移。
- 大陆的漂移继续以缓慢的速度进行着，如南北美洲会裂离，澳大利亚向北移动，地中海成为新的大洋。

磁性的地球

地球由于具有致密的铁质地核，因此就像一块巨大的磁铁。磁铁在其磁场的范围内能吸引某些物质（如铁）。每块磁铁都有两个磁极，分别是磁性物质趋向集结的地方。地球的磁极位于地理上的北极和南极附近。水手和航海家利用其磁性寻找航线已有数千年历史了。现在追溯地球过去的磁性，有助于地质学家探索地球的历史。

小知识

·磁石·

磁石是一种具有强磁性的矿物，它吸引铁或钢等物体。常见的磁石有两种：黄铁矿与磁铁矿，它们都是铁的化合物。

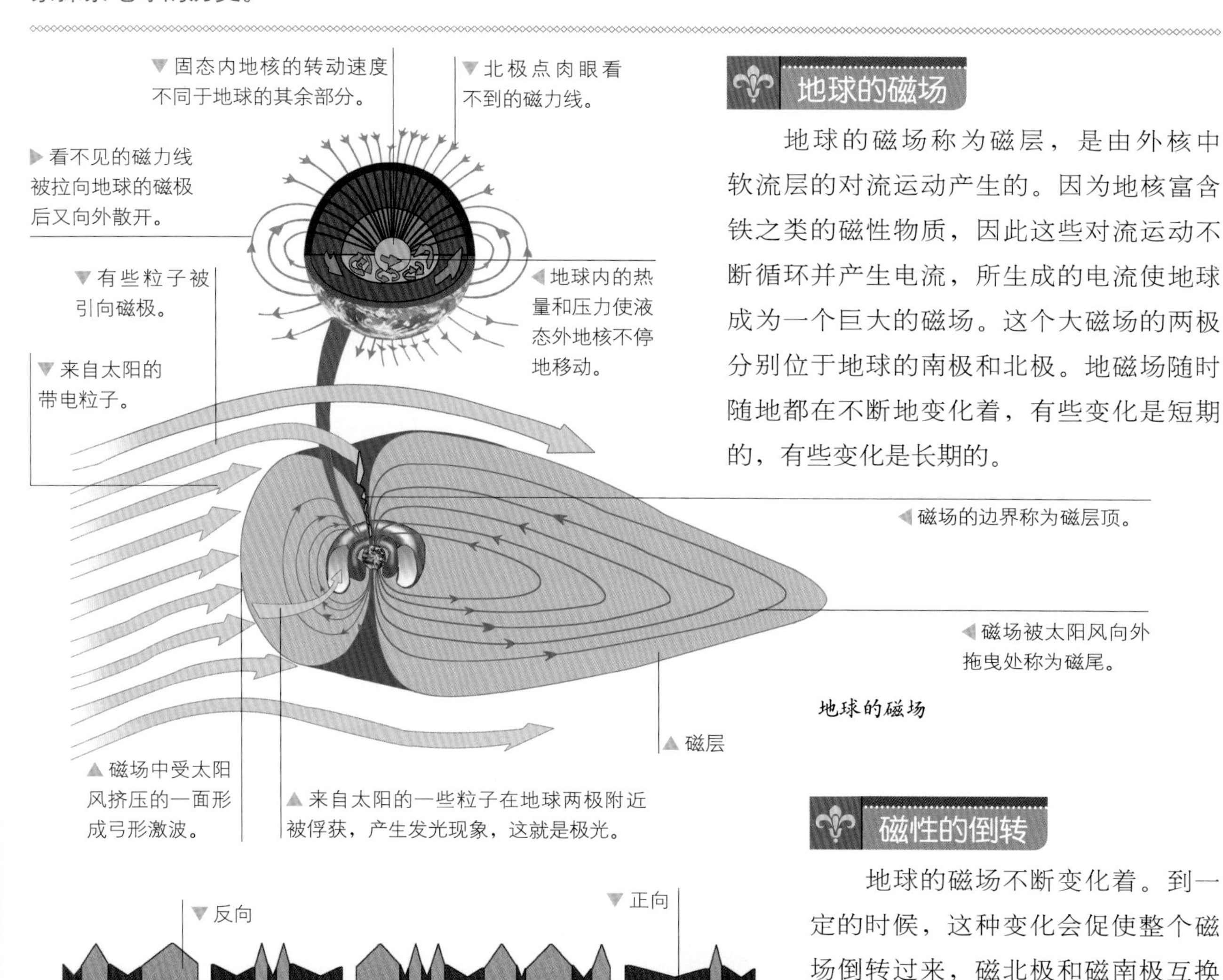

地球的磁场

地球的磁场

地球的磁场称为磁层，是由外核中软流层的对流运动产生的。因为地核富含铁之类的磁性物质，因此这些对流运动不断循环并产生电流，所生成的电流使地球成为一个巨大的磁场。这个大磁场的两极分别位于地球的南极和北极。地磁场随时随地都在不断地变化着，有些变化是短期的，有些变化是长期的。

磁性的倒转

地球的磁场不断变化着。到一定的时候，这种变化会促使整个磁场倒转过来，磁北极和磁南极互换位置。这种现象称为磁极倒转。我们还不清楚磁极倒转究竟是怎样发生的，但知道在过去的300万年内已发生过大约10次。

▼反向　▼正向

▲现今　▲300万年前

地磁极性反转示意图

▲挪威的北极光，常以射线、光弧、光带、流光，甚至跳动的“幕”形式出现，常为红色或绿色。

地球磁场的作用

太阳内不断发生热核聚变反应，向宇宙空间喷射出大量的带电粒子。这些带电粒子像飓风一样冲进地球外围的大气层，地磁场的作用使它们集中到地球的南极和北极上空。大气中的各种气体分子受到这些带电粒子的激发产生了发光现象即极光。北极光可在北极或其附近看见；而南极光可在南极或其附近看见。

▶磁北极位于北纬70°、西经100°

◀地理北极

▲地理南极

▲磁南极位于南纬68°、东经143°

一个地球四个极，两磁极的现在位置与真北极和真南极的关系。

磁北极

磁北极是磁罗盘所指的方向。地核的磁性非常强，可以影响地球上的任何磁体。当磁体可以自由摆动时，其一端总是指向磁北极，而另一端总是指向磁南极。磁北极的位置一直在变化，现在它位于加拿大北方的威尔士王子岛；而磁南极位于南极洲的南维多利亚岛。

磁 层

磁层是地球周围地磁场向太空延伸的区域。太阳抛出的带电粒子流，即太阳风，能使地球磁场受到干扰，并在外太空形成一个绵延6万千米的磁层。在地球背向太阳的一侧，磁层延伸的区域是这个距离的4倍。这是因为它被太阳风吹得变了形，太阳风是从太阳向外不断涌出的带电粒子流，它是引起极光的最主要的原因。磁层向外远远地伸入宇宙中，保护地球上的生命免受太阳辐射的伤害。来自太阳的太阳风把磁层拖曳成泪珠状。

撩开地球的面纱——大气

大气是环绕在地球周围的一层厚厚的气体，它就像一层厚厚的面纱一样。大气使地球避免了白天炙热的太阳光的直射以及夜晚酷寒的低温，为人类的生存提供了一个可靠的保障。大气本身并非平静无变化的，在距离地表10余千米以内的大气就极其活跃，它们不停地移动、对流和湍流，就如同煮开的水一样沸腾翻滚，而地球上的天气变化也因此而形成。地球吸收太阳光后，再将其中的一部分热量释放到空气中，这些热量又被大气层中的水蒸气和云截留住，重新返回到地球上。大气层就像罩在地球上的一个巨大的篮子，使地球变得温暖、舒适。

外逸层

人造卫星

极光

热层

气象卫星

大气圈的分层

根据大气在不同高度的不同特性，可以把大气由下而上分为对流层、平流层、中间层、热层和外逸层5层。对流层是距离地球表面最近的一层，距离地面7～18千米，风霜雨雪、云雾冰雹等天气现象多发生在这层。对流层往上到50千米的高空就是平流层，这里气流平缓，十分适合飞机的飞行。从平流层往上到85千米的高空是中间层，中间层气温低，非常冷，偶尔还能看见银白色的夜光云。从85～500千米这一层，称为热层，它是最热的一层，能反射地面发出的无线电波。热层以上是大气的外层了，称为外逸层，高度是800～3000千米，那儿空气非常稀薄。

流星

中间层

小知识

·大气温度·

大气温度在－84～2482℃之间波动，但是平均温度仅为－23℃。大多数的天气变化都始于对流层，而这一层的温度一般随高度的升高而降低。

大气温度分布示意图

小知识

·气喘吁吁·

自地表起，随着海拔的升高，空气变得越来越稀薄，大气压也逐渐降低。登山运动员在攀爬高山时，都必须携带足够的氧气，不然到了高空，就要气喘吁吁了。世界屋脊喜马拉雅山上空气十分稀薄，密度只有地面的1/3。

臭氧层

臭氧是一种有刺鼻性气味的气体，大气臭氧集中在平流层。距离地面20～25千米高度左右的大气中，是臭氧分子相对富集的地方，被称为臭氧层。臭氧层能吸收99%以上对人类有害的太阳紫外线，保护地球上的生命免遭短波紫外线的伤害，被誉为地球上生物生存繁衍的保护伞。近年来，由于人类的破坏，地球南极已出现了一个臭氧层空洞。大气层中的臭氧含量每减少1%，地面受太阳紫外线的辐射量就会增加2%，皮肤癌的患者就会增加5%～7%。

大气环流

两极地区与赤道地区接受太阳光的热量不一样，在赤道和低纬度地区，空气受热膨胀而上升；在极地和高纬度地区，空气会收缩下降。这样就会促使赤道上空的空气向极地流动。赤道上空空气的不断流出会形成一个常年存在的低气压区，极地上空空气的流入会形成一个常年存在的高气压区，从而造成了气流从高气压区向低气压区的流动，这就形成了大气环流。

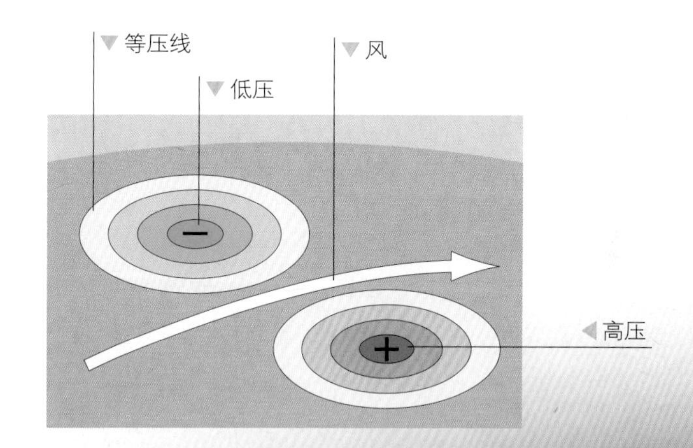

▲造成大气环流的原因除了太阳辐射热量的差异外，还有两个重要因素：一个是地球自转造成的气流运动的偏转作用，另一个是地球表面海洋、植被分布和地形高低不同的影响。

大气成分

大气是一种混合气体，成分十分复杂，主要成分是氧气和氮气，除此之外，还有氢气、二氧化碳、氦气、氖气、氩气、氪气、氙气、臭氧等气体。其中，氮气和氧气所占比例最大，分别为78.09%和20.95%，其他气体加起来还不到空气总容积的1%。此外，大气层中还有一定数量的水和尘埃杂质，是形成云、雨、雾、雪的重要物质。大气没有颜色，没有气味，看不见，也摸不着。

▼大气中除气体外，还包含有杂质。

形形色色的气候

气候寒冷的北极

0°C 等温线

东半球气候分

气候是指某一地区多年的天气状况，它是一种复杂的自然现象。按水平范围的大小，气候可分为大气候、中气候和小气候。大气候是指全世界和大区域的气候，如热带雨林气候、地中海型气候、极地气候、高原气候等；中气候是指较小自然区域的气候，如森林气候、山地气候以及湖泊气候等；小气候是指更小范围的气候，如贴地气层和小范围特殊地形下的气候，如一个山头或一个谷地。人们对气候的分类，往往会考虑很多方面的因素，但主要是气温和降水，因为这两者是植物生长的主要标志。实际上，世界各地的气候类型相当复杂，习惯上人们把地球划出了几个基本的气候带。

西半球气候分布图

影响气候的因素

任一地区的气候主要取决于它的地理位置。靠近赤道地区气候炎热，远离赤道地区气候寒冷。然而，一个地区的气候并不仅仅由距离赤道的远近所决定，距离海洋的远近和海拔高度也是影响气候的因素。地球各地年平均温度是不同的，赤道要比极地高。气候学家绘制了现在的气候分布图，图上棕红色表示0℃等温线，随着色彩逐渐变绿，表示气温逐渐寒冷。

热带气候区

热带气候的特点是全年高温，降雨量很大。南纬25度和北纬25度之间是热带气候区。在赤道附近的热带气候区，一年四季的降雨量是基本相同的。再往南或是往北，降雨则大多集中在雨季。热带气候区包括中美洲、加勒比海、南美洲和非洲的大部分地区，中国的雷州半岛、海南岛和台湾省南部都处于热带气候区，终年不见霜雪，到处是热带丛林，全年无寒冬。世界上大约一半的人口生活在热带气候区。

1 温带气候区

温带地区全年都可能有雨，夏季不太热，冬季不太冷。但夏季可能有短暂的炎热天气，冬季也可能出现短暂的严寒。位于温带地区的美国中部大草原就是这种气候区的典型代表。

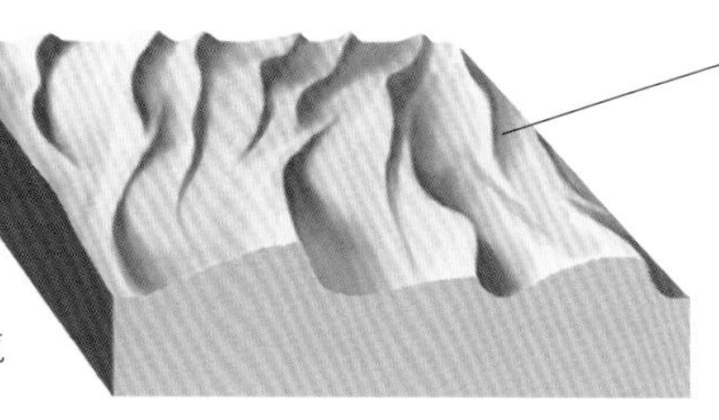

2 沙漠气候区

沙漠地区通常天空湛蓝，万里无云，阳光灼热。在阳光的直射下，地面的沙子和石头能达到60~70℃；到了夜间，气温则可能下降到0℃以下。

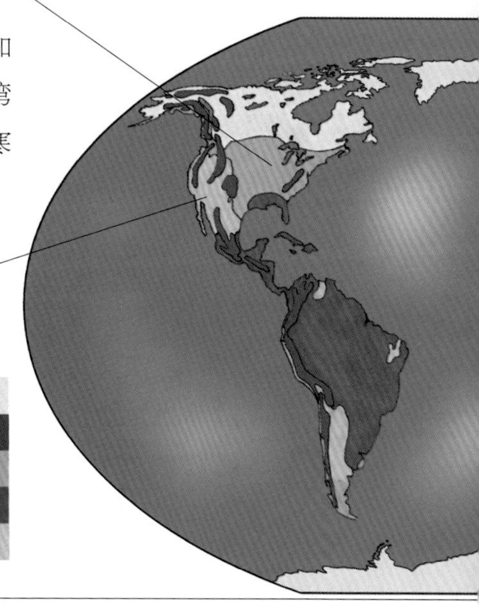

沙漠气候区

沙漠气候出现在沙漠和半沙漠地区，主要特点就是降雨稀少、气候干旱；多风沙天气；冬季寒冷、夏季酷热；昼夜温差很大，白天炎热难耐，到了晚间却颇为寒冷。这样的气候主要分布在中纬度和低纬度地区，低纬度地区如北非的撒哈拉沙漠、西亚阿拉伯沙漠、澳大利亚中部的大沙漠等。中纬度地区如中国的新疆和内蒙古一带及北美大陆西南部的沙漠等。在沙漠气候的环境中，生活着一些适应干旱条件的动植物，如骆驼、沙鼠、仙人掌、胡杨、沙枣等。

小知识

·气候图·

将一年中12个月的月平均气温和月平均降雨量标绘于同一张图上，可获得一个地区的气候情况，这种图称为气候图。在气候图里，将月平均温度连成一条平滑曲线表示月平均气温，而月平均降雨量则以每月的长方柱表示。

温带气候区

温带气候就像它的名字一样，气温宜人，雨量适中，冬冷夏热，四季分明。中国大部分地区都属于温带气候。根据地区和降水特点的不同，可分为温带海洋性气候、温带大陆性气候、温带季风气候和地中海式气候几种类型。温带气候是世界上分布最为广泛的气候类型，从而为生物界创造良好的气候环境，形成了丰富多彩的动植物界。

3 **热带气候区**

▲高温、多雨和生长茂盛的热带草木使得热带气候区十分潮湿。热带雨林是热带气候区独具特色的自然植被景观。现在世界上最大的两片热带雨林分别位于南美洲的亚马逊河流域、非洲的中部和西部。

极地气候区

人们把南北极圈以内的气候，称为极地气候，它包括北冰洋、环绕极地的亚洲、欧洲、北美洲的大陆边缘地区以及整个南极大陆和附近海洋地区。极地气候区的最主要特点就是终年严寒、无明显的四季更替变化。但是北极和南极的情况还不一样。北极地区降水虽然少，但地面蒸发少，所以相对湿度较大。这里虽然寒冷，仍有因纽特人在此生活；南极地区比北极寒冷得多，科学家曾在这里测到了−89.2℃的低温。因为南极特别寒冷，除各国在此设立考察站外，无人居住。

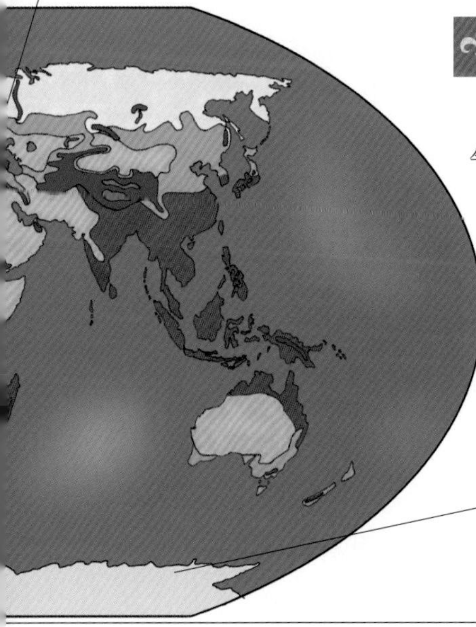

小气候

大范围地区有自己的气候特征，小范围地区同样也可能有自己的特殊气候，这就称作“小气候”，例如在热岛效应下，世界上的大多数城市温度总比城外温度高，这就形成了城市小气候，此外还有诸如森林小气候、水库小气候等。小气候的垂直变化和日变化都很显著，人类在无法改变大气候的时候，设法调节小气候还是有可能的。

4 **极地气候区**

◀极地气候分布在北美洲的阿拉斯加、加拿大北部、格陵兰岛、俄罗斯北部以及南极洲等两极附近的地区。其特点是气温低，终年刮着变化莫测的强风，冰雪终年不化。

不可思议 气象景观大搜索

气候与人们的生活息息相关，一个地方的奇异气候景观，会让人叹为观止。如中国夏天最热的地方在新疆的吐鲁番。地球上最热的地方在非洲的撒哈拉沙漠，最高气温55℃。南极洲却冷得可以把呼出的气都变成冰，那里曾经创造了最低温-94.5℃的记录，是世界上最冷的地方。

①

日照时间最长

撒哈拉沙漠东部的日照时间最长，那里年平均日照时数达4300小时，也就是说，每天大约有11小时45分钟的时间能见到光辉灿烂的太阳。撒哈拉大沙漠东部为什么日照会如此之多呢？因为这里是世界上最干燥的地区，没有能遮住阳光的云层；而且，这里纬度低，日照时间长，因此成了世界上阳光最多的地方。

②

最寒冷的地方

平均海拔最高的南极洲，无人居住，常年冰雪覆盖。在南极大陆的边缘地区，年平均气温在－10℃以下，在大陆中心地区年平均气温低达－50～－60℃。科学家曾在南极大陆测得－94.5℃的低温。这是世界上最低气温的记录，因此，南极便是世界上最寒冷的地方。

③

最干旱的地方

南美洲智利北部的阿塔卡马沙漠是世界上最干燥的地方，年降水量一般在50毫米以下，北部仅10毫米左右，常连续几年无雨。那里正好位于安第斯山脉的背风坡，从南美吹来的东南信风全被这座“高墙”挡住了；那里处于副热带高压地区，又是秘鲁寒流流经之处，由于寒流的温度较低，使那里的空气十分稳定，降雨极少，因此成了世界上最干旱的地方。

日照时间最短

北极地区是指北极附近的北极圈以内的地区。太阳光只能以很小的角度斜射这个地区，因而这个地区所获得的太阳辐射能很少。而且北极地区日照时间很短，北极漫长的冬季，连续186天不见阳光，是世界上日照时间最短的地方。

中国的冷极和热极

黑龙江北部的大兴安岭地区，有一个边陲小镇——漠河镇，位居中国的最北端。在这里，冬季最低气温达到了-55℃。在漠河，刚烧开的水在室外倒出时就会马上结成冰。夏天的平均气温也在几摄氏度左右，是中国最寒冷的地方。

漠河镇

吐鲁番

中国的热极是吐鲁番。吐鲁番位于天山东段南麓，北倚白雪皑皑的博格达峰。它是中国最低的盆地，也是夏季最炎热的地区，气温最高曾达49.6℃，夏季气温高于40℃以上的天气有30多天，是沙煮蛋、石烙饼的地方，素有“火洲”之称。

中国的干极和雨极

塔克拉玛干沙漠

新疆塔里木盆地中部的塔克拉玛干沙漠，年平均降雨量不足50毫米，有些年份则无降水记录，是中国最干旱的地方。基隆港位于台湾岛最北部的港口城市基隆市，被称为雨港。这主要有两个方面的原因：一是这里年降雨量多，二是冬季降雨日特别多。基隆位于台湾中央山脉北坡，东、西、南部多丘陵，这样，从海上来的潮湿东北季风在北坡抬升，便经常下雨。

基隆

奇怪的七巧板

地球上有6个巨大的大陆板块，分别是欧亚大陆、非洲大陆、北美洲大陆、南美洲大陆、澳大利亚大陆和南极洲大陆。这6块大陆的四周还星罗棋布地布满了许多岛屿。大陆和它四周的岛屿合起来称为“洲”。全球共有七大洲，总面积约有14948万平方千米，占全球总面积的29%。七大洲分别是亚洲、非洲、北美洲、南美洲、南极洲、欧洲、大洋洲，这七大洲就像一块神奇的“七巧板”。

有趣的七巧板

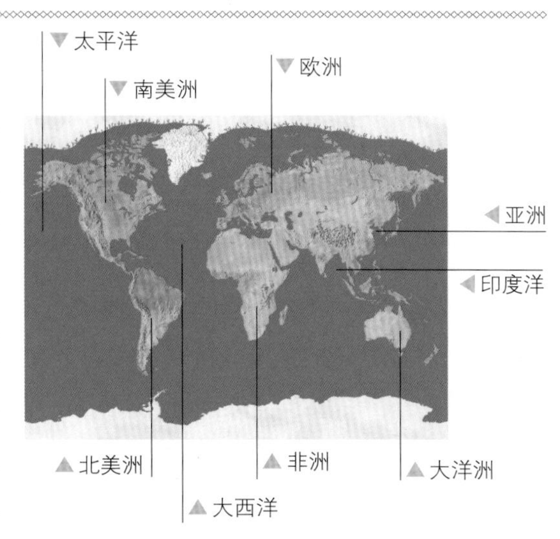

在太古时代，地球上所有的陆地都是连在一起的，后来因为强烈的地壳运动，陆地四分五裂，分散漂移而形成了现在的海陆分布。并且让人惊奇的是，地球上的七大洲大陆就像是“七巧板”，可以吻合地拼合在一起。其中北美洲和南美洲组成一对，欧洲和非洲组成一对，亚洲和澳洲组成一对，这三对大陆自西向东排列在一起，构成了原始的大板块，剩下的南极洲正好补在三对大陆在南半球的空缺位置上。后来，这七块板块逐渐发生断裂，就形成了现在的样子，直到现在，这些大板块还在悄悄地移动呢。

大陆的容貌

大陆的容貌丰富多彩、形态各异。它上面有高原、山脉、平原、河流和盆地等。世界上最高的高原是平均高度在海拔4000米以上的青藏高原。世界上最大的高原是南美洲面积达500万平方千米的巴西高原。世界上最长的山脉是绵延1.5万千米的南北美洲大陆的科迪勒拉山系。世界上最高峰是海拔高度为8844.43米的珠穆朗玛峰。世界上最大的平原是南美洲面积达560万平方千米的亚马逊河平原。

盆 地

通俗地说，盆地就是像盆子一样的地方，是四周高、中间低的地形。盆地是由地壳的运动形成的。地壳运动使有些地方隆起，有些地方下降，并且下降的地方正好被隆起的地方所包围，就形成了盆地。有些盆地是由于地陷后形成的，还有些盆地是风把地表的沙石吹走形成的。世界上最低的盆地是中国新疆的吐鲁番盆地，它的最低点为海拔－154米。盆地大致可以分山间盆地、内流盆地和外流盆地这三种类型。山间盆地虽然面积不大，但却是山区经济最发达的地区；外流盆地地势平坦、土地肥沃；而内流盆地则一般干旱少雨。

山间盆地

◀山间盆地是山区常见的小地形区，方圆几十千米。

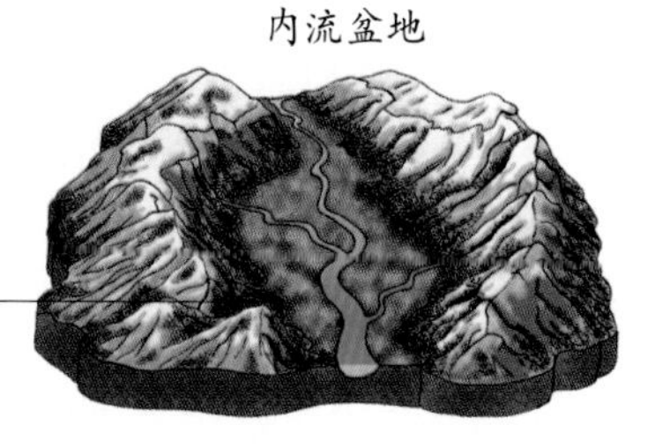

内流盆地

▶内流盆地中的河水都聚集在盆地中。

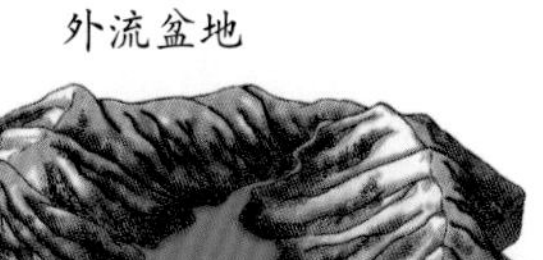

外流盆地

◀外流盆地内的所有河流通过出口流到外面。

谷 地

谷地是地表由于各种侵蚀作用，特别是水的侵蚀，形成了横剖面呈“V”形的地形。陡峭的峡谷由山间急流下切侵蚀而成。较大的河流在陆地上侵蚀出一条河道，到快靠近大海处，山谷变得又宽又平。此外，冰川中冻结的水也会侵蚀岩石，形成深深的冰隘谷；地壳运动也会将地表的断层拉开，形成山谷。狭而深的谷地即是峡谷，峡谷谷坡陡峻，谷底狭窄，且谷底往往完全被河水占据。峡谷发育于新构造运动强烈抬升的地区，是因基准面相对下降，河流强烈下切所形成的。

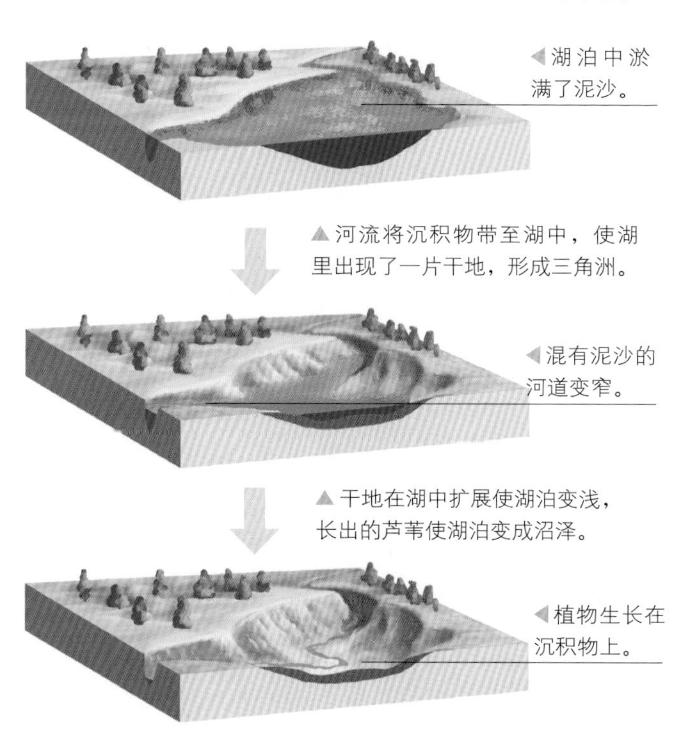

湖泊变成沼泽的过程图

沼 泽

沼泽指地面长期潮湿，生长喜湿和喜水植物，并有泥炭形成和累积的地段。沼泽是地面多水条件下各种因素综合作用的结果。在自然界中很多种情况可以形成沼泽地，像沿海的低地、低洼平原上的河流沿岸以及沉积的湖泊。以湖泊形成沼泽为例。在气候湿润的地区，河水流入湖泊后，由于水面变宽，水流速度减慢，泥沙在湖边沉积下来，使湖泊越来越浅，于是大量的水生植物开始繁殖，天长日久，这些植物不断生长、死亡，使大量腐烂的植物残体淤积在湖底，逐渐形成泥潭。随后又有新的植物出现，并逐渐向湖心发展，久而久之，湖泊就消失了，变成了浅水汪汪、水草丛生的沼泽地。

大地的舞台

雄伟挺拔、蜿蜒起伏的高原，坦荡千里、辽阔无垠的平原，犹如“大地的舞台”。在陆地上，地表面低于海拔200米的那部分土地，我们叫它平原。平原主要分布在大河两岸和海滨地区。平原地区地面开阔、平坦，或波状起伏，或微倾斜，坡度一般小于5°，且土地肥沃。优越的地理条件，使得平原地区人口密集，经济发展较快，世界上大部分人口都生活在平原上。海拔一般高于500米，顶面起伏较小，边缘为陡坡的大面积高地，称为高原。有的高原表面宽广平坦，地势起伏不大；有的高原则奇峰峻岭、山峦起伏，地势变化很大。

小知识

·神奇的黑土地·

松嫩平原是世界上仅有的三大黑土区之一。其中，更有几块十分珍贵的“典型黑土地”，面积约为17万平方千米。松嫩平原的黑土地几乎全是肥沃的良田。

平原的形成

平原的形成可以分两类：一类是冲积平原，主要由河流冲积而成。它的特点是地面平坦，面积广大，多分布在大江、大河的中、下游两岸地区。另一类是侵蚀平原，主要是由风、冰川、海水等外力的不断剥蚀、切割而形成的。世界上几乎所有的大平原都是河流冲积的产物。河流对于地表的冲积作用非常巨大，它一方面不断拓宽自己的河床，一方面把大量泥沙堆积在河流两岸。日积月累，凹地被填平了，广袤的平原就诞生了。中国著名的平原有东北平原、华北平原和长江中下游平原。

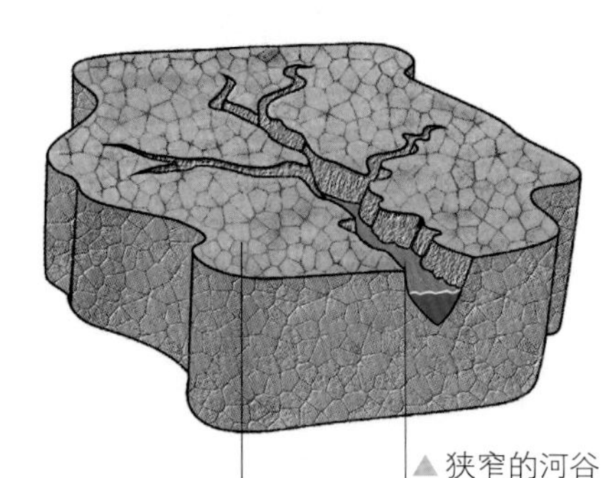

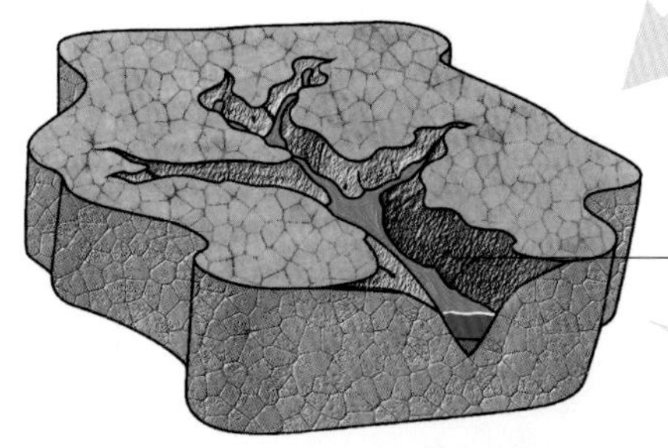

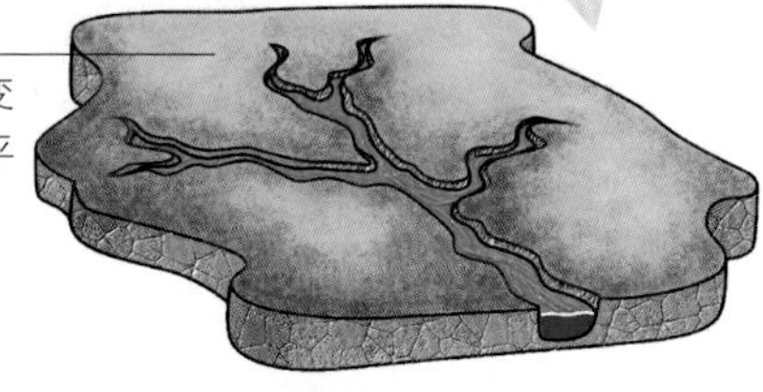

平原形成示意图

美丽富饶的珠江三角洲

富饶而热闹

平原地区的人口稠密，城市规模大，世界上几乎所有百万人口以上的特大工商城市都分布在平原上，如中国的北京、美国的纽约、埃及的开罗等。优越的地理条件、肥沃的土壤，使平原地区适合种植各种粮食、蔬菜、水果。而且，在气候条件适宜的情况下，平原地区的土地一般都会得到充分的利用，土地生产率很高。平原地区地势平坦，便于修筑道路和开挖运河，因此，平原地区不仅有发达的农业，而且还有发达的交通。发达、便利的交通加快了客运和货运的速度，从而极大地促进了平原地区的经济发展。

世界上最高的高原

青藏高原位于中国西南部，面积广大，是中国第一大高原，约占中国总面积的1/4。高原平均海拔在4000米以上，素有“世界屋脊”之称。世界上最高的两座高峰——珠穆朗玛峰和乔戈里峰均在此处。青藏高原的形成颇具传奇性。在几万年前，这里还是一片汪洋，后来，由于人陆板块的移动，位于它南部的印巴古大陆持续不断地向北推进，与欧亚大陆碰撞并插入欧亚大陆板块之下，就形成了举世无双的青藏高原。

▲青藏高原上的牦牛，生长在3000～5000米高的地区，非常耐寒，且擅长攀爬，被誉为“高原之舟”。

大风吹出的高原

中国的黄土高原是世界上独一无二的大面积黄土覆盖区，总面积在40万平方千米以上。高原的黄土一般厚达50～100米，最厚可达200米。高原的黄土是大风吹送堆积而形成的。这些黄土的老家在黄土高原北面的中亚和蒙古的沙漠地区，经过几百万年风的吹送，形成了现在的黄土高原。长期的流水侵蚀，使黄土高原地形破碎，千沟万壑。黄土高原上的河流大都含有大量泥沙，黄河就是最典型的代表。

▲人类长时间的开垦和砍伐使黄土高原原有的草场和森林都消失了。

世界上最大的高原

在南美洲巴西境内，有块占巴西国土面积一半以上的大高原，叫巴西高原。巴西高原的面积有500多万平方千米，是青藏高原的两倍，也是世界上最大的高原。巴西高原的地势南高北低，起伏平缓，海拔大多在600～800米。大部分地区属热带草原气候，雨季时，草原上一片葱绿，是良好的天然牧场。一年中有四五个月是旱季。

▼火红的彩霞把巴西高原映照得异常绚烂。

小知识

·高原病·

高原病是人从低海拔地区进入海拔更高的地区时，由于身体对低氧环境的适应能力不全或失调而发生的综合征。一般，高原病共同的表现为头痛、头昏、心慌、恶心、呕吐、失眠、眼花、手足麻木、心率增快等。

绵延起伏的山脉

山脉是沿某一方向延伸的山岭系统，一般都由几条或多条山岭组成。它们排列有序、脉络分明，犹如大地的骨架。几条走向大致相同的山脉排列在一起，又可以构成一个更为巨大的带状山地，叫山系。山是怎样形成的呢？原来，地球表面被分割成几块巨大板块，它们在不停的运动中会相互碰撞。板块间相互碰撞、挤压，即形成了山。同时，一个板块上的海底时常与相关的岛屿一起上升，升到了相当的高度时也会形成山。

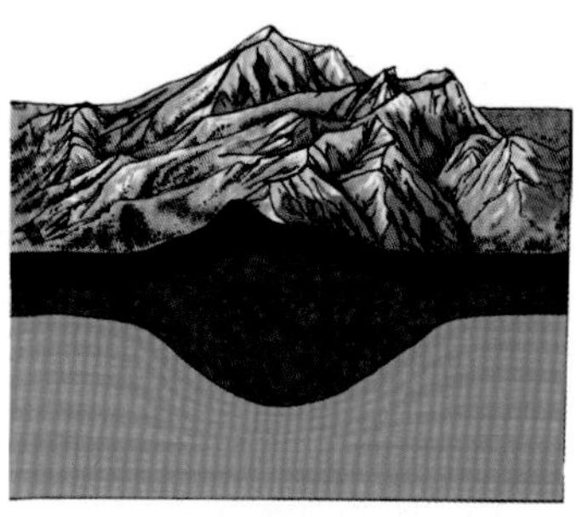

▲当一座山脉上升时，山根则扎入地幔。

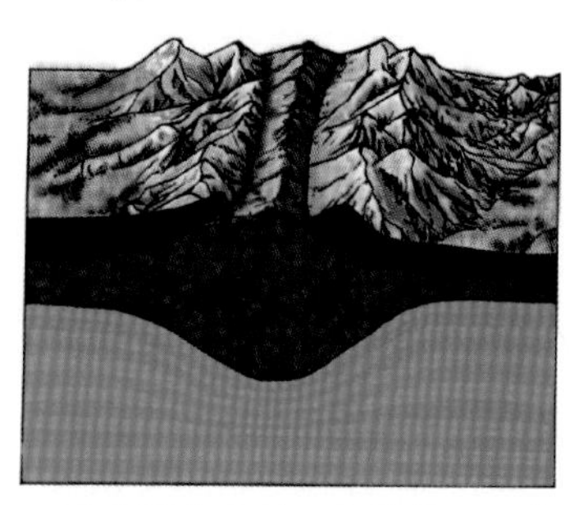

▲当山脉变老时，侵蚀作用逐渐剥离覆盖山地表面的沉积岩，山根被暴露。

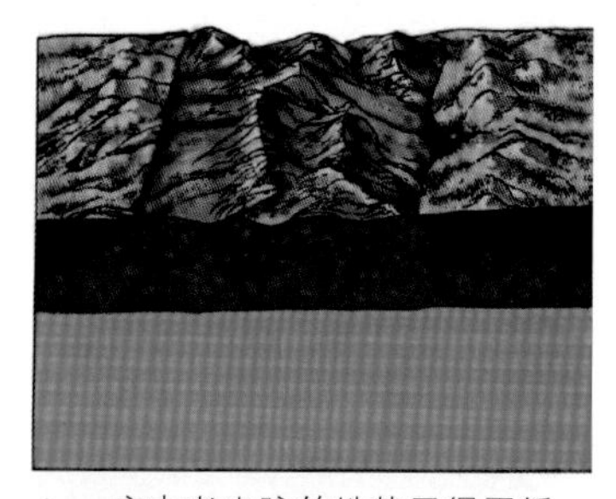

▲一座古老山脉的地势显得平缓，沉积岩少。深层岩石露出地表，山根消失。

世界上最年轻的山脉

喜马拉雅山脉和阿尔卑斯山脉都是世界上最年轻的山脉。喜马拉雅山位于中国青藏高原南部，山体向南凸出呈弧形，由数条大致平行的山系组成，全长2500千米，海拔平均高度超过6000米。雄伟高峻的阿尔卑斯山脉素有“欧洲巨龙”之称。它起自地中海西南的热那亚湾，呈弧形向东北绵亘约1200千米至维也纳，面积约20.7万平方千米，平均海拔2000米。据地质考察，在距今约2.3～0.8亿年的中生代时期，这两个地方还是一片汪洋大海。后来在距今两三百万年的造山运动中隆起形成高大的褶皱山系。更让人惊奇的是，这两座巍峨的大山至今还在继续上升中。

阿尔卑斯山脉

世界上最著名的山脉

世界上最著名的山脉有亚洲的喜马拉雅山脉、欧洲的阿尔卑斯山脉、北美洲的科迪勒拉山脉、南美洲的安第斯山脉等。安第斯山脉位于南美洲，绵延8900多千米，是世界最长的山脉，拥有50多座海拔6000米以上的高峰。位于北美西部的科迪勒拉山脉，长7000～8000千米，它的支脉与南美西部的安第斯山脉相接，构成世界上最长的山系。

安第斯山脉

你知道吗？

【各·种·各·样·的·山·脉】

地球上的山脉千姿百态，各有特点。

A.冒纳凯阿山

● 夏威夷的冒纳凯阿山耸立在太平洋底，高达10203米，比珠穆朗玛峰的海拔高度高出1355米。

B.落基山脉

● 落基山脉约在7000万年前形成。其嶙峋的棱角，与流动的冰川形成了奇特的对比。冰川从冰原缓缓滑下，把岩石磨为粉末，面粉般的岩石碎屑就覆盖在冰湖上。

C.桌山

● 桌山是一块大砂岩，在四五亿年前原是潜海的海床，地壳升起之后，把山顶升到海拔1086米高，其平板状的山体，则是强风和水流将接近水平的砂岩层暴露出来而形成的。

不平静的山脉

地壳的剧烈运动能形成山脉，如今天乞力马扎罗山的3座山峰，它们分别是在3次地壳激烈活动时期形成的，最高峰基博峰位于正中。同时，山脉形成后所在地区也是地壳运动最为剧烈的地方，火山和地震常在这些地区发生。如阿尔卑斯山脉南支亚平宁山脉的维苏威火山、安第斯山脉北边的科帕克西火山，都是世界上著名的大火山。

◀乞力马扎罗山形成于200万年前。当时火山活动频繁，熔岩不断从地球内部涌出，一次喷发的熔岩凝固后，又被另一次喷发的熔岩所覆盖，渐渐就形成了乞力马扎罗山。

立体的气候和自然景观

由于山脉海拔很高，在不同的高度上，自然条件差异很大。雪线以下的高山植被呈垂直分布，雪线以上则常年积雪。如珠穆朗玛峰可以在100千米的距离上，随着海拔高度的增加，看到五六种完全不同的气候和自然景象。在海拔2000米以下，是一片亚热带、热带风光，气温高，降雨量也大，常绿阔叶林郁郁葱葱，生长着芒果等热带果树和水稻；海拔超过2000米后，能看到针叶、阔叶混交林，农作物主要是玉米、小麦，水果以苹果、梨居多；向上攀登，海拔达到3000米，这时山坡以针叶林为主，只能在背风向阳的地方种植青稞和少数蔬菜；在海拔4000多米的高山地段是高山苔原和高山草甸，没有农作物和高大树木，只有矮小的灌木和草类；在海拔5000米以上就是高山永久积雪区，这里已找不到绿色植物了。

▶珠穆朗玛峰峰顶覆盖着雪，这里已经见不到绿色植物了。

辽阔的大草原

温带半湿润至温带半干旱条件下，发育形成旱生或半旱生多年生草本植物占优势的地带景观，称为草原。草原地区冬寒夏热，降水稀少，因此草原植物组成及植物群落结构简单。全球草原分布很广，主要集中在亚洲、欧洲、美洲的温带地区。在中国分布于新疆、内蒙古、东北地区西部和青藏高原大部分地区。

草原气候

不同地区的草原气候有其地域性特征。离荒漠近的干草原湿度变化大，降水少，植被也稀疏矮小；离森林近的湿草原温度变化较小，降水较多，植被密度大。非洲的热带草原，气温都在20℃以上。每年一半时间是湿季，一半时间是干季，湿季、干季交替出现。湿季时，植物生长茂盛，到了干季，树木落叶。

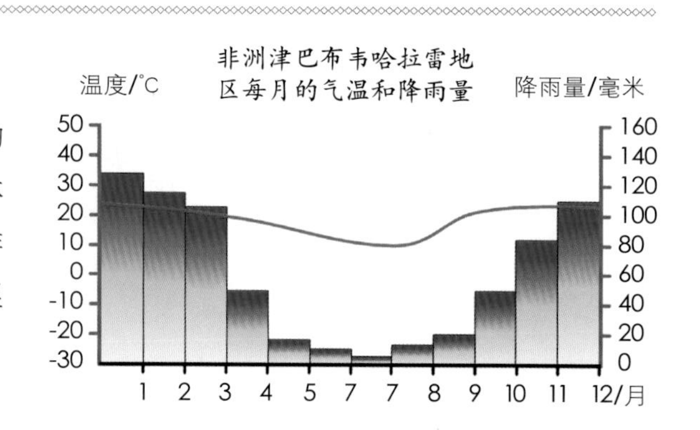

热带稀树大草原

热带稀树大草原一般出现在热带雨林带的附近，在非洲、南美洲和澳大利亚，热带草原面积十分辽阔。因热带草原干湿季交替出现，湿季多雨，干季干燥，草原上树木稀疏，长着较高的草，所以叫热带稀树大草原。草原的年平均气温在20℃以上。一年分为两季：雨季和干季。雨季和干季的长短，因为纬度高低的差异而不同。纬度越高，干季越长；纬度越低，雨季越长。

你知道吗？

【草·原·上·的·动·物】

草原上动物之间弱肉强食的现象特别严重。大量的食草动物总是食肉动物的捕猎对象。例如：狮子总是成群结队地捕猎，所以即使像斑纹牛羚那样的大型动物也在所难逃被分食的厄运。鬣狗也是结队捕猎，但捕食的只是斑马那样大的动物。

◀鬣狗通常攻击那些没有自卫能力的“弱者”，把它们变成自己的“美食”。

热闹的大草原

非洲大草原非常热闹，栖息着许多大型食草动物，如羚羊、角马、斑马、犀牛、长颈鹿等。它们具有灵敏的嗅觉、视觉和听觉，而且个个善于奔跑。在热带大草原上，不同的动物吃不同的植物，如长颈鹿脖子长，吃高处的树枝和树叶；斑马吃地面的草；瞪羚吃嫩草根。热带草原上的许多动物，身体表面都长着保护色。长有条纹或斑纹的动物，如猎豹很难被发现；狮子身上的黄褐色，帮助它们安稳地躲藏在枯黄的草丛中。

大迁徙

▲场面壮阔的角马大迁徙。

每年的六七月间，东非的塞伦盖蒂草原上要上演角马大迁徙。这时候，河流干涸，牧草稀疏，角马便会积聚成浩浩荡荡的“大军”，向西北进军到水草丰美的河流地区。到了11月，草原雨季来临时，百万头角马又长途跋涉，返回故乡。角马大迁徙的时候，奔跑快捷的猎豹、靠吃角马为生的狮子、豺狼等食肉动物会跟踪而来，角马中的老弱病残和掉队者首先就会落入它们之口。

奇特的纺锤树和矮胖的猴面包树

南美洲生长着一种奇特的树，叫纺锤树。这种树的腰儿硕大，两头尖细，好像纺锤那样。它高有30米，粗达几米，里面能贮2吨左右的水。雨季时，它能吸收大量水分，储藏起来，以供自己旱季时消耗。

非洲却生长另外一种矮胖的树叫猴面包树，也叫波巴布树。为了适应干旱的环境，这种树的树干异常膨大，能够积聚大量的水分。猴面包树的果实巨大，甘甜多汁，是猴子、猩猩、大象等动物喜欢的美味，“猴面包树”因此而得名。

◀在雨季来临时，猴面包树的树干内会贮存大量水分，树干明显膨胀增粗。这些贮存的水分，使它们能度过炎热干燥的季节。而到了夏季，猴面包树的树干又会慢慢恢复较“苗条”的体形。

人迹罕至的沙漠

沙漠是一片很少下雨的地方，是大自然留给人类的不幸之地。全世界约有十分之一的陆地是沙漠。中国的沙漠面积约占全国面积的11%。这里终年干旱少雨，地表水贫乏，植被稀少。所有的沙漠地区气候变化都非常剧烈，白天被太阳炙烤，温度可达到40℃，晚上却可以降低至0℃。有些荒漠中见不到沙，尽是些光秃秃的石滩和砾石，这就是人们常说的戈壁。

沙漠的分布

世界上沙漠大多分布在南北纬度15～35度之间的信风带。这些地带气压高，天气稳定，风总是从陆地吹向海洋，海上的潮湿空气却到不了陆地上，因此雨量极少，非常干旱，地面上岩石经太阳暴晒和风化后形成细小的沙粒，沙粒随风飘扬，堆积起来，就形成了沙丘，久而久之，随着面积的扩大，就变成了沙漠。有些地方，岩石风化的速度慢，形成了大片砾石，就是荒漠。

顽强的生命

因为沙漠缺水，一般都认为沙漠荒凉无生命。其实不然，沙漠中也生存着耐旱的动物和植物。沙漠中的植物一般会将根扎得既深又广，它们长着坚韧的皮、细小的叶和刺，而且还有独特的贮存水的方法。许多生活在沙漠中的动物都有独特的求生本领。如有的可以长时间不饮水，而是从它们的食物中吸收水分。沙漠中的动物一般白天会躲避炎热的太阳，等到太阳下山以后才会出来觅食。沙漠中最耐旱的动物要数骆驼了，它既耐渴又耐热。生活在沙漠中的沙漠狐也有适应酷热沙漠环境的本领，它们有一对特殊的大耳朵，犹如散热器一样可以排除体内的热量。

A 猎鹰

▲它们通常白天在沙漠上空盘旋，一旦发现猎物，就会直扑下来，用双爪抓紧猎物，然后再用锐利的尖嘴将猎物撕裂而食。

B 壁虎

▼常在沙漠中滑行前进。它们四肢上的蹼使得它们不但能避免被淹没在沙漠里，还是它们挖掘洞穴的工具。

C 沙鼠

▼外貌像老鼠，出来觅食，常从 的植物中获取水分

沙漠的气候特点

沙漠地区的年降水量一般都在400毫米以下。中国的塔克拉玛干沙漠是降水量最少的地方，年降水量不足50毫米，个别地方几乎是滴雨不下。沙漠地区温差大，平均年温差可达30～50℃，日温差更大，夏天午间地面达60℃以上，若在沙滩里埋一个鸡蛋，不久便烧熟了。晚上的温度又降到了10℃以下，空气也变得较为潮湿。沙漠地区风沙大、风力强。最大风力可达10～12级。强大的风力卷起大量浮沙，形成凶猛的风沙流，不断地吹蚀地面。

小知识

·沙子消毒·

在沙漠里，由于阳光非常强烈，空气也很干燥，空气中极少有细菌，连骆驼等动物的尸体都不腐烂。经常在沙漠中行旅的中亚土库曼人割破了手指时，随手抓起一些在阳光下消了毒的沙子撒在伤口上，伤口不久就愈合了。

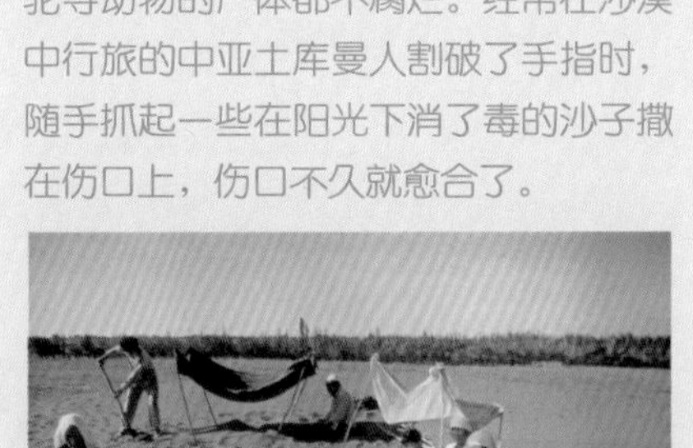

沙海绿洲

在浩瀚无边、黄沙漫漫的沙漠中，人们有时能看到一片片水草丛生、绿树成荫、泉水潺潺、牛羊成群的绿洲。绿洲是动物的生命线，也是沙漠旅行者的救星。绿洲一般都分布在大河流经或有地下水出露的洪水冲积扇的边缘地带。绿洲的面积一般不大，一些较大的绿洲成为农业发达和人口集中的居民区。中国境内天山和祁连山山麓都有绿洲分布。在世界最大的撒哈拉大沙漠中也有一些风光奇特的绿洲。

D 非洲松鸡

▼常会不辞辛苦地找水给幼鸡喝。它们储藏水的本领非常奇特，常用水把胸前的羽毛浸湿，然后飞回巢穴让幼鸡们吸吮羽毛上的水。

E 曲角羚羊

▼宽大的蹄使它们行走在沙漠中时不会陷入沙地里。常常从可食用的植物中获得身体上所需要的水分。

F 蝗虫

▼它们常数百万只成群出动，常一口气吃掉上千吨的植物。它们将蛋下在温热的沙地里。

G 蝎子

▼常食昆虫和蜘蛛等动物，它们对付敌人的武器是尾部有毒的螯针。

风沙织成的图案

沙漠里的狂风和沙子就像雕刻师，把沙漠塑造成各种不同的地表形状。如果你站在沙山顶上极目远望，会看到犹如大洋中的波涛，一波连着一波，一浪跟着一浪，非常壮观。每座沙山都呈半月形，一个一个组成沙山链。这些沙山都是狂暴的风年复一年地工作建造而成的。狂风把地表上的土层吹开，吹走土层里细腻的物质，而比较重的沙粒却留了下来，在风的吹动下，这些被吹起的沙粒又堆积成一个个沙的山丘。世界上几乎所有的大沙漠都是这样形成的。沙漠里的狂风还能雕刻裸露的岩石。新疆乌尔禾地区的古城堡，里面布满了层层叠叠的陡崖石壁，有的像城墙，有的像亭台楼榭，这些都是风沙的杰作。

风沙的塑造

风沙是一种强大的自然力量，时刻在雕塑着自然的容颜。雅丹地貌和蘑菇石便是其有代表性的杰作。雅丹是中国维吾尔语，意为陡峭的土丘，因中国新疆孔雀河下游雅丹地区发育最为典型而命名。其形成过程是：挟沙气流磨蚀地面，地面出现风蚀沟槽。磨蚀作用进一步发展，沟槽扩展为风蚀洼地；洼地之间的地面相对高起，成为风蚀土墩，于是形成雅丹地貌。沙粒被风刮起后，由于本身的重量通常会在近地面处作跳跃式运动，这一过程称为跃移。沙粒的跃移造成大多数侵蚀都发生在离地面1米高的范围内。高高的岩石只在底部受到侵蚀，于是形成了蘑菇形岩石。

中国新疆地区的龙城雅丹地貌

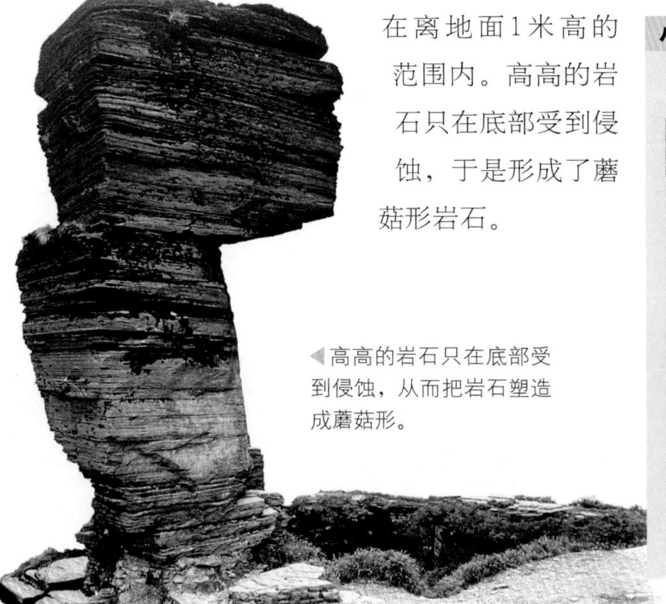

◀高高的岩石只在底部受到侵蚀，从而把岩石塑造成蘑菇形。

小知识

·世界十大沙漠·

沙漠	所在国家或位置	面积（万平方千米）
撒哈拉沙漠	非洲北部	860
阿拉伯沙漠	阿拉伯半岛	233
利比亚沙漠	非洲东北部	169
澳大利亚沙漠	澳大利亚	155
戈壁沙漠	中国、蒙古	104
巴塔哥尼亚沙漠	阿根廷	67
鲁卜哈利沙漠	阿拉伯半岛	65
卡拉哈里沙漠	博茨瓦纳	52
大沙沙漠	澳大利亚	41
塔克拉玛干沙漠	中国新疆	32

沙丘类型

在沙漠中，沙粒被狂风吹起来，一次又一次地降落，最后堆积成不同形态的小沙土岗，即沙丘。在一望无际的沙漠里，这些不同形态的沙丘，组成了一幅幅绚丽多姿的图案。沙丘的类型非常多，有几十种，人们常常以它们的形状来命名，例如：星状沙丘、新月形沙丘、剑形沙丘、抛物线形沙丘、金字塔形沙丘等。沙丘的类型取决于沙的数量、风向的变化和植被的数量。

▶ 从空中俯瞰，新月形沙丘形如一弯弯新月，它一般高度不大，只有一二十米高，多形成于沙子稀少和风向恒定的地方。

▼ 星状沙丘形成于风从各个方向吹来的地方。

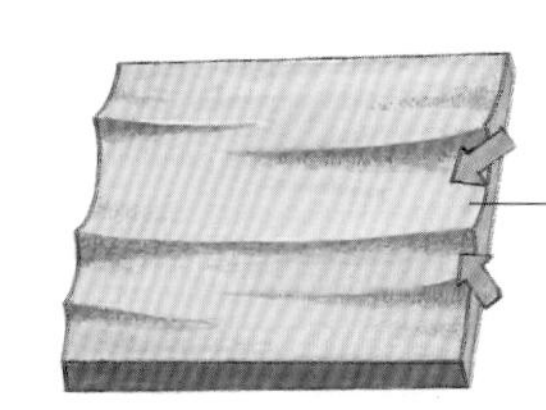

◀ 剑形沙丘形成于沙子稀少和风从两个方向吹来的地方。

▶ 在多沙的地方形成了横沙丘。其丘脊与最强风的方向垂直。

◀ 抛物线形沙丘常见于海岸上，其隆起的部分常因植物而变得稳定。

沙丘类型示意图

沙漠风向的判断

沙丘是风的产物，所以沙丘的形态能反映出当地风的方向和风的强度。有经验的沙漠专家，来到一片陌生的沙漠，只要看到那里的沙丘形态，就能大致推断出这个地方常年刮什么方向的风，风力有多大。这样有利于人类改造沙漠。

◀ 箭头代表风向

▶ 沙漠土是细小尘土、沙和粗砾石的混合物。

▼ 中国柴达木盆地的风蚀石窝景观。一个个风蚀石窝呈圆形或不规则椭圆形。

小知识

·沙子为什么会唱歌·

沙漠中的沙子为什么会唱歌呢？科技的进步使人们逐步认识到，沙子唱歌的声音是沙子在摩擦后产生静电时的放电声。在响沙的地方，因太阳风暴形成的热气层与山脚下的冷气层构成了一个天然的共鸣箱，当沙子滑动的时候，只要发出很轻微的声音，共鸣箱都会将这声音放大。

森林宝库

森林是自然界巨大的“绿色宝库”。森林里有大量木材、丰富的食品和药物原料，可以为我们提供生产和生活的必需品。森林里有几百万种野生生物，此外，地球上的森林能吸收二氧化碳，产生氧气，固定泥土，调和气候，平衡水的循环，并且提供给动物及植物一个相当理想的栖息处。目前，全世界的森林面积为38亿公顷，约占陆地面积的22%。然而在20世纪，人类对森林乱砍滥伐，盲目垦荒，导致森林资源逐渐衰竭。在各类森林中，尤其以热带雨林的消失速度最快。

热带雨林

热带雨林是指热带潮湿地区高大茂密而常绿的森林类型。热带雨林的雨水充足，几乎天天下雨。气温较高，年平均气温可达到25～30℃之间。热带雨林中的植物种类繁多，有热带常绿树、落叶阔叶树、木质大藤本、附生的苔藓、蕨类、地衣等。雨林中树种繁多，一块足球场大小的地方就可能有200种之多。雨林树木通常有30～50米高，树干修长没有枝杈，树皮光滑，木质坚硬。雨林中植物的寿命在150～1400年。

处处是宝

早在古代，我们的祖先就生活在森林里，他们靠采集野果、捕捉鸟兽为食，用树叶、兽皮做衣，在树枝上筑巢架屋。现在，世界上仍有3亿人以森林为家，靠森林谋生。森林里处处是宝。森林里的木材可以造房子、做家具、修铁路、造纸。世界上近四分之三的木材来自针叶树，几乎所有的纸都是用这类木材经化学处理后制成的。森林里有些植物能治病，我们日常用的药品有一部分就来自森林，如金鸡纳树树皮里提炼出的奎宁就能治疗疟疾。

森林“居民”

森林植物种类繁多，地球陆地植物有90%以上存在于森林中，或起源于森林，同时它们是动物的食物基础。森林的空间高大、结构复杂、生长周期长、更新调节能力强、群落稳定性大，为动物饮食、栖息、隐蔽和繁衍提供了最优良的场所。森林中的动物种类和数量远远大于其他陆地生态系统。生活在森林中的动物种群数量较大，包括爬行类、两栖类、兽类、鸟类、昆虫以及原生动物等。

森林的演化

阶段	年代	构成
蕨类、古裸子植物阶段	晚古生代的石炭纪和二叠纪	由蕨类植物的乔木、灌木和草本植物组成大面积的滨海和内陆沼泽森林。
裸子植物阶段	中生代的晚三叠纪、侏罗纪和白垩纪	由苏铁、本内苏铁、银杏和松柏类形成陆地上大面积的裸子植物林和针叶林。
被子植物阶段	中生代的晚白垩纪及新生代的第三纪	被子植物的乔木、灌木、草本相继大量出现，遍及陆地，形成各种类型的森林。

小知识

·奇趣树木·

- 森林里有一种不怕火的树木，这种树的树干表面有一层厚厚的树皮，里面含有大量水分，遇到大火，只会在树皮上留下伤痕，树本身不会受损伤。
- 北非加纳利群岛有一棵龙血树，寿命超过6000岁，是最古老的树。
- 巨杉是世界上最粗壮的树木。北美洲内华达山上有 棵巨杉，在树干基部开一个隧道，汽车可以畅行无阻。

E 巨嘴鸟
▼拥有一张色彩鲜艳且超大的嘴，睡觉时大嘴靠在背上，平常活动时会用超大的嘴捡食果实。

D 树蚺
◀平时缠绕在树枝上，并潜伏在叶子下，等待猎物。

F 七彩鹦鹉
▲南美洲最大的鹦鹉，会利用双爪紧紧攀附在树枝上。

G 树蛙
▶栖息在树上或高大树丛围绕起来的水池中。

滔滔江河

河流就是由于大气降水或其他原因汇成的水流，这种水流经常或者周期性地沿着固定的凹陷路线流动。大的河流叫江，小的河流叫溪。河流的发源地是河源，流到另一个水域的地方叫作河口。河流可以分为常流河和季节河。有的河流处在比较湿润的地区，一年四季都有水，常年流动，叫作常流河；有的河流分布的地区比较干旱，河水来源又比较单一，只有在某个季节才能形成河流，叫作季节河。河流是人类以及许许多多生命所赖以生存的重要因素。它既是壮美多姿的地球生态的主要组成部分，也是推动和影响大地景观发生变化的不可或缺的力量。

江河的流程

一条大的河流，从源头的涓涓细流到汇纳百川流入海洋，中途要经过上游、中游、下游3个重要阶段。河流的上游大多河道狭窄，水流很急，途中有许多险滩和瀑布。河流冲出山地流向平原的过渡阶段，就是河流的中游。河流的下游一般都是广阔的平原地区，河面更加开阔，多出现浅滩和沙洲。

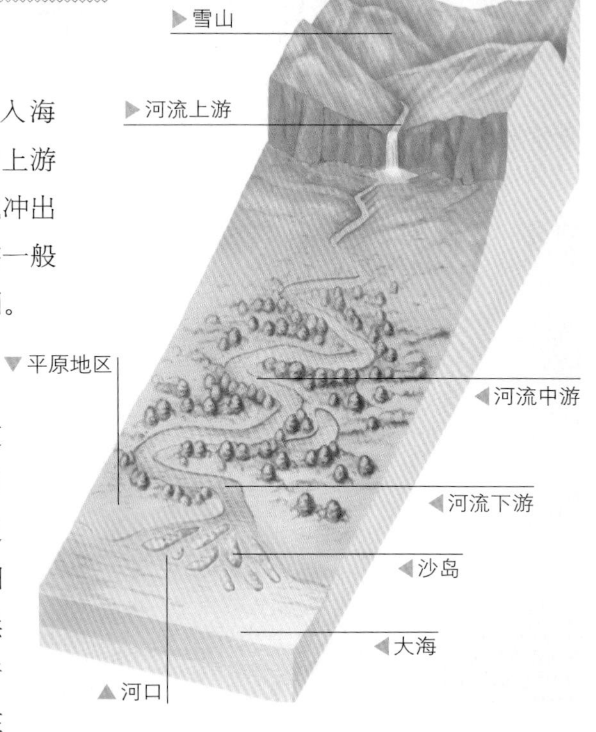

河流流程示意图

世界最长的河流

发源于东非高原上的尼罗河，全长6671千米，干支流流经卢旺达、布隆迪、坦桑尼亚、肯尼亚、乌干达等国家，是世界最长的河流。尼罗河每年要定期泛滥，河流泛滥会给两岸带来严重的灾难，但是却给河道两岸和三角洲淤积起大量又松又软的沃土，同时为干旱的非洲大陆提供了宝贵的水资源，沿岸各国都用尼罗河来灌溉农田。位于尼罗河下游的埃及正是利用这种有利条件，发展农业，在沙漠上筑起一条“绿色长廊”，创造了灿烂的古代文明。

▲ 亚马逊河在郁郁葱葱的热带雨林中穿行。

河流之王

发源于秘鲁安第斯山区、横贯南美洲北部的亚马逊河，全长6437千米，是世界上流域面积最广、流量最大的河流。亚马逊河有1.5万多条支流，河水流经巴西、哥伦比亚、秘鲁、厄瓜多尔等国家的全部或大部分领土，组成一张巨大的河网，撒布在南美大陆上。亚马逊河流经赤道雨林带，流量特别大。河口年平均流量为17.5万立方米/秒；到了洪水期，可以达到22万立方米/秒以上。全年的流量占世界河流水量的1/9。

▲ 长江穿过崇山峻岭，浩浩荡荡，蜿蜒东去。

中国第一大河

长江发源于青藏高原唐古拉山主峰各拉丹东的沱沱河，干流流经西藏、四川、云南、重庆、湖北、湖南、江西、安徽、江苏和上海等省、市、自治区，在上海市注入东海，全长6300千米，是中国第一大河。长江流域大部分属亚热带地区，雨量充沛。长江干支流的流量极大，平均每年通过江口入海的水量达9600余亿立方米。

世界十大河

名称	长度/千米	发源地	流经国境	注入海洋
尼罗河	6671	东非高原上的卡盖拉河	坦桑尼亚、布隆迪、卢旺达、乌干达、苏丹、埃及	地中海
亚马逊河	6437	安第斯山	秘鲁、巴西	大西洋
长江	6300	唐古拉山	中国	东海
密西西比－密苏里河	6020	落基山	美国	墨西哥湾
黄河	5464	卡日曲	中国	渤海
额毕－额尔齐斯河	5410	阿尔泰山	俄罗斯、哈萨克斯坦	北冰洋
澜沧江－湄公河	4667	唐古拉山脉	中国、缅甸、老挝、越南、泰国	南海
刚果河	4640	扎伊尔沙马高原	赞比亚、扎伊尔、中非、刚果、安哥拉	大西洋
勒拿河	4400	贝加尔山	俄罗斯	北冰洋
黑龙江	4350	肯特山	中国、俄罗斯	鞑靼海峡

中华民族的摇篮

黄河是中华民族的摇篮，发源于青海巴颜喀拉山西段北麓卡日曲河的涌泉。流经青海、四川、甘肃、宁夏、内蒙古等9个省区，最后注入渤海。全长5464千米，是中国第二大河流。因为黄河流经黄土高原和华北大平原这两处世界上最大的黄土地带，所以黄河水非常浑浊，含有大量的泥沙，其最大年输沙量可达43.6亿吨，平均年输沙量也有16亿吨。这些泥沙如果用载重4吨的卡车来装运，每天运一次，110万辆卡车运输一年才能运输完。所以有“一碗水，半碗泥”的说法。如果不是渤海不断下沉，黄河的泥沙早就把渤海填平了。

▶ 滚滚黄河水，携带着大量的泥沙。

湖泊大家族

湖泊是陆地上相对封闭的洼地中汇积的水体。它是湖盆和运动水体相互作用的自然综合体，也参与自然界物质和能量的循环。大多数湖泊都有河流流过，河流从湖的一端注入，从另一端流出。地球上湖泊总面积约有250万平方千米。湖泊家庭有许多成员，冰川刨蚀洼地积水成湖，叫冰川湖；火山喷发后留下的火山口，积水成湖，叫火山湖；还有岩溶湖、牛轭湖等。湖泊虽然不像河流那样流动，但并不是一成不变的静止水体，而是不断在自然界中进行物质与能量循环的动态综合体。

湖泊形成示意图

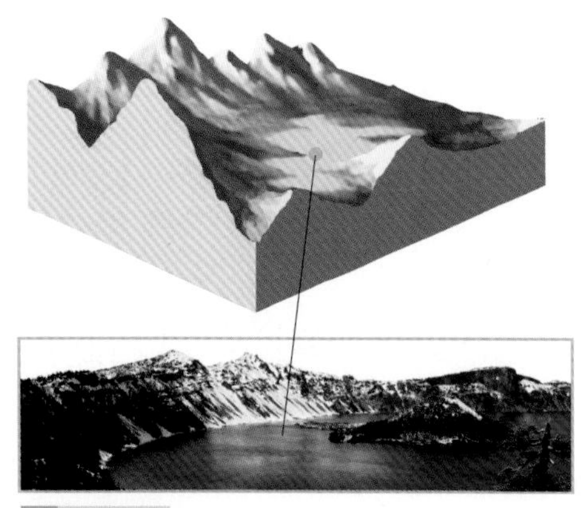

A 冰川湖

▲ 因冰川侵蚀或冰碛堵塞在山腰形成的洼地注入水后而形成。喜马拉雅山区的冰川湖，四周还覆盖着厚厚的冰雪。

B 火山湖

▲ 由火山口集满了雨水后而形成。长白山天池是著名的火山湖，湖水平静晶莹，仿佛一块硕大的蓝宝石。

湖泊的形成

湖泊的形成有多种形式。由火山活动而形成的湖泊，叫火山湖。火山喷发时，岩浆喷出并堆积在喷火口的周围，形成了高耸的锥状山体，即火山口。后来，由于降雨、积雪融化或地下水作用，使火山口逐渐储存大量的水，从而形成火山湖。冰川挖蚀成的洼坑和冰碛物堵塞冰川槽谷积水而成的湖泊，叫冰川湖。冰川湖主要分布在高山冰川作用过的地方，其中唐古拉山区和喜马拉雅山区较为普遍。它们分布的海拔一般较高，而湖体较小，多数是有出口的小湖。还有一种湖泊就是人工湖，它们是在人类出于生产、生活的需要而改变自然条件、人工形成的湖泊，譬如水库就属于一种人工湖。

世界著名的大湖

名称	类型	所在地	面积/平方千米
里海	咸水湖	亚洲、欧洲之间	370980
苏必利尔湖	淡水湖	北美洲	82098
维多利亚湖	淡水湖	非洲	69480
休伦湖	淡水湖	北美洲	59566
密歇根湖	淡水湖	北美洲	57754
咸海	咸水湖	亚洲	37056
坦噶尼喀湖	淡水湖	非洲	32891
贝加尔湖	淡水湖	亚洲	31498

淡水湖和咸水湖

根据湖泊的水文化学性质，湖泊可以分为淡水湖和咸水湖两类。咸水湖是指湖水含盐量较高的湖泊，多分布在气候干燥的内陆区域，如里海、死海、咸海等。湖水的蒸发量大于湖水的注水量，这样使得湖水越来越少，盐的含量就越来越高，咸水湖就慢慢形成了。淡水湖是指湖水含盐量较低的湖泊，它们大多位于降水较多的地区，由于外流河淡水和降水等的补给，湖水中盐分较少，生物资源丰富。

▲纳木错湖是中国第二大咸水湖。

▲贝加尔湖是亚欧大陆上最大的淡水湖。

小知识

·湖中的“草岛”·

“草岛”位于秘鲁和玻利维亚两国的崇山峻岭之中。湖面海拔3812米，是世界上罕见的高海拔大湖泊。湖中有一些用干芦苇成捆堆积成的“草岛”，有的“草岛”非常大，有一个足球场那么大。岛上的居民用干芦苇盖“草房”、编“草舟”。

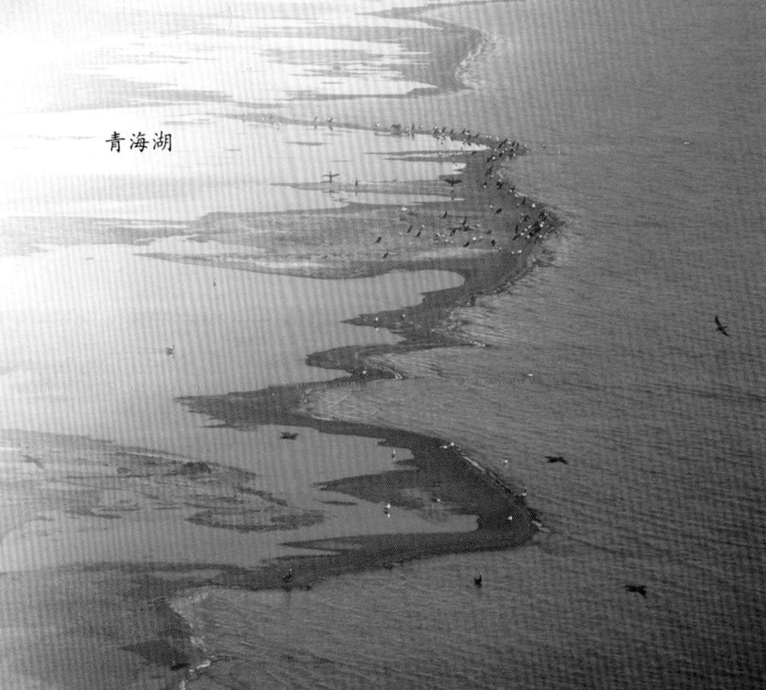

青海湖

中国的咸水湖

中国是一个湖泊较多的国家，咸水湖的面积约占全国湖泊总面积的55%，主要分布在西部地区的内流区域，以青藏高原和内蒙古、新疆地区为主，青海省则是中国咸水湖最多的省。青海湖、纳木错湖、色林错湖、乌伦古湖、羊卓雍错湖被称为中国五大咸水湖。其中青海湖是中国最大的咸水湖，纳木错湖是世界上海拔最高的咸水湖。

埋在地下的水

下雨或降雪时，一部分水蒸发到天空里，另一部分水则渗透到地底下，成为地下水。空气中的水蒸气钻进地下，凝结在土壤颗粒上，也成为地下水。地下水就是所有渗入岩石孔隙中的水。地下水位水平以下的岩石经常是完全饱和的，这种饱和带中的水通常称为潜水，它很少移动。地下水可能一直延伸到低于地下水位1000米处，地下水位以上很少是完全饱和的，这种水称为渗流水，总在地下渗流。地下埋藏的水量，比陆地上所有的河流和湖泊中的水要多几十倍，其中可以被人们开发利用的约有4200万亿立方米。

贮藏在哪里

地下水一般躲藏在岩石、沙砾和土壤内部的孔隙或裂隙中。有些岩石孔隙又多又大，容易透水，也有些岩石孔隙少，不透水。地下水在透水层里缓慢地流动，而不透水层则又阻止水往下渗。有些地方，地下水夹在两层不透水的岩石中间，这就像水流进了自来水的管子一样，可以流到很远的地方，这种地下水，水量大而稳定，是非常理想的地下水源。

你知道吗？

【沙·漠·中·的·地·下·水】

沙漠地带很少下雨，但不少沙漠中地下水却很丰富。因为沙漠周围是高山，高山中有许多透水的岩层，一直通到沙漠底下，它们就像水管子一样，能把高山地区的水运送到沙漠里。

泉

当地下水位与地面接触时，水会涌出地面，这种情况可能发生在山脚下，如果有大量水涌出，则称为泉。刚涌出的泉水非常干净，这是因为泉水在岩石中做了长途旅行，在旅行中像让无数过滤器过滤过一样。科学家测试过，有的泉水中每1立方厘米只有18个细菌，而同样体积的海水中，细菌多达7万个。

水循环

水循环是指地球上的水资源以气态、液态和固态3种形式在陆地、海洋和大气间不断循环往复的过程。水循环的动力是太阳能和水的重力作用，而大气则是水循环的关键。

水循环的过程

阳光照射着水域和陆地，使一部分水变成了水蒸气进入大气；植物从土壤或水体中吸收的水，也有一大部分通过蒸腾作用进入大气；动物体内的一些水也会通过体表蒸发进入大气。大气中的水在高空变成了水珠或小的冰粒结晶，接下来，又会以降水形式回到地面。大气圈中部分的水循环主要表现为水汽和降水。陆地部分水的流动有两个分支：地表水的运动路线是沿着小溪、河流和湖泊进行的；地下水则是通过含水层缓缓地流动。这两条路线的终点通常都是海洋。

完全闭合的水循环

水在大自然中有大规模的循环，这种循环把大气圈、水圈和地壳紧密地联系在一起。水循环的特点是完全闭合的，无论是地表水还是地下水，一般都要流归大海，只是流归的方式、时间不同而已。

你知道吗？

【千·变·万·化·的·水】

水千变万化，形式多样，雨、雪、雾凇、河流等都是水搞的把戏。

A.雨

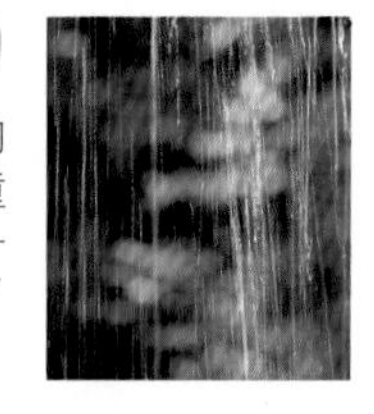

● 云是由小水滴构成的。云中的小水滴通过继续凝结和互相碰撞合并而不断地增大，当增大到一定程度，就下降到地面，形成了降雨。

B.雪

● 潮湿空气冷却时变成雪花从天而降，雪花是六角形的，有的雪花纤细美丽，有的却憨态可掬。

C.雾凇

● 雾凇是水循环过程中一种特殊并且十分美丽的形式，它们既不是霜也不是露，而是在有过冷却雾的时候，空气中的冰晶在地面物体上的增长，电线上、树枝上随处可见它们美丽、可爱的形象。

D.河流

● 水在大陆上有一种汇集形式，就是河流。大河的源头常常是冰川融水。

地下水

▲当水渗入土壤成为地下水时，也向大海方向流去。水在经过地层向下渗透的过程中，去掉了其中的泥沙和细菌，增加了钙质和其他元素成分。

地下的宝藏

地壳蕴藏着不少宝物。表层的泥土中，生长着木材以及其他林木和农产品；而较深的地层，则供应宝石、矿石、煤和石油等。这些埋藏在地下的丰富矿藏受地质作用不断地重新分布、筛选和分类。这些矿藏有很多用途，从筑路、作燃料到装饰用的珠宝。现代的工业因为这些矿藏的运用而逐渐繁荣起来。但是它们只有大量地分布在可到达的地方才有开采的价值。如海洋中大约有100万吨的金矿，但却分布过于稀疏而不值得开采。随着地下的储量渐渐枯竭，许多矿物都将开采完，除非它们能得以回收。

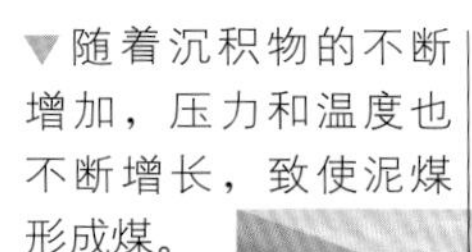

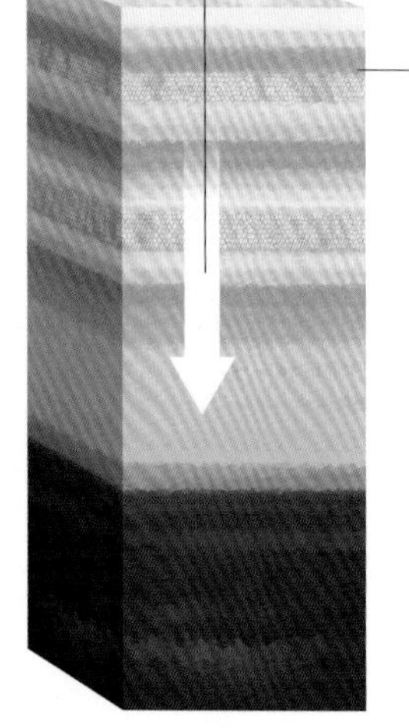

泥煤层　　煤层

黑色的金子

煤是一种固体可燃有机岩，俗称煤炭。植物遗体在地表常温、常压下，经泥炭化作用或腐泥化作用，转变成泥炭或腐泥；泥炭或腐泥被埋藏后，由于盆地基底下降而沉至地下深部，经成岩作用而转变成褐煤；当温度和压力逐渐增高，再经变质作用转变成烟煤至无烟煤。全球煤炭预测储量为13.6万亿吨。而大多数的煤采自石炭纪时期的煤矿床。目前，地质储量2000亿吨以上的大煤田就有20多个，如俄罗斯的连斯克、中国的鄂尔多斯和美国的阿巴拉契亚。

石　油

石油由古代生物与有机物经过漫长的地质变化及一系列的物理化学变化后，逐渐变成无数细小的油珠，再集中迁移到具有封闭构造的地层中储藏起来而形成的。石油及其产品被广泛应用于工业、农业、交通运输、日常生活等各个方面。石油是世界上最重要的动力燃料，具有燃烧完全、发热量高、运输方便等特点。农业用化肥，主要也是以石油和天然气为原料。另外，今天我们用的洗衣粉、肥皂、塑料桶、胶卷等，也含有一定的石油成分。

石油的形成

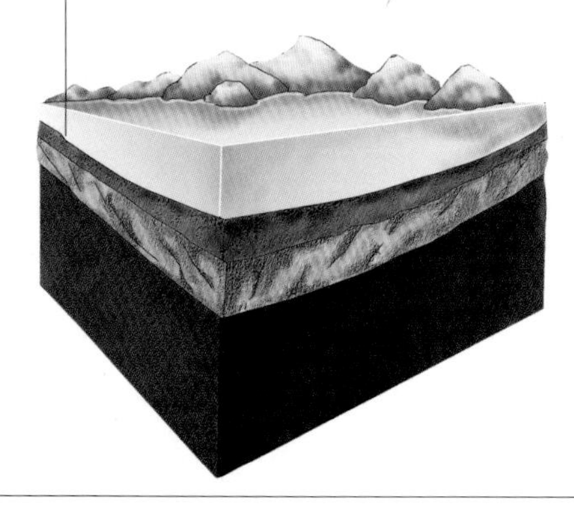

天然气

天然气是一种蕴藏在地层内的可燃气体。它常产生在油田、煤田和沼泽地带。它的分布范围及生成温度范围要比石油广得多。即使在较低温度条件下，地层中的有机物也能在细菌的作用下形成天然气。在几千年甚至上亿年以前，海水中的生物的遗体产生了有机碳，这些有机碳就是生成海底天然气的原料。海洋中的沉积物年复一年地把大量生物遗体一层一层掩埋起来，被埋藏的生物遗体与空气隔绝，再加上厚厚岩层的压力、温度的升高和细菌的作用，它们开始慢慢分解，形成了天然气。

小知识

·无烟城市·

冰岛的首都雷克雅未克地处北极圈附近，多火山和温泉。由于这里地热资源丰富，冰岛人早在1928年，就在雷克雅未克建起了地热供热系统。后经过不断钻探、扩建，已在全市铺设了很长的热水管道，此外还建立了10个自动化热水站，为全市居民提供热水和暖气。由于地热能为城市的工业提供能源，因此人们在这里看不到其他城市常见的锅炉和烟囱。雷克雅未克天空蔚蓝，市容整洁几乎没有污染，故有“无烟城市”之称。

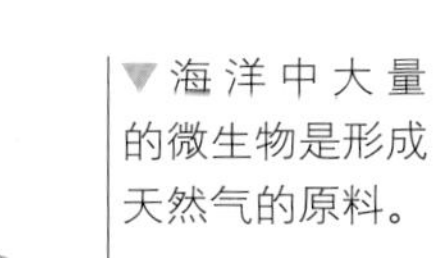

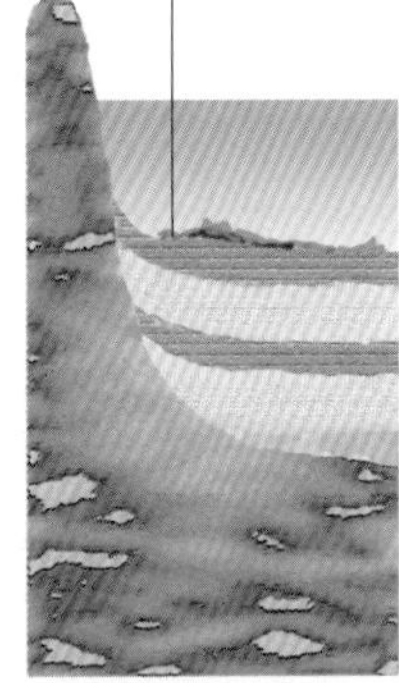

腐烂的动植物沉入海底。不断积累的沉积物将其埋没。

生物遗骸随着温度升高和压力增大变为天然气。

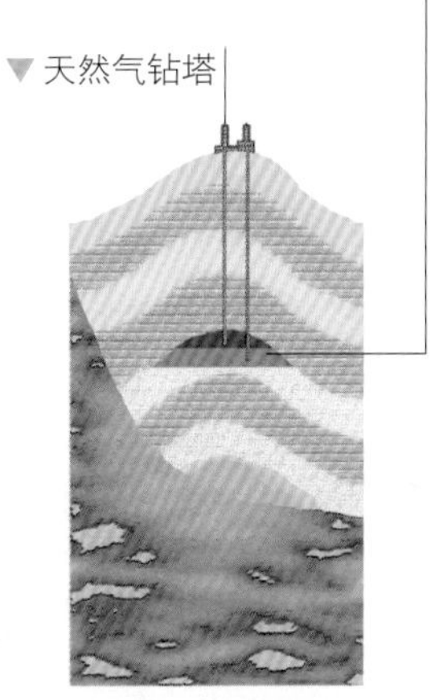

天然气分子通过渗透性岩往上渗，储存在多孔岩里。

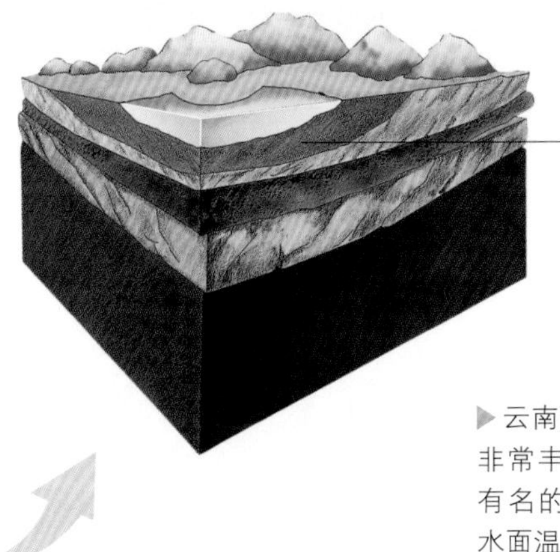

◀在温度升高的情况下，碳氢化合物最后分解转化为石油。

▶云南西部的腾冲，地热资源非常丰富，有14处温泉。最有名的是大滚锅，这是一处水面温度达96.6℃的沸泉。

丰富的地下热能

地球是一个巨大的热水库，地层中蕴藏着非常丰富的热水资源。在地球的任何一个地方，只要钻到足够的深度，都可以打出不同温度的热水来。地下的热水并不是从地球内部深处流出的，而是由天上的降水流入地球内部被加热后形成的。天上降落到地面的雨水会随着地面的缝隙往深处渗透。雨水在下渗过程中，不断吸收周围岩石的热气，逐渐增温而形成地下热水。如果雨水渗入到地下30多千米深处，温度就会有1000～1300℃。如果地层深处有含水性能良好的大孔隙地层，地下热水就会大量聚集起来，形成地下热水层。我们常见的地热能是温泉和间歇泉。

神秘的自然奇观

在漫长的地质历史时期，板块运动造就了大陆漂移，形成了众多的火山、高大的山脉、断层和深深的裂谷；而无处不在的风霜雨雪等气候现象以及江河湖海等自然景观时刻雕琢着地球表面的容貌。日积月累的自然之力造就了今天地球表面无与伦比、雄伟壮丽的自然奇观。北极的岛屿、南极的火山、赤道的雨林、幽深的峡谷、辽阔的沙漠、壮观的飞瀑，它们在地球广阔的舞台上各展风姿，体现着造物主的神奇。在这些瑰丽的奇景背后，隐藏着大自然鬼斧神工的无穷创造力。

小知识

· 三日同辉 ·

1551年4月，被敌人围困的马德城堡上空，出现了三个太阳。敌军久攻城不下，又见三日凌空，以为是上帝不让攻打此城，连忙撤退，这一奇景竟然挽救了全城人的性命。其实，这是一种光学现象，是特殊的日晕。这种三个太阳同时出现的现象叫作假日。在南北极地区，寒冷而又洁净的天空里，往往可以出现一串假日排列在太阳周围的日晕弧线上，极为壮观。

神奇的极光

极光是一种奇丽的自然现象，大多呈带形、弧形、幕形或放射形，五彩缤纷、变幻无常。极光多出现高纬度地带，特别是两极地区。极光是太阳风和地球磁场相互作用的产物。当太阳风吹到地球附近时，它受到地球磁场的作用，进入地球的两极地区，轰击高层大气而发光，就形成了极光。由于高空气体是由多种元素组成的，受到轰击的不同元素的气体发出的光的颜色是不一样的。如氧被激发出绿色和红色的光，氩被激发出蓝色的光，正因为如此，极光就显得绚丽多彩了。

▲ 南极上空奇幻的极光飘摇地铺陈在极地的夜空上，同脚下的冰雪大地相映生辉，形成美丽的自然奇景。

海市蜃楼

海市蜃楼是一种自然现象，既是虚幻的，同时又是客观事物的实际反映。海市蜃楼多出现在海洋、大湖、大江和沙漠的上空。海市蜃楼是一种光学现象，是光线在密度不同的空气中发生折射和全反射的结果。如夏天，在平静的水面上，当上层空气被太阳晒得很热时，密度小，贴近水面的空气受水流影响，温度较低，密度较大。当上下两层空气的温度相差较大，密度上稀下密时，周围地平线下的岛屿、城镇、船只等景物反射出来的光线，通过上下反射和折射，便可出现一个正立的影像。

▲科罗拉多高原上的石桥犹如一道彩虹横卧大地上。

天然虹桥

在美国的科罗拉多高原上，有许多石桥。最长的一座位于莫亚布附近，长约88.7米；最大的一座高出水面约94.2米，约有30多层楼房那么高，桥身多姿多彩，由橙红色和玫瑰色的砂岩构成，站在峡谷上游眺望，像彩虹横空，非常壮观。石桥多生于石灰岩地区。由于石灰岩容易被溶有二氧化碳的酸性河水所侵蚀，当流水日复一日地冲刷这里时，底部的石灰岩层便慢慢地被掏空，形成了一个个空洞，而上部坚硬的沙质岩层却不容易被侵蚀，这些空洞慢慢扩大、延伸，便形成了这种雄伟绝伦的自然奇观。

怪石林

在美国犹他州的哥布林山谷，有许多奇怪的石柱。这些石柱造型非常奇特：头部、腹部大，腰部和脖子细小，因而人们称之为怪石林。这些石柱是因为风力、水蚀和温度的变化而形成的。夜晚温度急剧下降，岩石表面裂成碎片；白天，风挟带着沙子将其雕刻成怪异的形状。耐磨的岩石部分形成凸出的头和腹部，而易受侵蚀的部分则形成腰部和脖子。在中国云南省路南彝族自治县境内分布着无数灰色的奇峰怪石，它们犹如万把宝剑直插青天，这就是有名的路南石林。从高处望去，它们好像一片莽莽的原始森林，连绵十几千米。

球形闪电

众所周知，闪电一般是线形、带状，但自然界中却出现了球形闪电，球形闪电一般是直径10～20厘米的火球，呈红色、黄色或橙色。它们从产生到消失约4～120秒，亮度和大小几乎不变。它们有时沿水平方向移动，有时停留在空中不动，有时候则会缓慢降落。它们移动时发出嘶嘶声，消失的时候发出爆炸的巨响且有股难闻的味道。球形闪电还有个怪脾气，见缝就钻，常常从门窗、烟囱甚至缝隙中钻入室内。1981年7月25日，上海高桥车站花圃上空出现两个罕见的橘红色火球，随着一阵刺耳的呼啸声，它们滚滚而下，落到花圃里，一声巨响，两个火球相撞，那耀眼的光亮把周围照得如同白昼。

岩溶奇景面面观

石灰岩的缝隙不断被溶蚀而扩大，最后就会在地下形成很大的溶洞。在层厚质纯的石灰岩地表上，会形成崎岖不平的岩溶地貌，形成的石柱、石峰如古木参天，这就是石林。地上的石林和地下的溶洞都属于岩溶地形。

1

溶洞

当地壳上升，地下水面下降时，溶洞就会露出水面，甚至上升至山的高处。溶洞大小不一，洞底起伏很大。走进洞内，就像走进了一个光怪陆离的世界。洞的四壁怪石嶙峋，有漂亮的石花、石钟乳、石幔，还有各种各样的石笋。

美丽的石花

石头巨人

中国云南省昆明市的路南石林，面积达260多平方千米。在这里，石峰林立，犹如一个个巨人，最高的石柱高达30米，是世界同类型中最大的石林。石林分为大石林、小石林、外石林、地下石林等几部分。其中以大石林最为壮观神奇，有的如孔雀，有的如双鸟夺食，惟妙惟肖。在奇峰异石之间，耸立着硕大的石莲，非常漂亮。

3

仙人桥

仙人桥是中国广西壮族自治区乐业县布柳河上的一座天然石拱桥。河谷在这里形成一个曲流，河水从曲流中间穿过，冲刷着石灰质坡面，且地下溶洞洞顶在重力作用下不断崩塌，即形成了仙人桥。

桂林岩溶景观

中国广西壮族自治区的桂林市一年四季温暖多雨，含有二氧化碳的流水长期作用使桂林形成了举世无双的岩溶地貌。桂林的山千姿百态，山中有暗河、溶洞、石钟乳、石笋等地下形态，它们共同构成了典型的岩溶景观。

桂林典型的岩溶景观

5 格雷梅国家公园

格雷梅国家公园位于土耳其中部的安纳托利亚高原上。它是由远古时代5座大火山喷发出来的熔岩构成的火山岩高原。由于这种岩石质地较软，抗风化能力差，这里的山地又经过长年的风化和流水侵蚀，所以形成了许多石笋、断岩和岩洞。

6 钟乳石和石柱

钟乳石是溶洞顶部向下生长的一种碳酸钙沉积物，也叫石钟乳。它是地表流水渗入洞顶后，因温度、压力的变化，水中的碳酸钙过饱和沉淀而形成的。石钟乳开始以小突起附在洞顶，以后逐渐向下增长，具有同心圆状结构，因形如钟乳而得名。钟乳石和石笋上下相对而生，如果恰好钟乳石和石笋接到一起就会形成石柱。湖南省张家界的黄龙洞是中国一处著名的石灰岩洞穴，洞中石柱如林，胜似冰雕玉琢。

7 五彩池

中国四川省阿坝藏族羌族自治州松潘县境内，有世界独树一帜的岩溶地貌——五彩池。五彩池池水大都深不盈寸。来自高山的雪水和涌出地表的岩溶水在这里融合，水中富含的碳酸钙开始凝聚，在沉积过程中又与各种有机物、无机物结成不同质地的钙化体，加上光线照射的种种变化，就形成五彩池的池水同源而色泽不一的绮丽景观。

8 地下大迷宫

世界上最长最大的洞穴，是美国肯塔基州的猛犸洞。洞穴分为5层，上下左右都可以连通，形成一个曲折幽深的地下迷宫。它由255座溶洞组成，总长度有252千米。洞内有77座地下大厅，最著名的有中央大厅、酋长厅、蝙蝠厅、星辰厅、婚礼厅。洞中石笋林立、钟乳多姿、造形神奇、不可名状。洞内还有2个湖、3条河和8处瀑布，构成了一座座名副其实的“水帘洞”。游人可以乘船循河上溯。

海洋的形成

海洋是“海”与“洋”的总称。地球上相互连通的浩瀚水域构成了世界上的海洋。海洋的中心部分叫作“洋”，边缘部分叫作“海”，海与洋互相连通，总面积约为3.6亿平方千米。我们的地球实际是一个水的世界，海洋的面积约占全球面积的71%，而地球上的水有97%以上在海洋中。海与洋连成了一片，陆地被海洋分割成了许多块。当宇航员从太空中看地球时，看到了地球被大气圈中的水和覆盖于地球上的蓝色海洋包围着，地球变成了一颗蓝色的星球，而人类所居住的广阔大陆实际上不过是点缀在一片汪洋中的几个“岛屿”而已。

▲火山喷发出灼热的气体和水蒸气构成了地球早期的大气。

海洋的形成

地球形成之后，随着地壳逐渐冷却，大气的温度也慢慢地降低，水汽变成水滴，但由于冷却不均，经常电闪雷鸣，雨水积聚起来，这就成为原始的海洋。后来水分不断蒸发，不断下雨，把陆地和海底岩石中的盐分溶解，不断地汇集于海水中。就这样经过亿万年的水量和盐分的逐渐积累融合，原始海洋就逐渐演变成今天的海洋。

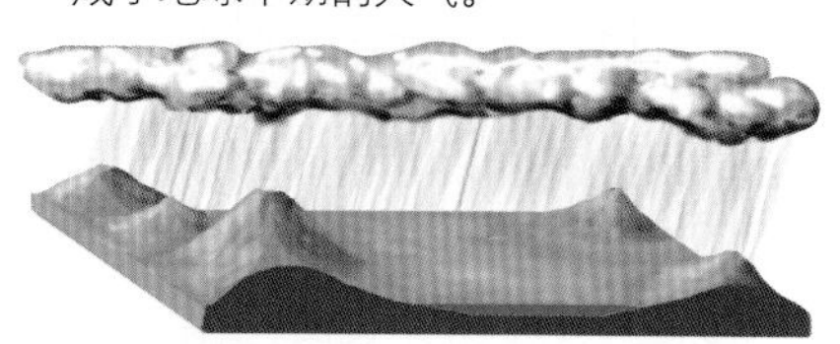

▲早期大气中的水蒸气凝成雨水，大雨灌满地球上广阔的凹地。

▲这些巨大的凹地被水淹没，形成了今天的海洋。

▼加勒比海251.6万平方千米

▼地中海250.9万平方千米

▼南海297.5万平方千米

▼白令海226.1万平方千米

▲北冰洋1475万平方千米

▲印度洋7617.4万平方千米

▲太平洋17967.9万平方千米

▲大西洋9165.5万平方千米

四大洋

太平洋、大西洋、印度洋和北冰洋是地球上的四大洋。太平洋是世界上最深的大洋，占全球面积的35%，拥有世界上最深的海沟——马里亚纳海沟；轮廓近似“S”形的大西洋，其深度居世界第二位，世界上最长的山脉在大西洋中。印度洋是地球上最年轻的大洋，却拥有世界上最大的沉积三角洲——恒河三角洲；北冰洋则是世界上最小的洋，以至于曾有人误把它看作是大西洋的边海，同时，北冰洋还是世界上最冷的洋。

咸咸的海水

我们都知道海水是咸的。这是因为海水里含有溶解的矿物质，主要是钠和氯，这两种物质结合就形成了氯化钠，也就是我们平时说的盐。海水中水与盐的比例大约是35:1。不过，原始的海洋可不是咸的。原始海洋的味道是带酸性、缺氧的。因为那时候大气中没有氧气，也没有臭氧层，紫外线可以直达地面。直到6亿年前的古生代，海洋中有了海藻类，在阳光下进行光合作用，产生了氧气，慢慢积累，形成了臭氧层。此时，生物才开始登上陆地。原始海洋也逐渐演变成了今天的海洋。

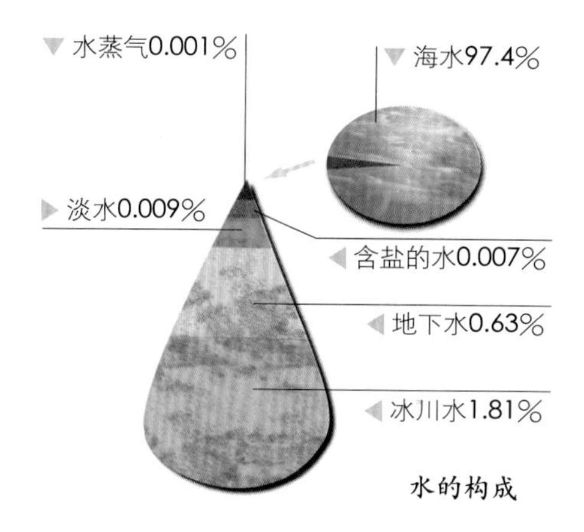

水的构成

海洋	位置	得名缘由
红海	位于非洲北部与阿拉伯半岛之间	因海内繁衍着大量的红褐色海藻类，所以那里的海水看起来是红棕色的，红海因此而得名。
黑海	在欧洲东南部的巴尔干半岛和西亚的小亚细亚半岛之间	海水受到硫化氢的污染，在与地中海对流中，把较淡的海水输送给了“邻居”，换得的却是从深层流入的又咸又重的水流。加上黑海海水流速慢，上下层对流差，黑海自然成了“死区”了。

大海的颜色

大海是什么颜色的？大海在一般情况下是蓝绿色的。海水的颜色是由海洋表面的海水反射太阳光和海洋内部的水分子回散射太阳光的颜色所决定的。当太阳光照射到海面时，海水把太阳光中的红色、橙色和黄色光都吸收了，而蓝色和绿色的光在水中穿透最深，因此它们被海水分子回散射的机会也最大。所以，海水的颜色看上去多呈蓝色或绿色了。

曲折的海岸线

▼海岬两边的海蚀洞进一步扩大，连接成一座天然海拱桥。

▼随着侵蚀的继续，拱顶塌落，残留下一侧海蚀柱。

海岸线是什么？通常来说，海岸线就是指邻接海水的陆地部分，它深埋在海底。海岸线是把陆地与海洋分开，同时又把陆地与海洋连接起来的海陆之间最亮丽的一道风景线，但它并不是一条海洋与陆地之间固定不变的分界线，而是在潮汐、波浪等因素的作用下，每天都会发生变动的一个地带。海岸线形成于遥远的地质时代，当地球形成、海洋出现时，海岸线也就诞生了。蜿蜒曲折的海岸线经历了漫长的沧桑变化，才形成了今天的模样。站在海岸上，遥望浩瀚无垠、波涛汹涌的海洋，无论何人都会为那雄伟壮丽的景观而惊叹。

变动的海岸

海岸的变动有两种形式：向海洋或向陆地推进。地壳的运动会影响海岸线的变化。当地壳下降时，会引起海水的运动，海岸线也会跟着发生巨大的变化。冰川也对海岸线的变化影响较大。地球南、北极地区的陆地和高山上覆盖着大量的冰川，一旦融化，水流入海，海岸线就会大大地向陆地推进；相反，如果气温下降，冰川加厚，海岸线就会又向海洋推进一些。此外，河流中的泥沙也会对海岸线的变化有一定影响。河流将大量泥沙带入海洋，在海岸附近堆积起来，沉积为陆地，海岸线自然就会向海洋推移。

▲海既有破坏陆地的能力，又有建造陆地的力量。侵蚀的物质在海滩堆积，扩大了陆地的面积，海平面降低也会使一度淹没的陆地重见天日。

被冲上来的过客

在海岸附近经常可以看到一些很奇怪的动物和植物，它们都不是生活在海岸附近的，有的甚至离海岸有十万八千里，可是，由于海浪可以传播到很远的地方，于是就会把那里的动植物带回来。例如生活在海洋深处的海蜗牛，由于海水的运动，它们总会不情愿地被海水从深海冲到海岸上来。海星大多栖息在海岸下层或海水较深的岸边，但有些海星还是难以逃脱被大浪冲到岸上的险境，离开水的海星可能等不到涨潮就一命呜呼了。

海陆之交

海滩是海洋和陆地的交界，随着潮涨潮落，它不时浸没在海水中，又不时露出海面。从岩石上不时剥落下来的石头和海中的沙土会一起随波逐浪地运动着，其中较大的颗粒在海滩上沉积下来，形成沙滩或卵石滩，而较小的颗粒则会在海滩上形成泥滩。

▼波浪侵蚀海岬内的缝隙，使它们扩大成海蚀洞。

▲岩石滩上的岸边高地通常会形成悬崖、海蚀柱和海蚀拱桥。在悬崖的下面，由于海浪的撞击，使悬崖上崩落下来的鹅卵石和砾岩形成了海蚀平台。海蚀平台上涨到一定的高度，会对悬崖起到保护作用。

复杂的海岸线

从山地、丘陵腹地发源的河流，携带大量的粗沙、细沙流入大海，除了在河口沉积形成拦门沙外，随海流扩散的漂沙在海湾里沉积形成了沙质海岸。这些沙滩有金色的，也有银色的。全球的海岸线长达44万千米，在波浪的侵蚀和海平面的升降作用下，都会使海岸地区淹没或露出，导致海岸线在较短的时间内发生巨大的变化。海岸地貌形态千姿百态，海岸类型多种多样。有的海岸陡峭曲折，形成复杂的港湾；有的海岸则比较平缓，几乎找不到悬崖峭壁。

繁忙的海滩

海滩是沿着海岸分布，由松散的泥沙或砾石堆积而成的平缓地面。就在这个由泥沙和各种颗粒形成的海滩上生长着各种各样的植物，生活着种类繁多的动物。它们在这里快乐地生活着，组成了一个幸福美好的家园，一起享受着阳光的恩泽，享受着大自然送给它们的一切。海滩在常年的日积月累中聚集了大量的财富，它以自己独特的方式和人类进行着交流，成了人们消暑度假的好地方，也成了人们向往的美好圣地。

走进海滩世界

海水对海底有一种冲击作用，正是在海水的这种冲击作用下，海底的土壤在地壳运动中露出了海面。经过长年累月的积累，随着海水的一次次冲蚀，土壤便变成了一个个的小颗粒，随着小硬物的逐渐增多，海滩便在不知不觉中形成了。现在世界上著名的海滩有里约热内卢海滩、夏威夷海滩、澳大利亚的黄金海岸、牙买加尼格瑞尔海滩等。

冲浪者的天堂——澳大利亚的黄金海岸

独树一帜的植物世界

太阳每时每刻都在向地球传送着光和热，有了太阳光，地球上的植物才能生长。同样，海滩上也是一个植物世界，虽然海滩上的植物物种不能囊括所有的种类，但是独树一帜的植物还是在这里存活了下来，为海滩增添了无穷的风光。在平坦而广阔的海滩上长有高大的菩提树、可人的椰子树、笔直的海枣等珍贵树种；而且有些地方还大面积生长着一种植物——碱蓬菜，当地人称它为荒碱菜，这是一种非常适合于在盐碱地里生长的植物，所以在经受海水荡涤的盐碱滩上，碱蓬菜便肆意地生长起来。

可人的椰子树

微妙的沙丘世界

美丽的海滩上，到处都堆满了厚厚的沙子。正是这些沙子，才造就了今天绚丽多彩的海滩。虽然沙丘不稳定且干燥，而且在烈日下沙丘的表面会被烤得滚烫，但是仍有不少动物以这里为家。如漂亮而稀有的沙蜥蜴以沙丘为家园，它们常在温暖的沙丘上晒太阳，利用太阳光的能量维持身体的运动。它们还将卵产在沙子中，并利用沙子的温度促进卵的发育。可爱的野兔在沙丘上轻松地掘洞，同时，那里还有许多植物可供它们食用。

奇特的海星

鼎沸的动物世界

海滩上存在着大量的动物。他们一起在这里嬉戏，一起在这里玩耍，一起在这里欢舞雀跃。多彩的贝壳、独特的海龟、穿着“厚衣服”的螃蟹等动物在这里随处可见。这里还有具有再生能力的海星，它们的任何一个部位都可以重新生成一个新的小海星。海滩上的热闹场面吸引着各种各样的动物，就连生活在阴暗深海底的海龟也悄悄地爬到了岸上，融入到了这鼎沸的世界中。

喧嚣的海滩

美丽的海滩上，长满了各种各样的植物，栖居了各种各样的动物……正是这些丰富多彩的自然资源才造就了今天绚丽多彩的海滩世界。住在海边的人，时刻都可以看见无边无际的大海和蔚蓝的天空。他们会在沙滩上嬉戏，会在沙滩上打排球，会在海滩上拾贝壳……有的比较顽皮的小朋友甚至还会把自己的身子埋到沙子里。海滩给人们带来了无穷的乐趣，就连远离大海的人都纷纷而来。他们会在休息时间跑来，在热闹的沙滩边喝饮料，在舒适的长椅上看风景，在柔软的沙滩上感受夏日的阳光。

大海的呼吸

月有盈亏圆缺，海有潮涨潮落，大海中的海水每天都在按时涨落起伏地变化着。古代的人们把白天的涨落称为潮，夜间的涨落叫作汐，合起来叫作潮汐。潮汐现象使海面有规律地起伏，就像人们的呼吸一样。潮水为什么会夜以继日、周而复始地运动着？是什么力量促使海水发生如此有规律的升降、涨落呢？科学家们经过长期观测，发现潮汐是海水受太阳、月亮的引力作用而形成的，虽然潮汐涨落与日月有关，但日地距离是地月距离的389倍，所以“近地楼台”的月亮在时刻控制着潮汐的大小。再加上地球也在不停地自转，因而，大海在不同时间，有着各种不同大小的潮汐涨落。潮汐运动时产生的潮汐能，是人类最早利用的海洋动力资源。潮汐是海洋中常见的自然现象之一。在中国，有闻名中外的钱塘江潮和深入内陆600多千米的长江潮。

呼吸的动力

只要你在海边观察，就会发现海水在很有规律地涨落，这就是大海的呼吸——潮汐。它的呼吸动力主要来源于太阳和月亮对海水的引力作用。一个月中，在新月和满月时，太阳和月亮会站在一条直线上，这样，太阳和月亮的共同引力使得海水的上涨程度比平时更大，这就是所谓的大潮。当月亮运行到与太阳和地球成90°角时，太阳和月亮对海水的引力相互抵消一部分，海水上涨的程度比平时小，这就形成了小潮。

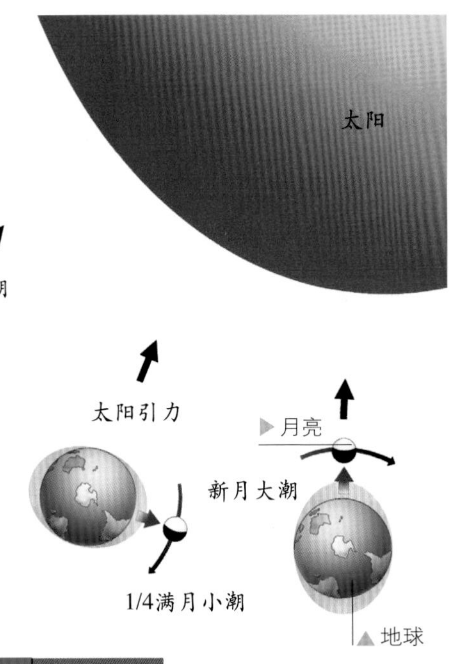

一幕水墙

涨潮时，在海岸和狭窄海峡中，潮流的速度可以达到每小时16千米。当潮水推进到浅水海域时，会翻滚着向前运动形成海浪，而在涨潮时，海水甚至会涌入河流入海口形成一幕水墙，这就是海潮。世界最大的海潮在中国钱塘江入海口，每年农历八月十五日前后，潮势汹涌，潮差最高时可有8～9米。

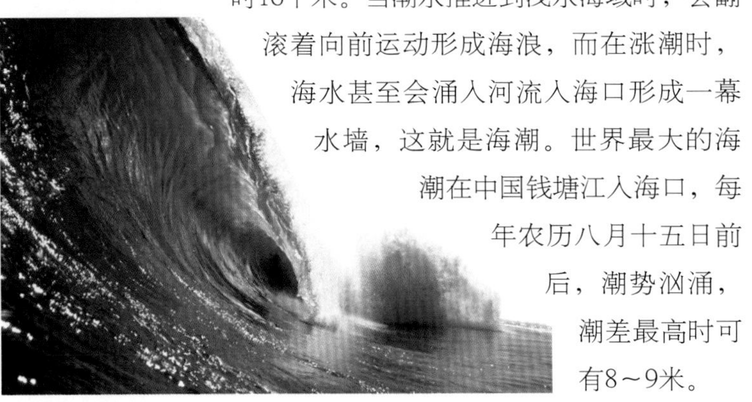

潮汐能

海水发生周期性的涨落，在一些海湾和河口，潮差可有几米甚至十几米。人们开始研究海水的涨落规律并修筑堤坝等水利建筑物，利用潮水的落差进行水力发电。目前，在世界上已建成并运行发电的10座潮汐发电站中，中国就占了7座。在1980年8月4日，中国第一座单库双向式潮汐电站正式启用。

富饶神奇的海域

用“聚宝盆”来形容海洋资源是再确切不过的。它有着种类繁多、含量丰富的矿产资源。这些矿产资源以不同的形式存在于海洋中：有海水中的液体矿床，有海底富集的固体矿床，还有从海底内部滚滚而来的油、汽资源等等。

神奇的宝库

海水中最普通的是盐，是人类从海水中提取的矿物质之一。海水是宝，海洋矿砂也是宝，它们躺在水深不超过几十米的海滩和浅海中，是开采最方便的矿藏。而在那深海底部，有许多更令人惊喜的发现，多金属锰结核就是其中一种。海底还活跃着色彩斑斓的鱼类，使深邃的海底世界充满了活力，也为人们提供了丰富的水产品。

丰富的矿产资源

海底有丰富的矿产资源，犹如一个巨大而神奇的宝库。在浅海平原，有丰富的海底石油、天然气和煤层；在大洋底、海底山脉、海底高原上，蕴藏着丰富的铁、锰、铜等矿物；在深海平原的红黏土中含有丰富的铀。在海洋的最深处，埋藏着一些土豆大小深褐色的物体——多金属锰结核，它们是由锰、铁、镍、铜、钴等多金属的化合物组成的，其中以氧化锰为最多。剖开来看，团块是以岩石碎屑、动植物残骸的细小颗粒为主，呈同心圆一层一层长成的，像一块切开的洋葱头。

磷灰石

▲磷灰石的晶体一般是带锥面的六方柱，颜色多种多样，有白、灰、黄绿、褐、紫等，具有玻璃光泽。规模巨大的磷灰石矿床主要是在浅海区域，是制磷和磷肥的最主要原料。

你知道吗？

【丰·富·的·矿·产·资·源】

海洋具有丰富的矿产资源，这些资源形态多样，既有液体矿床，又有固体矿床。

A.方解石

● 方解石是无色透明的晶体，它的特征是物体的光线经其折射后，呈双层影像，非常有趣。方解石是造岩矿物，它可以组成石灰石、大理石等。它还被广泛用于烧石灰、制水泥等。

B.石英砂

● 石英砂的化学名称是二氧化硅，属于非金属矿砂。石英砂是生产玻璃的重要原料。石英砂中的硅元素又是半导体材料。

C.石膏

● 石膏分布广泛，主要是化学沉积作用的产物。大型矿床一般是海洋及干盐沼环境的早期产物。石膏常形成巨大的矿层或透镜体，并存在于白灰岩、红色砂岩、页岩及黏土中。

D.长石

● 长石分为正长石和斜长石两种，正长石呈肉红色、浅黄色和浅黄白色，有玻璃光泽；斜长石呈灰白色，有些也呈现浅蓝色或浅绿色，也有玻璃光泽，呈半透明状。有些色泽美丽的斜长石可以做宝石材料，如日光石。

海底真景

在海面以下深深的海底，还分布着被海水掩盖着的占地球表面2/3的陆地。海底并不是像平原一样平坦的一片，倘若沧海真的变成桑田，你会发现，海底世界的面貌和我们居住的陆地十分相似，那里同样有高大的山脉、深邃的海沟和峡谷以及辽阔的海底平原。大洋的海底就像个大水盆，边缘是水比较浅的大陆架，中间是深海盆地。而且，海底时时刻刻都在扩张。新的地壳不断诞生，老的不断消亡，这些构造板块的活动，也是在海底完成的。海底的地形也都是由大规模的板块运动造就的，当巨大的板块在地球表面生成时，就形成了宏伟的洋脊；当一个板块俯冲进另一个板块下消亡时，就形成了深邃的海沟。

小知识

·马里亚纳海沟·

海沟是海洋中最深的地方。它们不在海洋的中心，而处于海洋的边缘。世界大洋约有30条海沟。海沟的深度一般大于6000米。世界上最深的海沟是太平洋西侧的马里亚纳海沟，它的最大深度为11034米，如果把珠穆朗玛峰移到这里，它将被淹没在2000米深的水下。

奇妙的地形、地貌

科学家把海底高低不平的地形分成了三个大模块。一是大陆边缘，这是一个巨大的斜坡带，是大陆表面和大洋底面之间存在的过渡带，也是大陆和海洋链接的边缘地带。它分为大陆架、大陆坡、大陆隆、海沟和岛屿等单元。二是大洋盆地，它是海洋的主要部分，约占海洋面积的45%，从大陆隆一直延伸到6000米左右的深度。三是大洋底部，在这个模块呈脉状分布的海底隆起是主要的地势特征。这些海底深处的巨大山脉被称为大洋中脊，同时这里的地壳活动剧烈，火山和地震十分频繁。

◀由大陆架向内伸展，海底突然下落，形成一个陡峭的斜坡，这个斜坡叫大陆坡，约占海洋总面积的12%。大陆坡上最特殊的地形是海底峡谷。

大陆架，水比较浅，而且，这里有很多海洋生物，石油也是从这里开采的。

海脊，人有脊梁，海洋也有脊梁。海洋的脊梁就是大洋中脊，它决定着海洋的成长。

海沟是一些长而窄的深沟，多数在靠近岛屿或海岸山脉的地方出现。

奇妙的峡谷

大洋海底有规模宏大的大峡谷，大部分海底峡谷是由一股浑浊的水流沿海底裂隙冲刷出来的。大陆架浅海区在风暴到来时，海底泥沙被搅拌起来，生成浓厚而浑浊的泥浆，沿着海底大陆坡向下流动，泥浆的冲刷会引起海底滑坡、土地塌陷，泥沙再加入到泥浆流中，使它越来越强大，并把原来的沟谷切深拓宽。

喧嚣的海洋

海洋是全世界最大的生物聚集地，小至浮游生物，大至世界上最大的海底动物蓝鲸，甚至许多至今不为人知的生物都生活在海洋里。海洋的深度不同，就会孕育不同种类的生物。因为海洋表面有太阳直接照射，所以大部分的动物都生活在海洋表面，因为那里孕育了取之不尽的生物，如小鱼可以吃浮游生物，大鱼吃小鱼。虽然深海里又暗又冷，但是却有些特别的鱼类能在深海里繁殖。

海洋中的生物链

海洋中的生物链，生生不息，环环相扣。第一级是数量惊人的海洋浮游植物，通过光合作用生产出碳水化合物和氧气，是海洋生物生长的物质基础；第二级是海洋浮游动物，它们以海洋浮游植物为食；第三级是摄食浮游动物的海洋动物；第四级则是海洋中的食肉类动物。

海底生物家谱

在海洋世界里，动物家族非常庞大，那里生长着色彩绚丽、形态奇特的鱼类；居住着世界上最高级的动物类群——哺乳动物；还生存着一些无脊椎动物和五光十色的海洋植物。在这个庞大的家庭中，植物和动物间相互依赖。水底有许多种动植物。不是所有的水底动物都是靠吃水里的植物而生存的，有一些大的、凶猛的动物会捕食一些小动物，动物的粪便又成为植物的肥料，就这样它们构成了一个水下食物链。

浅海生物

▲在广阔的海洋中，阳光射入海水的深度大约数百米，在表层十几米的水层里，有食肉的蓝色甲壳纲动物、软体动物、管水母和浮游藻类。

海洋生活

大鱼吃小鱼，小鱼吃虾米……生活在海洋里的居民们总会根据自己的喜好去选择和适应水中的生活，所以，它们有很多相似之处，但相互之间又有所差别。

黑暗的海底

在一片黑暗的海底，太阳光的强度早已不能维持植物的光合作用，因此，在深海里，植物无法生存。深居海底的海洋动物不计其数，为了适应海底环境，深海鱼类有的眼睛大而突出，有的眼睛已退化，一般嘴都很大，头部体积几乎占了整个身体的2/3，而且都长得奇形怪状。

永不“离异”的深海鱼

有些深海动物到繁殖季节游到表层交配产卵。有些深海鱼由于个体少，分布稀疏，到了生殖季节雌雄难得相遇，为此雄鱼寄生在雌鱼身上，结为终身伴侣。

多彩的海底珊瑚礁

当你潜入海底，你的眼前会呈现出一个五彩斑斓的世界，就像是置身在一个童话世界。这些就是珊瑚礁，它们是由珊瑚经过漫长的地质年代繁衍而成的。它们像树枝，像花朵一样装饰着海底世界。鱼儿、虾在水草中悠闲地穿梭着，自由地游弋着，形成了独特的水下景观。因此，珊瑚礁还被称为“海洋中的热带雨林”。珊瑚礁堪称是地球上最多姿多彩、最古老、最珍贵的生态系统。

小知识

·多姿多彩的珊瑚骨骼·

珊瑚的群体骨骼式样繁多，颜色各异。红珊瑚像枝条劲发的小树；石芝珊瑚像拔地而起的蘑菇；石脑珊瑚如同人的大脑；鹿角珊瑚似茂盛的鹿角；筒状珊瑚像嵌在岩石上的喇叭……这些千姿百态、五彩缤纷的珊瑚骨骼在海底构成了美丽的水下花园。

造大礁的小珊瑚

珊瑚礁是由珊瑚虫的遗骸经过漫长的地质年代的作用积累形成的。通常，我们把能形成珊瑚礁的珊瑚虫统称为造礁珊瑚。它们的个体直径一般为2～5毫米，十分微小。这些小家伙通常都是群体生活，单个个体的结构和海葵相似，骨骼成分均为碳酸钙。当老珊瑚虫死亡之后，它的骨骼——那些坚硬的石灰质会保留下来，新生的珊瑚就依附在这些骨骼上继续生存，而后，经过年复一年的生长繁殖，一代又一代的更新，这些小小的珊瑚以自己的骨骼为基底，融合了其他生物，造就了礁岩。骨骼堆积得越来越高，造型越来越奇特，一个个独特的珊瑚礁也就横空出世了。

珊瑚礁形成示意图

▲熔岩物质向上推进，火山从海底隆起，形成火山岛，火山岛周围温度升高，珊瑚开始在岛的四周生长。

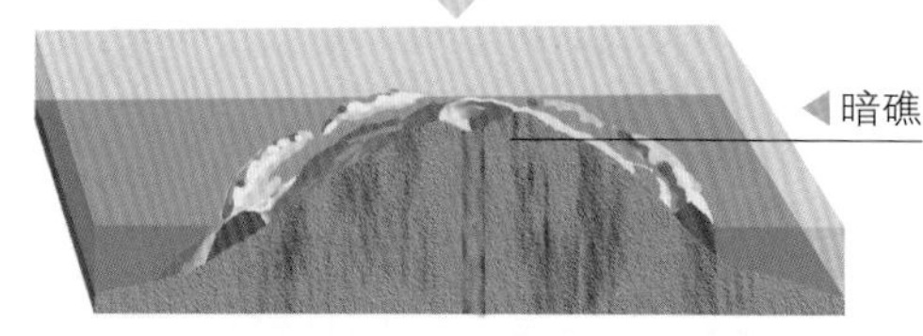

▲火山活动平息后，火山峰逐渐受到侵蚀。与此同时，火山岛四周的珊瑚已形成与该岛分离的暗礁。

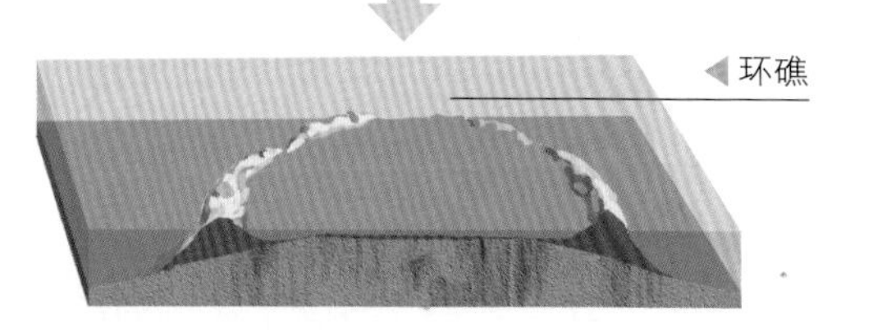

▲火山在不断地被侵蚀着，最终沉入海底，其周围的暗礁被留下，呈现出环状珊瑚礁。

你知道吗？

【建·在·珊·瑚·礁·上·的·国·家】

在热带海洋中，分布着许多巨大的环形珊瑚礁，一些国家就建在这些环礁上。

A.密克罗尼西亚

● 西太平洋上的岛国，由波纳佩岛及其周围600多个小岛和珊瑚礁组成，岛上多山地。

B.马绍尔

● 太平洋西部群岛国家，由1225个珊瑚礁组成。首都马朱罗位于拉塔克群岛环礁上，由60个珊瑚礁组成。

C.瑙鲁

● 西太平洋赤道附近的岛国，为一椭圆形珊瑚岛。给瑙鲁人带来财富的是岛上那层厚6～16米的磷酸盐矿。

珊瑚礁的三大家族

达尔文根据珊瑚礁的不同特点，把它们分为了三类：一类是岸礁。这类的珊瑚礁沿大陆和岛屿岸边生长着，现在最长的暗礁是沿着红海生长的，全长有2700多千米。一类是堡礁，又被叫作堤礁，是离海岸有一定距离的堤状礁体。澳大利亚昆士兰大堡礁是现代规模最大的堡礁，全长大概有2000千米。还有一类就是环礁。环礁的形态多样，直径从几百米到几十千米不等。

鱼儿归家的好“导航”

珊瑚礁鱼类的小鱼孵出来后，会顺着水飘移到远方。不过，它们长大后必须回来，或者去寻找另外一处珊瑚礁，只有那样才能寻找到合适的食物和合适的配偶。它们是怎样找到“家”的呢？据科学研究表明，它们能找到返回的路完全是靠着珊瑚礁的“导航”。每到夜晚的时候，珊瑚礁就会发出吱吱嘎嘎的响声，这种喧闹声能传很远。几千米之外的鱼儿、虾儿都可以听到。

娇贵的珊瑚虫

造礁珊瑚对周围的环境要求比较严格。首先是水温。科学家研究发现造礁珊瑚生活的最佳水温是18～30℃，最高不能超过30℃。所以，在热带海区，珊瑚在冬天生长得最快，因为最佳的温度出现在那个时候。其次是盐度。造礁珊瑚生长的最佳盐度是27～40，海水纯净，透明度较高。以太平洋中部和西部、澳大利亚东北岸、印度洋西部以及大西洋西部从百慕大至巴西一带的海区的造礁珊瑚发育最好。

海底石油知多少

随着世界上工业的高速发展，矿产资源的消耗量越来越大。尤其原油的消耗，现在它在全球范围内已经呈现出日益衰竭的趋势。于是，人们开始把目光投向了占地球表面积71%以上的海洋，它已经逐渐成为了未来矿产的主要来源。在大陆架和深海之间，有段很陡的斜坡，人们称它为大陆坡，在这里发现了大量的油、气等资源。据估测，世界已探明的近海石油资源储量约为379亿吨。现如今，已经发现了海底石油点1600多个，几乎所有的大陆架都成为了开采石油的区域。

海底石油哪里来

很久很久以前，在海洋边缘浅海的地方生长着众多的海洋生物。若干年后，它们因为某些原因都一个个死去了。它们的尸体被海水冲刷着，伴随着海中的泥沙一起沉淀到了海底。随着时间的推移，这些伴着泥沙的生物尸体的“有机淤泥”不断地下陷。它们越陷越深，直到与外面的空气全部隔绝了。由于地层深度、温度和压力等一些外力的影响，有机淤泥开始了一系列的物理、化学变化，经过了漫长的岁月转化成石油和天然气。石油储集在砂岩的孔隙中，像水充满在海绵里一样；而有时上层堆积黏土，黏土岩不透水，保护着石油不被流失，于是海底石油的大仓库就这样形成了。

大庆油田

▲大陆或海底的沉积盆地是石油的“故乡”。大庆油田是中国第一个大型油田，也是典型的在大陆沉积中找到的大油田。

小知识

·钻井工人·

在严冬的野外，钻井工人冒着严寒在钻台上紧张地作业。井内喷出的泥浆浇在他们的棉袄、棉裤上，都冻成冰了，他们仍坚守在轰隆隆的钻机旁工作。

石油开采

寻找到油田后要研究油田所处的岩层，利用钻机钻探。当钻到石油时，如果岩层内部压力较大，石油就能自动涌出地面。若压力不够，就用油泵把石油提上来。石油开采出来后，用输油管道或车辆运到炼油厂，然后把原油放进一个巨大的分馏塔里，所得到的分馏物就是石油产品——汽油、煤油和柴油等。

▶直升机起落场

▶救生艇，帮助解决一些棘手问题

你知道吗？

【海·底·石·油·大·变·身】

经过提炼的石油可以生产出乙烯和乙醇。乙烯是制作塑料的原料，乙醇是生产涂料时用的溶剂。加进氧气后乙醇可以制成合成纤维。乙烯和乙醇都是重要的石油化工原料，可生产塑料、纤维、橡胶、树脂、溶剂、涂料、防冻剂等，还可用来做水果催熟剂。

汽车使用的汽油

用合成纤维做成的衣服

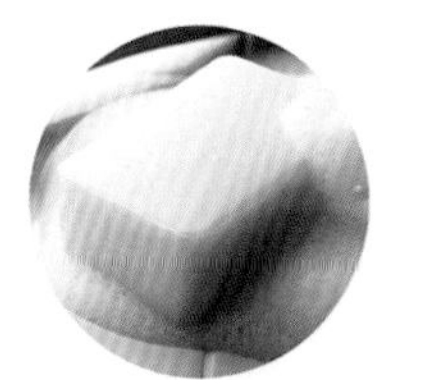

洗衣服用的肥皂

热水瓶的外壳

海洋石油知多少

全世界的石油储量为1000多亿吨，而海底石油占了近三分之一。目前世界有约100多个国家开采海底石油。其中，世界上最著名的产油区有中东的波斯湾、美洲的墨西哥湾和加勒比海，另外，印度尼西亚浅海区及欧洲的北海也有丰富的石油。中国大陆架浅海的面积有100多万平方千米，在渤海、黄海南部、东海、南海，海洋石油的储量非常丰富，将是中国重要的优质能源基地。

渤海油井

▲渤海油井的海上油田生成很晚，有大量的石油埋藏得很浅，所以，有“海上大庆”之称。

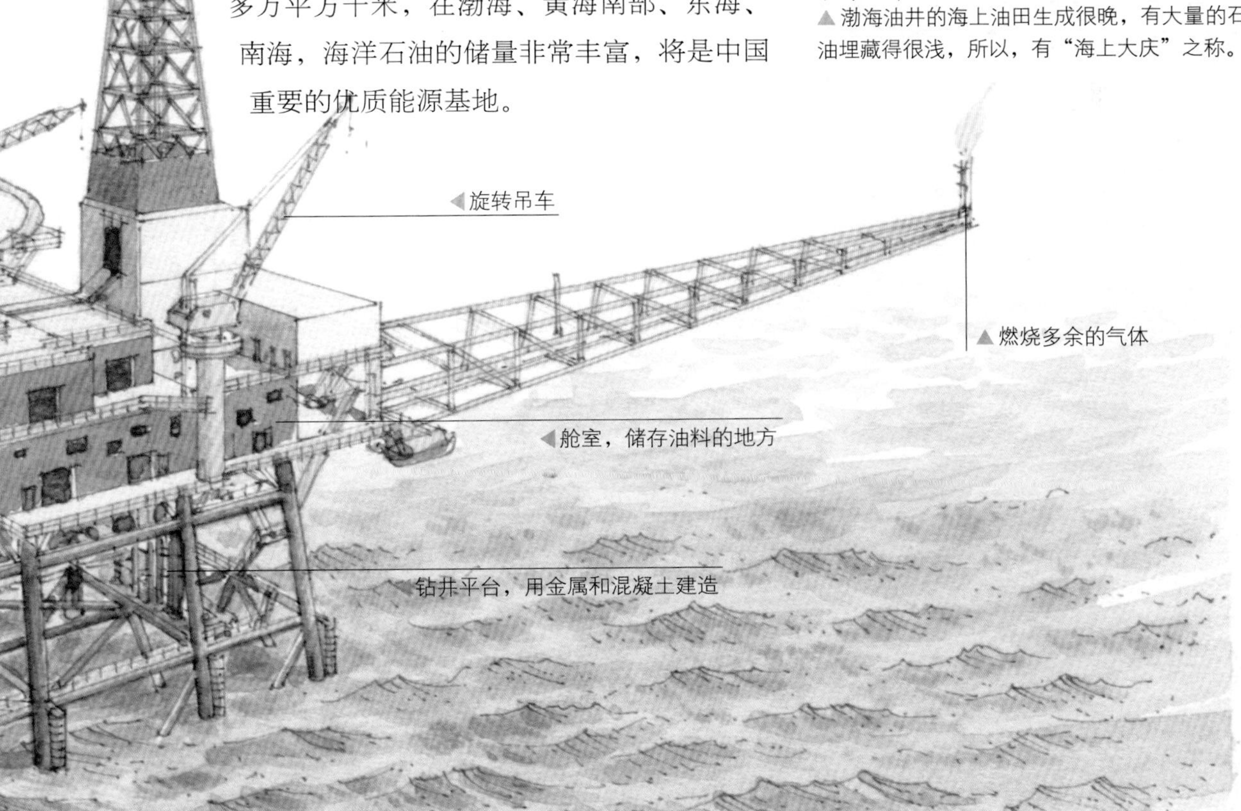

走向海洋

海洋是风雨的故乡，“举手投足”之间调节着全球的气候；它又是交通要道，无形中促进了经济的发展和国与国之间的沟通；它还是资源的保护神，它为人类提供的食物和资源是无法估计的财产；更重要的是，它是生命的摇篮，是它孕育了地球上最原始的生命。随着科技的发展，海洋的价值逐渐全面地凸显了出来。人类的认识也逐渐开始发生了变化，让我们科学合理地利用和开发海洋，使地球上的人们生活得更美好、更富有。

人类探索海洋的过程

人类一直对神秘的海底世界有一种畏惧和憧憬，几千年来一直想揭开它的神秘面纱，于是潜水运动就慢慢发展起来。公元前322年，古希腊已开始使用潜水钟，一个铁铸的大钟倒扣在水里，人居其中，通过孔隙来观察水中景物或进行水下采集等。1820年，英国人开始使用头盔式潜水器，在水上通过气管将空气压入头盔内，供潜水员呼吸。1943年，法国人发明了水肺，也就是第一台带有自动呼吸调节器的呼吸设备，从而使潜水最深极限增至91米左右。

水肺

“水肺”是第一具带有自动呼吸调节器的呼吸设备。呼吸调节器能控制空气的流量，使潜水者肺部的气压始终与水压相等。

吉姆·鲍登

他是戴水肺潜水最深的世界纪录保持者。1994年4月，他在墨西哥的萨卡坦淡水洞穴中创造了这项纪录，下潜深度是305米。

新型潜水器的诞生

20 世纪 40 年代起，人类开始采用自由潜水装置，以后不断改进，人们可利用它在浅海中自由潜泳、观察研究海底或做潜水运动。如果要探索深海海底，就可以用深潜器。深潜器中有氧气供给，有定位、深度、温度、压力等各种仪器，还有海底作业的机械手、电视、照相、通讯等器材。20 世纪 80 年代初，南京大学王颖教授在大西洋用深潜器潜入圣劳伦斯海底峡谷做海底地质调查，这是中国科学家首次潜入海底。

笨重的装备

人类很早就幻想着能在水中自由地畅游，但直到1872年，法国人才制造出了一种金属头盔式潜水服，并在潜水服上安装了轻便的呼吸瓶。呼吸瓶可提供潜水员在水下停留时所需要的氧气。1939年，又出现了一种头盔、衣服和空气压缩泵联成一体的潜水服，使潜水员进入水中的深度和停留时间又增加了，这种潜水服一直沿用至今。

海底机器人

从20世纪60年代起，人们开始制造海底居住室，试验人类在海底居住、生活的能力。同时，科学家还发明了一系列探测海底的仪器设备，甚至制造出了海底机器人，去探测海底的地形、地质结构和物质运动。2002年，由法国设计生产的名为“阿利斯塔尔”的海底机器人，被誉为世界上最先进的自主型海底机器人。它能够在3000米深的海底工作，并可携带100千克重的设备航行24小时以上而不需要重新充电。此外，这种机器人计算机智能水平较高，同时，自主能力也较强，可以完全自主地在一个物体周围任意转动和停留。

特殊摄影

▲ 水下摄影机有一个密封的机壳，机壳可以承受规定深度水的压力，能够防腐蚀，在水中有着很好的稳定性、平衡性，操作起来简便灵巧。有了它，摄影者不用直接潜入水中，便可以对水面以下的景物进行拍摄了。

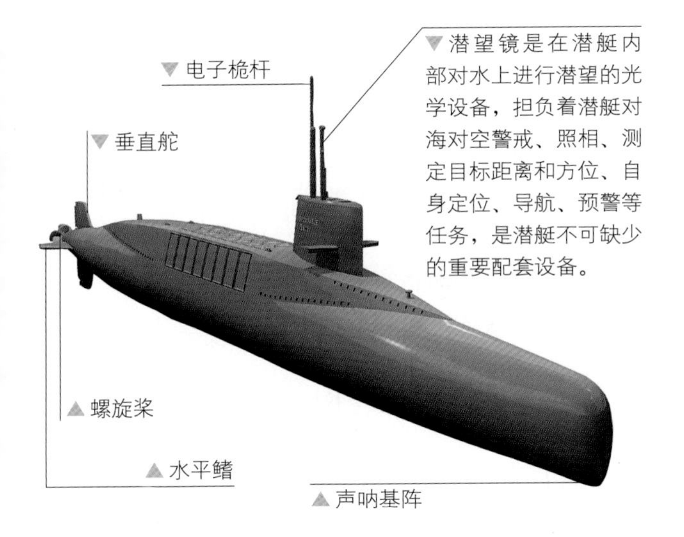

▼ 潜望镜是在潜艇内部对水上进行潜望的光学设备，担负着潜艇对海对空警戒、照相、测定目标距离和方位、自身定位、导航、预警等任务，是潜艇不可缺少的重要配套设备。

潜　艇

从外形来看，潜艇像海豚一样呈水滴形，采用核反应堆和涡轮机作为主动力。潜艇的形状在很大程度上决定了它的快速性、操作性和其航海性能。潜艇的形状是多种多样的，现代潜艇的形状主要为常规形和水滴形两种，前者多用在常规潜艇上，后者多用在核潜艇上。与常规潜艇相比，核潜艇具有水下航速高、装载武器多、攻击威力大、自给能力强和艇员居住条件好等特点。潜艇是中国海军的重要作战武器，中国海军常规潜艇的数量仅次于美国和俄罗斯，位居世界第三。

你知道吗？

【潜·水·器·的·发·展】

人类很早就幻想着能在水中自由地畅游，于是，运用智慧，人类一步一步地实现了自己的梦想。

A.DSRV-1

● DSRV-1是美国海军的水下救生艇，可以下潜1525米的深海，专为深海营救被困潜艇人员而设计的，在研究工作中，也可以使用。因为它很小，可以用大型飞机迅速运到世界上任何一个地方。

B.“阿尔文”号

● “阿尔文”号载人潜水器，它看上去像一艘微型潜水艇，但它前面装有一个长长的机械臂，并且装备有各种传感器。 其头部的探照灯可以照亮前方几十米处的海水，靠电池供电，需要经常升出水面更换电池。

C.“特里雅斯特”号

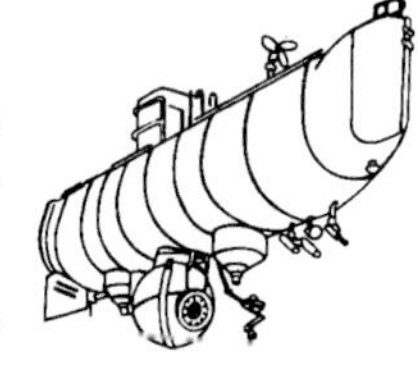

● 美国的密封球形潜水器。1960年，它载着两名勇敢的潜水员在世界上最深的马里亚纳海沟下潜了约4000米，这标志着人类对深海的探险活动正式拉开了序幕。

D.“阿基米德”号

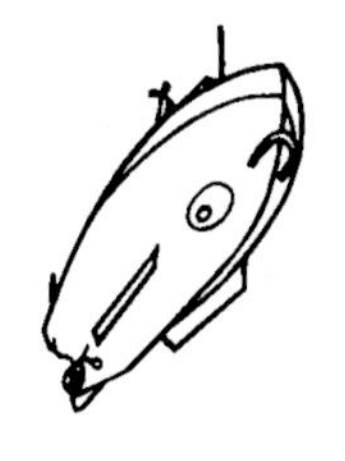

● “阿基米德”号是法国深潜器，1972～1974年，它和美国的“阿尔文”号一起，沉到2.8千米深的亚速尔群岛大裂谷底部，发现在宽约两千米的裂谷底部到处都是裂口，从裂口里溢出的熔岩，在洋底凝固。

海洋在喘息

▼悲惨的海鸟插翅难飞。

海洋中的生物是人类的好朋友，很长时间以来，人类只知道向海洋索取，随意捕杀海洋动物，一些可爱的海洋生命越来越少，几乎快要灭绝了。如鲸，由于经济价值很高，自古以来就是人类捕杀的对象，但过去由于捕猎的手段落后，猎取量较小，还不足以影响鲸的数量。现在，人们改用舰船和火炮捕猎，杀伤力大大增强，使得鲸的数量锐减，很多种类濒临灭绝。还有温顺的海豚和海狮，也难逃厄运。为了人类美好的明天，我们应该呼吁全社会行动起来保护海洋。

被污染的生命

目前每年排入海洋的石油污染物约1000万吨。一次油轮泄漏的石油量可达10万吨，这种情况一旦出现，将有大片海水会被油膜覆盖，并会导致海洋生物大量死亡，严重影响海洋生态环境。海洋中的石油泄漏，会给鸟类带来灾难性的后果。石油会严重地污染它们的栖息地，使它们无家可归。有的鸟还因为来不及离开而被困在了石油污染的地方，等着慢慢地死去。1600～1905年间平均每10年都会丧失一个物种，而现在全世界每年都会丧失一个物种。濒危的海洋生物在喘息。

濒危生命的呼救

为了生存，海洋动物们必须沉潜、忍耐，必须以数倍于人类的机警和灵敏来学会隐蔽自己，躲过那些深水炸弹、钢丝、渔网、探照灯和声呐仪的搜索，但就是这样，也有好多动物躲不开濒临灭绝的威胁，它们发出了救命的呼声。

环境污染

海洋中的垃圾主要是工业和城市垃圾、船舶废弃物、工程渣土等。据估计，全世界每年产生各类固体废弃物约百亿吨，假设这些废物的1%进入海洋，海洋中就有上亿吨的垃圾。这些垃圾严重损害近岸海域的水生环境，同时也影响了沿岸景观。如今，有的海岸，人们很难看到细沙、石子、海藻和细小的贝壳了，矿渣、煤灰渣、纸张、塑料、玻璃、罐头等垃圾成了海岸的第一景观，美丽的海岸渐渐消失了，而岸边变得又脏又臭，人们都不敢靠近它。

环境与污染

◀科威特漫长的海岸线上的沙滩一直是海龟理想的栖居和繁衍场所。但从20世纪60年代开始，这里发现了丰富的石油，大批炼油厂建立起来，海龟平静的生活被打乱了。为了给海洋生物创造一个良好的家园，志愿者们在海滩上清理因感染细菌致死的鱼。

保护海洋

海洋和海洋资源对支持地球上的生命系统是至关重要的。全球海洋是相互连通的一个整体，一个海域出现的污染，往往会扩散到周边海域，甚至扩大到邻近大洋，有些后期效应还会波及全球。海洋影响着我们的生活，反之，我们的生活也影响着海洋的健康。由于人类的破坏严重损害了海洋的健康，使它满足人类需求的能力不再如我们想象的那样无穷无尽。目前世界已经有50个“死亡海域”了。如果人类依旧竭泽而渔，我们将会被海洋所抛弃。

合理利用资源

海洋保护指海洋的环境保护，它包括海洋的资源保护及其海洋生态系统保护。合理开发利用资源，是环境保护的重要措施之一。石油、天然气等是不可再生资源，如果人类不合理开发利用，资源枯竭了，就会阻碍生产的发展。中国自然资源虽然总量较多，但人均占有量少，所以更应该合理利用。

海洋保护的主要措施

海洋保护不是一句空口号，实际行动才是当务之急。我们首先要制止对海洋生物资源的过度利用。而后要保护好海洋生物栖息地，尤其要避免污染它们产卵、觅食以及躲避敌害的地方，还有在河口、珊瑚礁处也要注意，像重金属、农药、石油等污染源一定要严防。只有保持海洋生物资源的再生能力，才能维持海洋生态平衡，才能保证人类对海洋的持续开发和利用。

海洋、人类一家亲

保护好海洋对我们人类意义重大。人类可以对海洋进一步地了解，促进以后的社会发展。海洋和国家的发展、民族的振兴息息相关。只有海洋有了未来，国家和民族才有未来可言。要保护好海洋，必须维护海洋的可持续发展，防止破坏性地开发海洋资源。此外更要防止海洋污染，开发海洋资源和保护海洋环境同步进行，共同发展。

不可思议

星罗棋布的岛屿

岛屿是海洋、湖泊和河流中四面环水的陆地。其中，面积较大的称为岛，如中国的台湾岛；面积特别小的称为屿，如厦门对岸的鼓浪屿。聚集在一起的岛屿称为群岛；三面临水，一面和陆地相连的称半岛，世界上最大的半岛是阿拉伯半岛。全世界的海岛有20多万个，大的可容纳几个中等国家，小的却比一个足球场还小。

① 大陆岛

大陆岛是一种由大陆向海洋延伸露出水面的岛屿，世界上较大的岛基本上都是大陆岛。它是由于陆地局部下沉或海洋水面普遍上升而形成的，下沉的陆地中露出水面的那部分陆地，就成为海岛。还有些大陆岛，是地质史上大陆在漂移过程中被甩下的小陆地，多分布在离大陆不远的海洋上。世界上最大的格陵兰岛、著名的日本列岛、大不列颠群岛都是大陆岛。

② 火山岛

火山岛就是由海底火山喷发物堆积成山，露出海面的山顶所形成的岛屿。火山岛形成后，经过漫长的风化侵蚀，岛上岩石破碎并逐步土壤化，而且，火山熔岩的残留物使土壤十分肥沃。火山岛上可生长多种动植物。

太平洋中的新西兰怀特火山岛

③ 珊瑚岛

珊瑚虫是海洋中的一种腔肠动物，它们在生长过程中能吸收海水中的钙和二氧化碳，然后分泌出石灰石，做成自己生存的外壳。它们一群一群地聚居在一起，生长繁衍，同时不断分泌出石灰石，并黏合在一起。石灰石又经过长时间的压实、石化，形成了今天的岛屿和礁石。

格陵兰岛

格陵兰岛是大陆岛，有4/5的面积在北极圈内。这里是一片白茫茫的冰雪世界，85%的地面覆盖着厚厚的冰层。如果这里的冰全部融化，可以填满世界最大的陆间海——地中海；如果让它们流入海洋，全世界的海水就要升高6.5米。岛上非常寒冷，经常出现巨大的暴风雪。格陵兰岛虽然是一片冰雪世界，但是却也有些许生机。夏季，沿海岸一带会出现一片绿色。岛上生活着驯鹿、北极熊、北极狐和海豹等动物。

5

大堡礁

大堡礁位于澳大利亚东北的珊瑚海上，是世界上最大的珊瑚礁群。构成大堡礁的珊瑚体厚度已达到200多米，它已有3000万年的历史。由于大堡礁附近的海域有适合珊瑚生长的水温、盐度等条件，这里的珊瑚特别多、特别好，形成澳大利亚独特的风景。大堡礁有350多种珊瑚，无论形状、大小、颜色都极不相同。大堡礁是由350多种五彩缤纷的珊瑚组成的，有的像红梅，有的像开屏的孔雀，有的像树枝，还有的像精雕细刻的工艺品……从空中俯瞰，在辽阔澄碧的海面上，珊瑚礁宛如艳丽的鲜花，开放在碧波万顷的大海上。

百慕大群岛

百慕大群岛位于大西洋的西部，由150多个小岛和许多岩礁组成。因为1515年西班牙航海家胡安·德·百慕德斯乘船从这里经过时发现此地而得名。百慕大群岛是几百万年以前，由剧烈的火山喷发而形成的。这些星罗棋布的岛屿中，约只有20个岛屿有人居住。其中最大的一个岛叫大百慕大岛。这里气候温暖湿润，植物四季常绿。每年有几十万人到这里来旅游，岛上的绝大多数人都从事旅游业。

电闪雷鸣

地球表面被厚厚的大气包裹着，大气在阳光的照耀下，不断地产生对流运动。大气中的热空气上升，与高空冷空气摩擦，在地球磁场的作用下，水汽云团的两端产生了带有巨大能量的正、负电荷。于是，在气流运动中，正、负电荷相互冲撞，当正、负电荷积累到一定程度，就会把阻碍的空气击穿，强行会合。由于云中的电流非常强，通道空气的温度就会变得比太阳表面的温度高几倍，所以就会发出耀眼的强光，这就是闪电。通道上的空气和云滴受热膨胀后发出的巨大响声就是雷声。

雷电的危害

几乎没有哪种天气像雷鸣电闪那样让人触目惊心了。有的闪电击中地面能把土壤瞬间加热到很高的温度。人如果被闪电击中，轻则被烧伤，重则被烧死，还有的人心力衰竭而死。但有的人却幸运地活下来了，美国维吉尼亚州的公园护林人罗伊·苏利文曾七次在不同的地点被雷电击中而平安无事。但也有许多不幸的事情发生，有一次，美国一个牧场遭到雷电的袭击，闪电落在不导电的泥土上，竟有504只羊全部触电死亡。

闪电和雷声“赛跑”

在生活中，我们总是先看见闪电，后听到雷声，就认为闪电比雷声早“起跑”。实际上不是这样的，闪电和打雷是同时出现的，只是因为它们俩在大气中“赛跑”时，由于闪电是以光的形式传播，每秒钟可以跑30万千米，而雷声却是按照声音的传播方式前进的，每秒钟只能走340米，显而易见，闪电比雷鸣跑得快多了，所以我们才会误以为闪电先发生。

小知识

·世界雷都·

位于印度尼西亚爪哇岛上的小城茂物是世界上打雷最多的地方，有“世界雷都”的美誉。一年365天，茂物打雷的日子有300多天。茂物的雷雨来得猛去得快。往往早上还是晴空万里，一过正午就雷声阵阵，雨点劈头盖脸地打下来。茂物打雷下雨的日子多，这与当地的地理环境有关。因为茂物位于赤道附近，地处山间盆地之中。这里的上升气流十分强，很容易形成厚厚的积雨云。当带有不同电荷的云层相互接近时，就会产生雷电现象。

◀最常见的闪电呈线状，模样就像树枝一样，并且有很多枝杈。

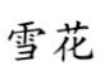

雪花

雨、雪飘飘

如果问你天地万物生存的根本是什么？恐怕你会毫无疑问地回答是水。是的，水是造就世界最根本的条件。那么你知道水是怎么运动的吗？水的运动并不是单指水的流动，它还有一个重要的方式——降水。这里的降水分为两种，一种是液态降水，就是下雨。另外一种是固态降水，也就是降雪。雨、雪同样作为降水，两者的意义是完全不相同的。

雨、雪的形成

海洋、湖泊和地面上的水被加热蒸发到天空中。这些水汽在天空中随着风的方向四处游荡，当它们上升到一定高度后就会遇冷气变成千千万万的小雨滴。小雨滴在云里互相碰撞，不多久就会变得越来越大，最后形成大雨滴。一旦空气承受不了它们的重量，它们就变成了降水从天上落下来了。冰晶在−20～−40℃温度的云层中形成。冰晶在下落过程中，由于逐渐变温而聚集在一起，然后再结冻，就形成了雪花。冰晶从云层下落途中，如果气温始终在冰点以下，就以雪的形式落到地面。

暖空气上升

雨

有些冰晶在下降途中融化形成冰雨

冻结的冰晶落下后形成雪

雪的形成示意图

好雨知时节和瑞雪兆丰年

雨，作为地球上水循环的重要一部分，它是灌溉农作物的好方法。对于那些远离淡水河流的植物来说，雨水是它们唯一的补给淡水的方式。不过雨下多了也不行，不但会影响植物生长，而且连日的阴雨天气会使植物腐烂，雨水多了还会造成洪涝灾害。

特大的冰雪往往给人们带来灾难。但大雪也常常给人们带来益处。刚落下的雪，间隙里充满了空气，覆盖在大地上，土好像盖上了一层厚厚的棉被。它减少了土壤热量向外传递，保护着越冬作物不被冻死。等到春暖花开时，冰雪融化，大地水量充足，庄稼就能长得茂盛了。

小知识

·趣闻大比拼·

在印度尼西亚爪哇岛南部一个叫土隆加贡的地方，这里每天都会下两场十分准时的雨。第一场是下午3点，第二场是下午5点半。多少年以来，这大雨从来没有出过差错，那些落后的山村小学都把它当成上下课的钟声。当地的人们都喊它为“报时雨”。当然，雪也不甘示弱，曾经有人研究深山老林中老人长寿的“秘诀”。他们惊奇地发现竟然是雪的作用。原来，经常饮用雪水，不但可以强身健体，而且还能延年益寿。

威力无比的龙卷风

100多年前，西班牙境内下了一场“麦雨”。人们纷纷跪在地上祈祷，感谢神的恩赐。难道真的是神灵赐予他们的吗？当然不是，这是龙卷风搞的鬼。龙卷风是积雨云下面急速旋转的旋风，是由空气的强烈对流在不稳定的天气下产生的。龙卷风威力十分强大，虽然它的范围很小，一般只有二三百米，大的也不过两千米，但破坏力却非常大。龙卷风的风速可达到100米/秒，有时候甚至超过200米/秒，比台风近中心的风速还要高好几倍。

龙卷风从哪里来

龙卷风一般形成于夏季对流运动特别强烈的积雨云中。积雨云里，上下温差非常大，当强烈上升气流到达高空时，如果遇到很大的水平方向的风，就会迫使上升气流向下倒转，结果会形成许多小涡旋。经过上下层空气进一步的扰动，这些涡旋会逐渐扩大，形成一个空气旋转柱。慢慢地，这个空气旋转柱的一端会伸出云底而呈漏斗状，这就形成了龙卷风。有的龙卷风只有一个漏斗，有的有几个漏斗。

▲旋转的气柱

▲龙卷风的中心气压比正常大气压低。

▲龙卷风的样子很像一个巨大的漏斗或大象的鼻子，从乌云中伸向地面。

▼龙卷风过后，房屋坍塌。

破坏狂

龙卷风的破坏力很大。它往往来得非常迅速而突然，就像一个巨大的吸尘器，能把沿途的一切都吸到它的“漏斗”里，直到旋风的势力减弱变小，再把吸来的东西抛下去。因此，龙卷风能毁掉很多东西，如人畜、树木、房屋等。龙卷风所到之处，交通中断、成千上万株果木被毁掉、房屋倒塌……龙卷风持续的时间长短不一，有的仅仅几分钟，最长的能达到几小时。龙卷风一般都是发生在夏季，常常是伴随着雷雨天气发生，并且在傍晚的时候居多。

▲ 在草地上移动的龙卷风呈白色。

龙卷风的“家族成员”

龙卷风分为陆龙卷和海龙卷。人们通常把发生在陆地上的龙卷风称为陆龙卷，发生在海面上的龙卷风称为海龙卷。经常对人类造成生命财产损失的主要是陆龙卷。陆龙卷的外形各不相同，最常见的陆龙卷的形状像一个巨大的漏斗，自云中伸向地面，渐渐变窄，因此又称它为漏斗云。海龙卷掠过水面时，海水被旋风卷起，看上去就像灰黑色的巨蛇从大海中蹿出，这就诞生了“海上怪物”的说法。

▲ 海龙卷的直径一般比陆龙卷略小，其强度较大，维持时间较长。

龙卷风的古怪行为

龙卷风有一些“古怪行为”，使人难以捉摸。它席卷城镇，捣毁房屋，把碗橱从一个地方刮到另一个地方，却没有打碎碗橱里的一个碗；有时它拔去一只鸡一侧的毛，而另一侧却完好无损；它将百年古松吹倒并拧成麻花状，而近旁的小杨树却一根枝条都未受到折损。有时，它会把人们抬向高空，然后，又把他平安地送回地面。

▲ 龙卷风将树连根拔起。

怪 雨

因为龙卷风有巨大的吸引力，常常会把海中的鱼类、水中的青蛙、粮仓里的粮食或其他东西吸卷到高空。当龙卷风威力渐渐减弱的时候，原先被它卷上去的东西会纷纷落下来，于是就出现了“怪雨”。这就是人们说的“鱼雨”“谷雨”“豆雨”“钱雨”，即鱼、谷物、大豆、钱等从天上降落。其实这是龙卷风的杰作。如当龙卷风经过水面时，把水里的小鱼和青蛙卷起来，并且带到很远的地方，然后再降落下来。

小知识

·令人惧怕的龙卷风·

- 1896年，龙卷风席卷了圣路易斯市区。眨眼工夫，一个繁华的市区就什么都没了。这次龙卷风直接造成了300多人当场死亡，1000多人受伤。
- 1955年在美国的俄克拉荷马州发生了一场龙卷风，房子的屋顶竟然都跟着“飞”了起来，被吹到了几十千米之外。一些比较轻的碎片甚至飞到了300多千米之外。

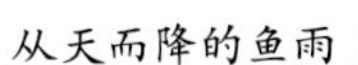

从天而降的鱼雨

冰雹

冰雹就是冰冻的雨滴，是呈圆球形或圆锥形的冰块，直径一般为5～50毫米，大的有时可达10厘米以上。冰雹形成于积雨云内部，积雨云顶部的温度在冰点以下，但底部比顶部要暖和得多。由于上下的温差，积雨云内会形成强大的气流，雨滴会被抬升至冰冻的积雨云顶部，然后不断下落。要形成豌豆那样大的雹块，雨滴必须停留足够长的时间，并且要以每秒30米的速度不停地上下运动。

冰雹的形成

雹块是在厚厚的积雨云的内部形成的，这种积雨云通常会形成于10千米的高度，云中强大的上升气流能把雨滴抬升到冰点以下的积雨云顶部。第一次抬升时，雨滴冻结成冰，然后回落。当冻结的雨滴再次被抬升时，它的周围又裹了一层冰。如此往复，经过几次到十几次的反复，冰雹胚胎越长越大，分量越来越重。当云中的上升气流再也托不住它的时候，就从云中掉下来，成为我们所见到的冰雹。

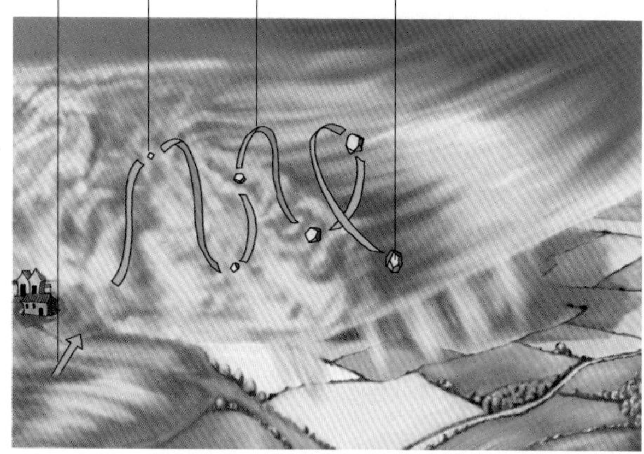

冰雹形成示意图

雹灾

冰雹出现的范围较小，时间短促。但是它的来势十分凶猛、强度很大，并且它常常伴随着狂风、强降雨的天气。冰雹常毁坏庄稼，威胁人畜安全，是一种严重的自然灾害。猛烈的冰雹会毁坏房屋，砸伤人畜，并且，它对农作物的损毁也是致命的，电力、交通系统也都在它损坏的范围之内。如2004年，甘肃省平凉市降过一次大冰雹，农田里的玉米叶子全部被打烂，部分田地进入灌浆期的玉米棒子也被打掉，果树的叶子被打落，果子被打破。部分居民房屋屋顶的瓦块也被打烂。

小知识

· 冰雹记录 ·

- 有记录的最大冰雹是1970年降落在美国堪萨斯州的一块巨雹，周长43.6厘米，重765克。
- 1986年在孟加拉国下了一场罕见的冰雹，单个冰雹的重量达1.02千克。
- 2004年，中国甘肃省平凉市降过一次大冰雹，降雹时间长达30分钟，雹粒直径最大的约50毫米、有鸡蛋大小，小的如黄豆一般。

小心雪崩

山坡上积雪很厚，或者山的坡度较陡，就可能发生雪崩。雪慢慢堆积，随后便有少量的雪开始下滑，下滑过程中，雪越聚越多。在这种情况下，只要沉重的积雪落在冰上，或者温度升高，或者有滑雪者穿过雪地，甚至有较大的响声，都可能引起雪崩。雪崩常常给当地的居民、登山者和滑雪者带来危险和灾难。此外，发生于雪崩之前的称为“爆炸风”的阵风也十分猛烈，足以将建筑物摧毁。

雪崩的发生原因

雪崩是积雪迅速向下滑动的自然现象。雪崩的发生有两个先决条件：首先，发生雪崩的地方是倾斜的山坡或沟谷。坡度越大，越容易发生雪崩，如果在平原地区即使积雪很厚，也不致有雪崩出现。其次，还要有较厚的积雪，据资料分析，山坡积雪深度30厘米以上才会发生雪崩，如果雪深70厘米时就会经常发生雪崩。除此之外，降水、气温、阳光、风力、地震及触动都会导致雪崩。

小心雪崩

雪崩的破坏力极大，每年的雪崩会造成几千人丧生。近代历史上最严重的雪崩于1970年发生在秘鲁的瓦斯卡兰山。这次雪崩由地震引起，雪崩和山崩发生时，雪块向前猛冲，将树连根拔起，把车辆掀翻，把房屋推倒，人们被碾碎或掩埋。雪像混凝土一样淹没人们，使其窒息或是冷冻致死，造成约两万人死亡。

预防雪崩

为了预防雪崩，很多地区成立了相应的组织，设立了专门检测站，研究雪崩的自然规律，并及时采取了预防措施。如欧洲的阿尔卑斯山，人们种植树木，建立雪崩屏障，从而阻止危险雪崩的发生或使其改变方向。对一些雪崩危险区，科学家们甚至会在灾害发生之前投射炮弹，利用爆炸，提前引发雪崩，从而降低雪崩的破坏性。

来自地下的灾难之火

地球内部充满炽热岩浆。当地壳剧烈运动时，在极大的压力下，岩浆便会从薄弱的地方冲破地壳，喷涌而出，这就是火山爆发。喷到地表的岩浆堆积形成的山体，就叫作火山。火山爆发是地球最有威力的自然现象之一。火山的喷发令人毛骨悚然，那猛烈的爆炸形成浓密的烟尘，遮天蔽日；黑暗中滚烫的岩浆从火山口向四面八方奔流，遍及之处无所不摧；大量的火山灰从天而降，令生灵涂炭。

◀火山喷出地表的岩浆闪着炽热的红光，岩浆流窜形成烈焰激流。

火山爆发

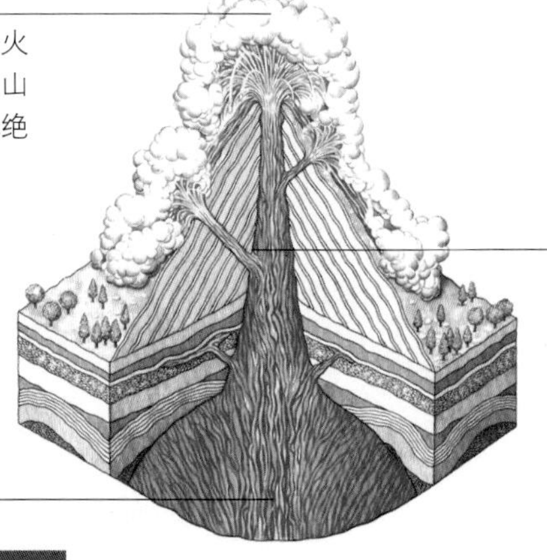

▶一些岩石碎屑及火山气体构成了火山灰，其中火山气体绝大部分为水蒸气。

◀窄窄的地壳裂隙是岩浆流向地表的火山通道。

▶岩浆喷出地表前聚集在地下。

火山爆发

火山底下储存着灼热的岩浆，岩浆通过火山口到达火山颈部。火山颈部的熔岩积累到一定程度，在强大的内压力的作用下，会突然爆发，将灼热的岩浆喷出火山口。火山爆发非常壮观，但也给人类带来巨大灾难。公元79年8月24日，意大利维苏威火山爆发，掩埋了两座城市。1815年4月5日，印度尼西亚松巴圭岛上的坦博拉火山爆发，爆发持续了3个多月，爆炸声震撼了远在1600千米外的苏门答腊岛，烟雾尘埃使得480千米的范围内日月无光。夏威夷岛的第二大火山——基拉韦厄火山在1959年大爆发时，熔岩喷射高度达到580米。莫纳罗亚火山从1832年以来，每隔3年就要爆发一次。

你知道吗？

【火·山·的·形·状】

由于火山通道和喷发形式的不同，形成的火山也形态各异。一般来说，火山只要经过几百年或几千年后，火山口附近就会形成一座丘陵或山脉。

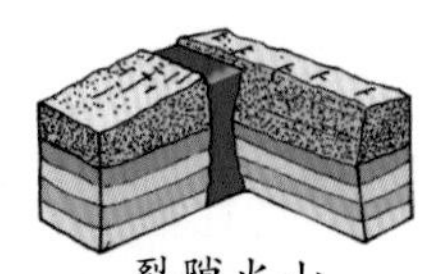

裂隙火山

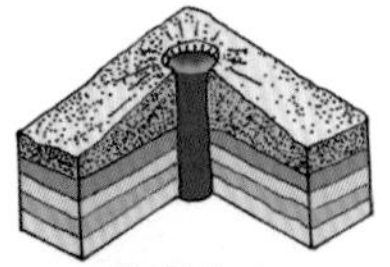

盾形火山

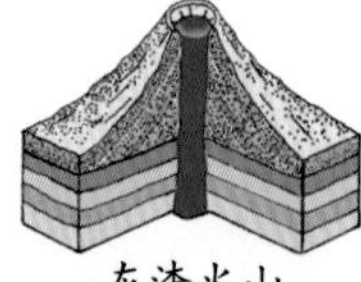

灰渣火山

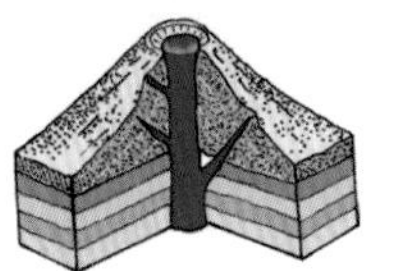

复合火山

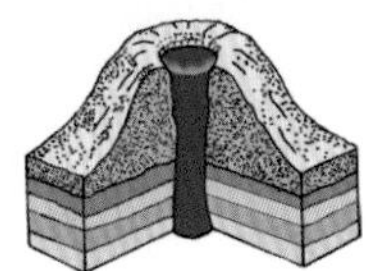

锥形火山

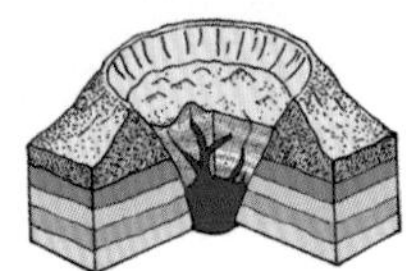

破火山

火山奇观

火山奇观是由于火山活动而形成的各种景观。温泉、泥潭、火山口湖、间歇泉和阶地等奇异景观，都与火山有着密切的联系。当地下的高温将地下水加温到一定压力后，水和蒸气就会从喷口处冲出，这就是著名的间歇泉。著名的美国黄石公园的间歇泉，其中有些可射到100多米高，其惊涛骇浪般的吼声使人惊心动魄。温泉和火山口湖也是火山爆发后的杰作。岩浆加热岩石裂缝中的水，这些水返回地面后即形成了温泉。位于俄勒冈州西南部的一个湖泊，是由一次强烈的火山爆发后形成的火山口，随着雨水的灌注形成了如今的火山口湖。储存在岩石里的热水，能将岩石里的矿物质溶解，它们于是就在火山口周围形成了阶地。

1 间歇泉

▲既美丽又可怕的间歇泉的泉眼仿佛巨型花朵，异彩纷呈并且深不见底。

2 阶地

▲美国黄石公园内的密涅瓦石灰梯田。随着泉水的流动，碳酸钙不断沉淀，就形成了梯田状的奇特造型。

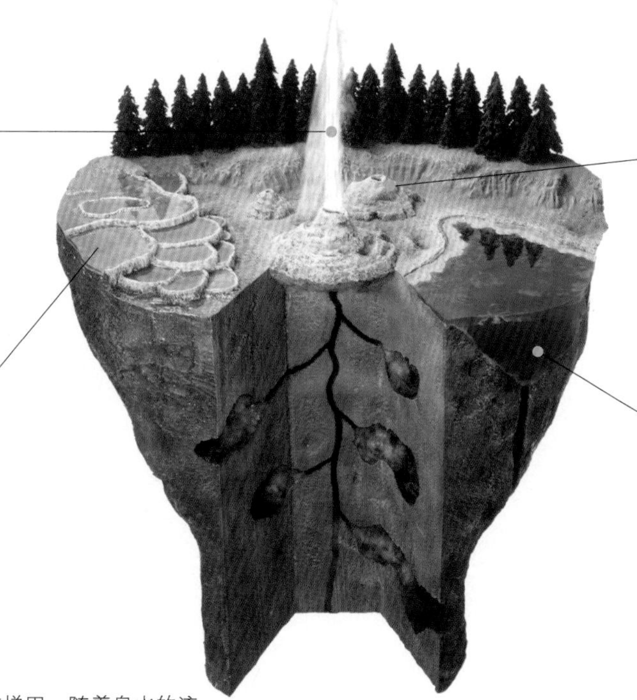

3 火山口湖

▲湖水清澈，呈深蓝色。由于火山多次喷发，形成若干火山锥，部分露出湖面即成为小岛。

4 地热泉

▲位于美国黄石公园内的牵牛花池就是一处地热泉，泉水含有各种金属离子，在阳光的照耀下，犹如一朵盛开的牵牛花。

火山活动地带

大多数火山活动都发生在地壳板块的交界处，因为那儿是板块碰撞、分裂、潜没等活动频繁的地区。地球上有四个火山地震多发带：地中海－喜马拉雅火山地震带，环太平洋火山地震带，大洋海岭（中脊）火山地震带，大陆裂谷火山地震带。其中，环太平洋火山地震带是最著名的火山带，它位于太平洋板块、亚欧板块、美洲板块、印度洋板块和南极洲板块之间，也是世界上最大的火山带。

最大规模的火山爆发

地点	火山名称	爆发时间
美国俄勒冈州	火山口湖火山	公元前4895年
日本本州	十和田	915年
冰岛	厄莱法	1362年
印度尼西亚	坦博拉	1815年
印度尼西亚	喀拉喀托	1883年
危地马拉	圣玛利亚	1902年
美国阿拉斯加州	卡特迈	1912年
美国华盛顿州	圣海伦斯	1980年

火山众生相

世界上的火山是多种多样的，它们爆发的强弱和特点各不相同。火山分为活火山、死活山和休眠火山。现在还在活动，并会随时喷发的火山就是活火山。死火山指史前有过活动，但历史上无喷发记载的火山，中国境内的600多座火山，大都是死火山。在历史上有过活动，但后来没有活动的叫休眠火山；有些休眠火山可能会突然苏醒而成为活火山。

斯特龙博利火山

斯特龙博利火山坐落在意大利的西西里岛北部的利帕里群岛中的小岛上。多少年来，这个火山每隔两三分钟就会发出轰隆隆的一阵响声，接着又会喷发出巨大的烟柱、琐屑和蒸汽，一直升到好几百米的天空。然后，烟柱在高空四处飘散。在黑夜里，火山爆发时，烟柱高耸入云，沸腾的岩浆发出的红色火光将它映得通红，就算是100多千米以外的海上都能清楚地看见，航海的人们就是按照它的指示来辨别方向的。因此人们赞誉它是“地中海的天然灯塔”。

维苏威火山

维苏威火山是欧洲大陆上唯一的活火山，而且时有爆发。它位于意大利那不勒斯湾，海拔高达1277米，从高空望去，维苏威火山就像是个圆锥体，十分漂亮。在20世纪，这座火山就发生了6次强大的喷发。在喷发的过程中，一股浓烟柱从火山口垂直上升，接着向四面分散，远远看去就像一朵蘑菇，有时其中还穿插着闪电一样的火焰。那些被喷出的火山灰飘向远处，将附近的城市都深深地掩埋了。它是欧洲唯一的一座位于大陆上的活火山，世界上最大的火山观测所就设于此处。

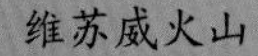

维苏威火山

埃特纳火山

埃特纳火山位于地中海中部的西西里岛上，海拔3310米，是欧洲最大、最高的火山。它的周长大约160千米，所喷发的物质可以覆盖1165平方千米，主要喷火口大约有3323米高，直径有500米。在剧烈的火山运动期，总会流出大量的岩浆。据历史记载，埃特纳火山喷发最猛烈的一次，竟然持续了4个月，喷出的岩浆大约有7.8亿立方米。致使两万人丧生，造成的经济损失不计其数，破坏非常严重。3000多年前，就有埃特纳火山的活动记载，它是被记录得较早、也是地球上较活跃的火山之一，它间隔2年或20年就会喷发一次。

喷发中的埃特纳火山

睡美人

日本第一高峰，被誉为“圣山”“芙蓉峰”的富士山，也是世界上十分著名的休眠火山。它海拔高达3500米，山体就像一个圆锥体。其火山锥弧度完美，由层层熔岩和火山灰堆积而成。富士山山体高耸入云，山巅白雪皑皑，放眼望去，好似一把悬空倒挂的扇子，十分美丽，吸引了成千上万的游客。它共喷发过18次，最后一次喷发是在1707年，自此以后，就没有再爆发过了。由于火山的喷发，富士山在山麓处形成了无数山洞，有的山洞至今仍有喷气现象。最美的富岳风穴内的洞壁上结满钟乳石似的冰柱，终年不化，被视为罕见的奇观。

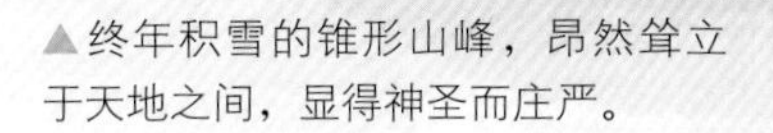

▲终年积雪的锥形山峰，昂然耸立于天地之间，显得神圣而庄严。

▲恩戈罗恩戈罗火山口内的狮子成群结队，慵懒地晒着太阳，享受着大自然的恩泽。

恩戈罗恩戈罗火山

位于坦桑尼亚北部的恩戈罗恩戈罗火山已经存在约250万年了。在它曾经的爆发期，由于经常性的喷发，炸掉了火山顶峰，如今留下了碗形的火山口，盆地直径约16千米宽，是世界上第二大火山口。它的喷发早在25万年前就停止了，周围形成了富饶的自然风光。在火山附近，生活着种类繁多，数量惊人的动物，不但有斑马、角马、豹子、豺、瞪羚和大角斑羚，还有很多黑犀牛群，再加上许多泉水和蔚蓝的咸水湖，这里简直就是“动物乐园”，火山口也因此名扬天下。

伟大的建筑师

莫纳罗亚火山是一座典型的盾形火山，从1832年以来平均每隔3年就要爆发一次，不断涌出的熔岩流使山体不断增高，有“伟大的建筑师”之称。莫纳罗亚火山曾于1959年11月爆发，此次爆发流出的熔岩达4.6亿立方米，足以铺设一条环绕地球4周半的公路。

▶莫纳罗亚火山是世界上较高大的活火山之一。

可怕的地震

▲灾难使得众多居民无家可归。

地壳内部总是处在不停变化之中，这些变化会产生强大的力，当这些力达到一定程度，地壳的岩层就会变形，严重的甚至断裂、错动。这时，就会发生地震。地震开始发生的地点称为震源，震源正上方的地面称为震中，破坏性地震的地面最烈处称为极震区，而极震区往往就是震中所在的地方。产生地震波的地方是震源。震源深度对地震的破坏程度起着决定性的作用。震源越浅，破坏性越大，但波及的范围却会相应减少，反之亦然。地震是一场可怕的灾难，地震来临时，会出现房屋倒塌、路面塌陷、桥梁断裂。在山区还会产生可怕的泥石流，常常掩埋整个山村。

地震的产生

地球从内到外，由地核、地幔和地壳三个圈层组成。地壳是最外面的一层。这三层在密度、温度、压力、化学成分和物理状态方面存在着显著的不同。因此，它们在一起，总是在不断地运动和变化。在这个过程中累积了巨大的能量。这些能量在地球内部循环、流动。当流动到地壳最脆弱的地方时，会突然发力，使岩层发生断裂，或者引发原有的断层错动。很快，这股地球内部的巨大能量，就像开了闸的洪水一样，瞬时就会传到地球表面，引发巨大的震动，从而形成地震。地球上每年大约要发生500万次地震，平均不到10秒钟便有一次。不过，其中绝大多数都很轻微，人们感觉得到的约占地震总次数的1%。

灾难性毁灭

强烈的地震可以在短时间内造成巨大的灾难。在地面上，它可以使房屋倒塌，土石崩落，人员伤亡。1923年的7.9级日本关东大地震，加上地震造成的火灾，使东京遭受到了空前的劫难，震毁、烧毁房屋近60万幢，砸死、烧死近10万人。1976年7月28日发生在中国唐山的大地震，几乎把唐山夷为平地，夺去了24万多人的生命。1999年8月，土耳其西部沿海的阿达帕扎勒遭受了一场毁灭性的地震。地震造成一些城市贫民搭建的房屋坍塌。

▶建筑物倒塌。

▼地震使公路断裂并塌陷，交通被破坏。

▼地震后，消防人员在现场救助。

▼数秒之内，城市就变成了废墟。

汶川大地震

2008年5月12日14时28分，中国四川省发生里氏8.0级强烈地震，震中位于阿坝州汶川县、四川省省会成都市西北偏西方向90千米处。这次地震破坏地区超过10万平方千米。地震波及大半个中国及多个亚洲国家。北至北京、东至上海、南至泰国、越南、巴基斯坦均有震感。据统计，在这次地震中约有8.7万多人死亡，1万多人失踪，是新中国成立后破坏力最大的地震，也是继唐山大地震后伤亡最惨重的一次。四川盆地是由5500万年前来自印度次大陆向亚洲大陆推挤的造山运动而形成的，是地震活动频繁区域。由于地壳物质缓慢从青藏高原向东移动，遇四川盆地和中国东南部坚硬的地壳而汇集，从而导致地震的发生。

▲四川汶川县映秀镇，坍塌的教学楼一片狼藉，但教学楼上国旗仍在飘扬着。

▲四川汶川县映秀镇中学，宿舍楼因地震损毁严重。

▲四川汶川县映秀镇的房子在地震中倒塌。

摇动的国家

日本位于三块构造板块边界交汇处，每年发生有感地震约1000多次，全球10%的地震均发生在日本及其周边地区，堪称世界上地震最多的国家。在日本，学校、家庭和工作场所都会有常规安全演习，提高抗灾救灾、自护自救和处理突发事件的能力。日本全国各地还设有不少地震博物馆和地震知识学习馆，免费向市民开放。在这些地震博物馆内，市民们能够亲身体验地震时的感觉。除此之外，日本的房屋设计对抗震有非常严格的要求。日本目前约有2000幢建筑使用了防震技术，中国的这类建筑只有700座，而世界其他国家的此类建筑加起来还不足300座。

小知识

·地震和动物·

现在科学家通过研究已能确信，动物有感知地震的本能。1975年，在中国辽宁海城县，当地地震仪记录到该地区北部有轻微地震，同时，该地区鸡、蛇、狗都表现出焦躁不安，有关部门指示100多万人撤离该地区。到当天傍晚，海城发生了强烈地震，摧毁了整个城市。1995年的日本神户在被地震夷为平地之前的几个小时，动物园中的海狮开始跃出水面，行为怪异。

◀日本东京夜景图。由于日本是地震多发地区，在建筑物的防震标准方面有着严格的要求，东京地区的楼房基本上都具有抵御强烈地震的能力。

海啸来了

海啸是由地震、火山爆发或强烈风暴等所引起的海水巨大涨落。海啸并不是由风卷起的普通波浪。这种风波急剧、狭窄且慢速流动，当其穿过水面时清晰可见。但它在爆发前一直非常隐秘，不易让人察觉，它们疾驰过上千千米的海面时，很难让人探测到。当它们抵达海岸时，有时会被误认为是潮汐，但它们其实与潮汐没有丝毫关系。

海啸的诞生

地震是引起海啸的主要原因，但并不是所有的地震都会引起海啸。据考察，当地震震级在里氏6级以上，且震源深度小于40千米时，才会形成海啸。当地震活动导致海床急速上升或下沉，周围的海水胀凸起，散布开一些连续的水波状波浪，这就形成了一系列连续的海啸。通常在宽广的海域，水波面积较宽，长度可达到200千米以上，但可能不足0.5米高。

▲海啸一旦发生，会摧毁城镇和房屋，毁掉人类的家园。

小知识

·海啸记录·

- 1960年，智利附近的太平洋海底发生了里氏9.5级的大地震，地震伴生的海啸最大浪高25米，波及了俄罗斯和日本等太平洋沿岸的国家，死亡人数超过了10000。
- 1964年，美国阿拉斯加附近海底发生的一场强烈的地震引发的海啸袭击了新月城，造成16人死亡。
- 2004年，印尼发生了里氏9级的海底地震，随之引起的海啸袭击了周边的很多国家。

惊涛骇浪

海啸是一种破坏力极大的海浪，它所带来的灾难具有毁灭性。尽管海啸形成初期是很微小的，但它们的传播速度惊人，在深水中的穿行速度超过700千米/小时，类似于喷气式飞机的速度。当它们到达浅水域时，开始减速并跃升高达十数米甚至几十米不等，有时竟能升到60米高。远远地望去，海浪就像一堵堵巨大的“水墙”。这种“水墙”中蕴含着极大的力量，它冲上陆地后，就像一名杀人成性的恶魔一样，所到之处会对人类的生命和财产进行致命的摧毁。

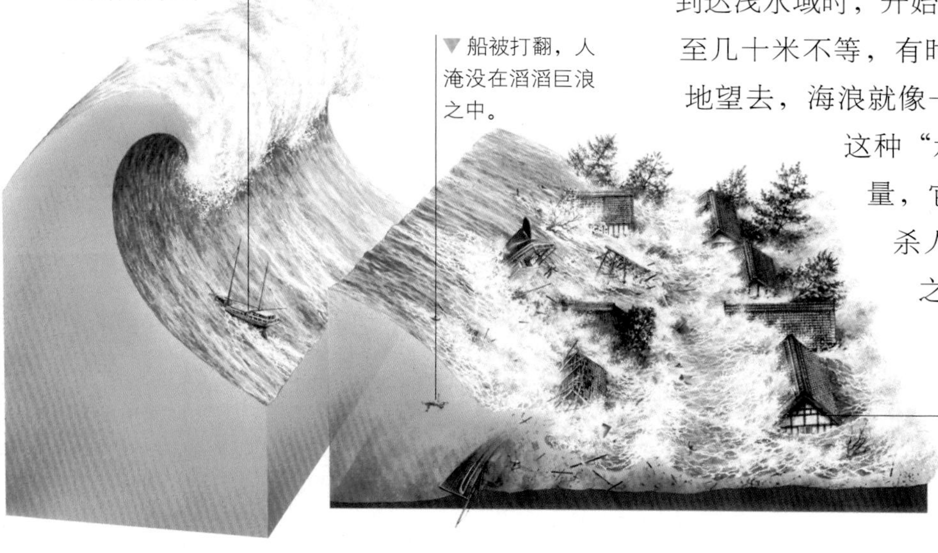

▼宽大而猛烈的水波将船打翻。

▼船被打翻，人淹没在滔滔巨浪之中。

◀摧毁房屋，将海岸变成一片汪洋。

洪水肆虐

洪水是指河流、湖泊、海洋里的水位上升，超过了常规水位，从而向外流出的现象。洪水会危及沿河、沿湖和沿海地区的安全，严重的还会淹没这些地区。自古以来，洪水给人类带来了很大灾难。因此，人们用猛兽来形容它。形成洪水的原因有很多种，河床的上升、突降暴雨、人为破坏堤岸等，都会使洪水肆虐。

洪水之灾

洪水多出现在多雨季节。但世界各个地区，由于纬度不同，发生洪水的时间也是不相同的。在中国，洪水的高发期是夏季，因为这时，降雨最多。而在欧洲的地中海地区却相反，这里夏季的降雨量并不多，冬天倒是雨水丰沛的季节，因而，这些地区，冬季是洪水的高发期。在地球上的寒冷地区，洪水的高发期则在春季。由于这些地区的气温低，很难下雨，下的都是雪，这些雪降到地面上很快就冻住了，要等到来年春暖花开才会融化。春季，大量的雪水涌到河里，就会泛滥成灾了。

▼高发潮汐威胁欧洲北部低地势的城市。

▼在澳大利亚北部，热带风暴会引发洪水。

▼河水泛滥影响了美国的东南部。

▲雨季洪水可以影响非洲中部的部分地区。

▲在孟加拉海湾周围，季候风会引发洪水。

▲在南美洲的大西洋沿岸，厄尔尼诺现象引起暴雨洪水。

▲每年的雨季，亚马孙河都会冲破其海岸线。

无处藏身

世界上有些地区所受洪水灾害要比其他地区多得多。热带地区因饱受季风雨和热带暴风雨的强烈打击，经常发生水灾。如柬埔寨的气候湿润，湄公河的漫滩广阔，所以每过 1 ～ 3 年就会发生一次危险的水灾。肆虐的洪水毁坏房屋和商业，引起食物短缺，增加疾病发生的危险。

▲柬埔寨的居民面对无情的洪水、损毁的家园感到非常恐惧和无奈。

洪灾记录

时间	地点	原因	危害
1993年	美国中西部的密西西比河	这个地区骤降大雨，引发洪灾。	淹没陆地8万多平方千米，48人死亡，经济损失达到150亿美元。
1997~1998年	肯尼亚	厄尔尼诺现象带来了暴雨，引发洪灾。	降水是10~12月间正常的平均降雨量的5倍多，使洪水好几周才退去。
1998年	孟加拉国	狂暴的季候雨降落引起洪灾。	淌出的河流淹没了这个国家，使3000万人无家可归。

生命的起源

地球这颗行星大约形成于46亿年前，起初，地球的表面到处是熔化的岩浆，后来，渐渐冷却，形成液态的水。35亿多年前，我们这个星球就在水中出现了生命。科学家认为生命是通过一系列偶然发生的化学反应而产生的。经过几百万年之久，这些化学反应终于从简单的化学物质缓慢地形成了生命体。在水、温度、空气、阳光等条件的合力作用下，一个个生命就诞生了。

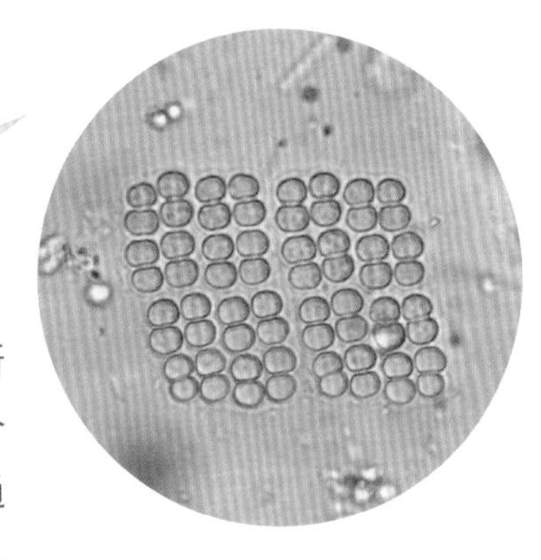

▲蓝藻在地球上的历史可以追溯到38亿～35亿年前。蓝藻进行光合作用释放氧气。在蓝藻出现在地球上的几十亿年间，大气中的氧气含量不断增加，这为其他生物的出现创造了条件。

生命之源——水

地球上的生命最初是在原始海洋中萌发的。水是所有生命体的重要组成部分。不论是动物还是植物，都是用水来维持最基本的生命活动的。水是生命的源泉，是人类最必需的营养素之一。人对水的需要仅次于氧气，人如果不摄入某一种维生素或矿物质，也许还能继续活几周或带病活上若干年，但如果没有水，人却只能活几天。

美丽世界的创造者——温度

温度是生命存在的一个重要条件。宇宙中各行星的冷热不同，决定着生命的存在与否。如果人类要到太阳上去，还没到达早已化为灰了；如果人类要到阴冷的冥王星去，恐怕人的第一次呼吸还没完成就早已在寒冷的温度中冻成了冰尸。因为只有在适宜的温度下，化学反应才能正常进行物质分解或重组，才有了今天这个美丽的世界：山川、河流、绿树、红花……

一个充满生命的世界

▼远山青翠碧绿

▶长颈鹿啃食金合欢树叶

▼适宜的气候使植物生长茂盛

斑马以草为食

生命赖以生存的空气

地球周围的空气，是生命最主要的赖以生存的要素之一，与人类的生活息息相关。自然界动植物的生命活动都离不开空气。假如没有空气，我们的地球上将是一片荒芜的沙漠，没有一丝生机。绿色植物利用空气中的二氧化碳、阳光和水合成营养物质，在此过程中，氧气被释放出来，人类和其他动物呼吸空气来获取氧气，维持生命。

普照万物的阳光

光是地球生命的来源之一。太阳光是最重要的自然光源，它普照大地，使整个世界姹紫嫣红、五彩缤纷。地球上各地获得太阳光的多少各不一样。如撒哈拉大沙漠东部阳光最多，那里年平均日照时数达4300小时。而北极地区获得的太阳光最少，一年中有100多天不见太阳。太阳虽然距离地球遥远，但每秒钟到达地面的总能量高达80万亿千瓦。

探索地外生命

UFO的中文意思是不明飞行物。未经查明的空中飞行物，国际上通称UFO，俗称飞碟。飞碟热首次出现在1878年1月，美国得克萨斯州的农民J·马丁在空中看到一个圆形物体。美国150家报纸登载这则新闻，把这种物体称作“飞碟”。1947年6月，美国爱达荷州的一个企业家K·阿诺德驾驶私人飞机，途经华盛顿的雷尼尔山附近，发现有9个圆盘高速掠过空中，跳跃前进。这一事件在美国所有报纸上得到报道，又一次引起了世界性的飞碟热。

◀神秘的UFO出现在沙漠上空的模拟图。

生命的进化

我们的地球上遍布着各种生命。蔚蓝的天空中有百鸟飞翔，浩瀚的江河湖海中有鱼虾嬉戏，茂密的深林中有群兽追逐，各种奇花异草遍及地球的各个角落，整个地球充满了生机。根据达尔文的进化论假说，地球上这些千姿百态的数也数不清的生物，其实都是由一个共同的祖先进化而来的。据科学推算，地球上的原始生命是在原始地球条件下，由简单到复杂、由低等到高等、由水生到陆生，经过漫长的过程，一步一步演变而成的。

自然选择

生物在生存斗争中，有些能更好地适应环境，因此能生存下来，繁殖后代。如果后代继承了同样的特征，也会有较多的生存机会。英国博物学家查理·罗伯特·达尔文和阿尔弗雷德·华莱士创立了进化论。进化论的理论基础是自然选择，即最能适应环境的物种能够生存和发展。查理·罗伯特·达尔文相信，适应环境的个体生物能够生存进化，同一物种中那些不那么适应环境的生物被自然淘汰，如长颈鹿在自然选择的过程中进化出了长长的脖子，因此它们可以比短脖子的动物得到更多的食物。

◀长颈鹿的长脖子是自然选择最好的见证。

进化的轨迹

科学家们通过化石可以发现一个物种完整的进化轨迹。例如已发掘的象骨头、象牙化石类似于今天象的骨头和牙齿，这表明许多其他种类的象曾在地球上生存过。但现在已有150多种长鼻类动物灭绝。象属于长鼻类动物，现在仍然生存的象分为非洲象和亚洲象两种。最初的长鼻类动物体形较小，牙齿不长，鼻子也不算长。但为了适应当时的环境，在长期的进化过程中，它们的牙齿、鼻子变长了，身体也变大了。

▲始祖象　▲乳齿象　▲嵌齿象

▲干草原猛犸　▲现代非洲象

原核生物和原生生物

原核生物是没有细胞核或线粒体的一类单细胞生物。各种原核生物构成原核生物界。原核生物界包括细菌和蓝藻等，是地球上最初产生的生物。原生生物很小，肉眼看不到，多数生活在水里或潮湿的地方。原生生物主要包括形态简单的藻类和原生动物。藻类是类似植物的生物体，它们利用光合作用制造食物。原生动物，行为像动物，摄取食物。

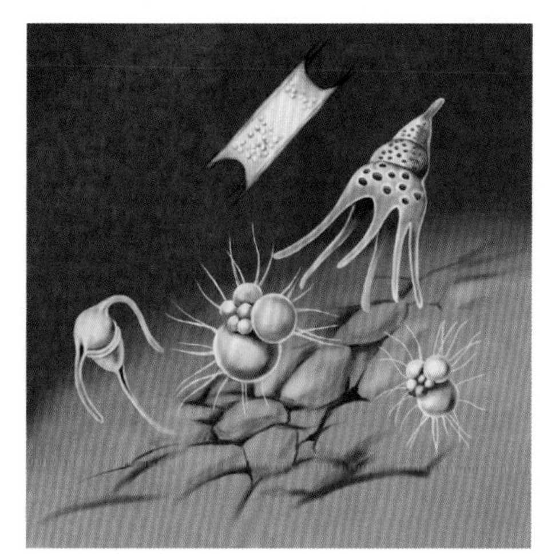

▶ 细菌和蓝藻生活在海水中，它们是最初产生的生物。死后，它们细小的外壳沉入海底。

▶ 能把体内多余的水分和废物收集并排出体外的收集管。

◀ 纤毛的摆动使草履虫在水中旋转前进。

▶ 伸缩泡

◀ 表膜

◀ 口沟

▶ 小细胞核

▶ 大细胞核

▶ 细胞质

◀ 随着细胞质流动的食物泡，在流动时其中的食物逐渐被消化。

▶ 胞肛

草履虫

单细胞动物

单细胞动物就是仅仅具有一个细胞就可以完成其全部生理活动的动物类。草履虫便是单细胞生物中的典型动物之一。草履虫身体很小，呈圆筒形，它由一个细胞构成，体长只有80～300微米。因为它身体形状从平面角度看上去像一只倒放的草鞋底而得名草履虫。它身体的一侧有一条凹入的小沟，叫“口沟”，相当于是草履虫的“嘴巴”。草履虫靠身体的表膜吸收水里的氧气，排出二氧化碳。

庞大的植物家族

在自然界里，植物种类众多，形态各异。地球上现存的植物种类有40多万种。既有单细胞的菌类和藻类，也有多细胞的开花结果的参天大树；有野生的花草，也有栽培的植物。它们构成了地球上庞大的植物王国。在亿万年的生命进化历程中，整个植物界形成了从低级到高级、等级森严、井然有序的植物王国，而每一级植物又都有自己庞大的家族。在地球形成之初，首先出现了利用阳光和无机物制造有机物的生物，进而出现了原始的藻类，随后依次出现了蕨类、裸子植物、被子植物。

小知识

·生物演化·

世界各地所发现的化石表明，在几百万年的时间里生物逐渐在发生变化，有的物种灭绝了，有的物种从老的物种发展而来。

◎鸟雀

英国博物学家查理·罗伯特·达尔文1832年考察加拉帕戈斯群岛时，在岛上发现了13种雀。他发现这些鸟的喙形状各不相同，且与进食习惯相呼应。达尔文相信，这些鸟都是由一种鸟经历漫长岁月进化而来的。

◎始祖鸟

1861年，在德国发现了始祖鸟的化石，始祖鸟是目前人类所知道的最早的鸟，大小与现在的乌鸦相近。始祖鸟生存于1.5亿年前。因此，科学家预测，始祖鸟是由小型恐龙演化而成的。

动物住在哪里

由于各种动物赖以生存的食物和环境不同，它们的栖息地就不同。有的栖息地在炙热的沙漠，有的在严寒的北极圈。各种栖息地的环境相差很大，所以各种动物只能在属于自己的栖息地才能生存。如果把某些生活在淡水中的鱼类放到海里，它们就无法生存了；同样的道理，如果把生活在极地的企鹅移居到沙漠中，它们也会因无法适应沙漠的环境而死亡。动物的栖息地有森林、海洋、雨林、沙漠、草原、山区、极地、沼泽和岛屿等。

极地

南、北极地区是一个酷寒的冰雪世界。冬天特别漫长，长达6个月，常常刮着暴风雪，只有在短暂的夏季，才有一部分冰雪融化。但是在这样酷寒的地方却有不少动物繁衍着。生活在这里的动物都有厚厚的皮毛或羽毛，有些动物身上还长着一层厚厚的脂肪。北极地区面积很大，几乎整年都被冰雪覆盖，但却是鱼、海豹和鲸的栖息地。南极大陆的气候比北极更寒冷，被厚厚的冰雪覆盖，但是在围绕南极大陆的海洋中却群集着企鹅、生长着苔藓。

山区

每一座山从山脚到山顶，气候都会有变化，所以，植物的种类也相应地变化。这样，不同高度生活的动物也就不一样。如在海拔较高的山区生活着雪豹、野牦牛、山猫、猞猁等；在狂风猛烈的山顶附近，生活着各种鹰；在山坡上，生活着羚羊、野驴、蝴蝶等；在山坡下的灌木丛中生活着老虎、黑熊、猴子等动物。

海洋

海洋是全世界最大的生物聚集地，小至浮游生物，大至世界上最大的海底动物蓝鲸，甚至许多至今不为人知的生物都生活在海洋里。不同的海洋深度，生活着不同种类的生物。

A 水蟒

世界上现存最大的蛇类，专门捕食到河边饮食的小动物，它们捕食的方式是先用身体将猎物缠住，等猎物窒息而死后再一口吞进肚子。

亚马逊丛林的生物

小知识

· 动物在雪地中的保护色 ·

北极的很多动物，会随着季节的变化而改变毛皮或羽毛的颜色。

◎雪兔

在夏天的时候毛皮是灰褐色的，到了冬天却变成了与雪地一样的颜色。

◎北极狐

在夏天的时候毛皮是棕色的，到了冬天却变成了白色。

雨 林

雨林地区气候终年炎热潮湿，几乎天天下雨，树木枝叶茂密，孕育了全世界种类最多的植物和动物。由于树木高耸茂密，不同高度的树木生活着不同种类的生物，而大部分的动物是栖息在距离地面约45米高的树顶，那里阳光充足，有采撷不尽的花朵和果实可供食用。雨林地区生活着数量惊人的昆虫、哺乳类、爬行类、鱼类和鸟类等动物。

B 食蚁兽

▶以捕食白蚁和蚂蚁为生，它们的长爪可以将蚁窝撕裂，然后用长的舌头舔食蚂蚁。

D 麝雉

▲长相有点怪异，不擅长飞行，栖息在树上。

C 宽吻鳄

◀专门猎食到河边饮水的小鸟等动物。

朱鹭

宽侧颈龟

电鳗

霓虹脂鲤

胸斧鱼

E 海牛

◀食草性动物，白天潜伏在水里。它们会用强壮的上颚将生长在河底的植物撕碎后食用。

F 水豚

▲体型和猪相似，是世界上最大的啮齿类动物，以植物为食，大部分在河中活动。

G 美洲虎

▲最大的猫科动物，擅长爬树和游泳，常利用身上的斑纹作伪装，悄无声息地接近动物进行攻击。

动物的身体

不论是在冰天雪地的极地，还是在酷热难耐的沙漠，都有生物生活在其中。自然界大约有150多万种动物，从微小的原生动物到庞然大物蓝鲸，都是由细胞构成的。细胞是动物体最基本的结构单位。各种动物为了适应环境，演化出了各种不同的身体构造。动物身体的各系统相互协调，执行不同的生理机能，并接受神经系统的统一指挥，完成了整个生命活动。

动物的眼睛

动物的眼睛是一个奇妙的世界。为了生活，每一种动物的眼睛都能恰到好处地满足其自身生存的需要，发挥着自己的作用。昆虫的眼睛大多不能活动，但蜻蜓、苍蝇的眼睛却能随着颈部自由转动。在鸟类中，鹰的视野十分开阔，观察物体的敏锐程度名列前茅。在1000米的高空俯视地面，鹰能够从许许多多移动的景物中发现田鼠、黄鼠那样的小动物。金雕的眼睛也非常敏锐，它的视网膜上有众多的感光细胞，这使得它们在数百米之外，就能精确地确定出猎物的所在。它们所看到的东西，人却要依赖放大6倍的双筒望远镜才能看到。

金雕

动物的耳朵

动物都长有耳朵，动物的耳朵形状不同、大小不同，但基本功能却是相通的。鱼类有较好的听觉，也能利用声音来传递消息，但鱼类只有内耳，藏在头骨里面。蛇的耳朵和鱼类相似，只有听骨和内耳，所以蛇不能听到空气传播的声音，只能听到地面振动的声音。在非洲草原上有一种大耳狐，因耳朵巨大而得名，它们的耳朵大小几乎是它们身体的一半。大耳狐因为耳郭很大，能够收听到极轻微的声音。

非洲草原的大耳狐

在天气炎热时，大耳朵可以帮助它们散发体内热量，来保持身体凉爽；在捕猎时，大耳朵像雷达一样，能捕捉到猎物细微的声音。

动物的鼻子

动物的鼻子构造不同，作用也不一样。各类动物中数狗的鼻子最灵，狗鼻子能分辨出大约1000多种不同的气味，因此狗的鼻子可以作为探测器；大象的鼻子有坚韧的肌肉可以随意伸缩，是它们生活和工作的帮手。大象在吃食物、喝水的时候，全靠鼻子来帮忙，而且它还能用鼻子吸水，然后喷洒到身上来洗澡。现在，有很多受过训练的亚洲象甚至能帮助人们做各种各样的工作，如用鼻子搬运木材、运送货物等。

▲一头象在河里用鼻子吸水并尽情地浇在身体上。

螳螂的口器

▼单眼

▶上颚十分厉害

▲细长的触角呈鞭状，反应灵敏

动物的嘴

动物的嘴的形状结构各具特点，它们的摄食方式也是不一样的。最低等的原生动物没有牙齿和舌，摄食时，从身上伸出伪足把食物裹起来送入体内形成食物泡。昆虫的摄食器官称为口器，构造复杂，分为5种。蝗虫、蟋蟀的为咀嚼式口器；蚊子的为刺吸式口器；蝶、蛾类的口器叫虹吸式口器；苍蝇的口器叫舐吸式口器；蜜蜂的叫嚼吸式口器。脊椎动物的摄食器官叫嘴，一般是由上下唇、上下颚、舌和牙齿组成。而鸟类没有真正的牙齿，由角质化的喙摄取食物。哺乳动物的牙齿分为门、犬、臼三种。

动物的四肢

自然界的动物有些是没有四肢的，比如：鱼的四肢是鳍，胸鳍是它的前肢，起转换方向的作用，腹鳍是它的后肢，起保持身体平衡的作用；鸟类在漫长的进化过程中，四肢已经有了很大的变化，鸟类的后肢——双腿越来越有力量，而它们的前肢已经演变成可以翱翔天空的翅膀了。

哺乳动物大多具有典型的、发育完备的四肢，能灵活自由地运动与快速地奔跑，如猎豹是动物界的短跑冠军，最高时速可达到每小时110多千米。

◀猎豹快速地追捕猎物——兔子，其奔跑的速度犹如离弦的箭。

小知识

· 哺乳动物的四肢 ·

动物	四肢特征
袋鼠	后肢强壮，长度是前肢的五六倍。
蝙蝠	前肢变成皮膜状的翼，适应空中飞行。
鲸类	前肢变成鳍状，后肢基本消失。

动物的行为

动物的个体或群体在生存过程中，必须不断地摄取食物、饮水、逃避敌害、整理体表和繁殖后代，由此便会产生一系列的固定动作，即动物行为。如果细心观察自然界中的动物，你一定会发现许多有趣的现象。比如：孔雀在繁殖季节会“开屏”；麻雀、家燕等鸟类在繁殖季节会筑巢；大雁南飞时会排成整齐的“人”字形或“一”字形；下雨前蚂蚁会搬家等。

▲为了争夺配偶，雄斑马之间进行激烈地争斗。

攻击行为

▼一只瞪羚招架不住，被对方用角顶撞得四脚朝天。

在动物界中，同种动物个体之间经常会为了争夺食物、配偶、领域或巢区而发生相互攻击或战斗。这种行为叫作攻击行为，也叫争斗行为。同种的不同动物个体之间的斗争有一个重要的特点，就是双方的身体很少受到伤害。如在繁殖季节，雄性瞪羚和雌性瞪羚交配需要领地，因此雄性瞪羚之间常为争夺领地而决斗。它们通过对抗或者用角彼此顶撞来决定胜负，战败者则离开此地去寻找新的领地。到了发情的时候，雄斑马之间会为了争夺伴侣而展开激烈的争斗，它们相互用嘴咬、用脚踢。

繁殖行为

在动物界中，小至蚂蚁，大至狮子，许多动物都有贮存食物的行为。同时，每一种动物都有繁殖行为。与动物繁殖有关的行为，叫作动物的繁殖行为，主要包括雌雄两性动物的识别，占有繁殖的空间，求偶、交配、孵卵以及对子代的哺育等。例如：鸸鹋在孵卵育雏时可以连续50天不吃任何东西，具有惊人的耐饥能力。鸸鹋孵卵工作是由雄鸟承担的，依靠体温孵卵。当小生命孵出后，做父亲的对它们关怀备至。为了保护后代，雄鸟甚至会舍命攻击来犯者，可谓爱子如命。

▼鸸鹋以擅长奔跑而著名，是澳大利亚的特产。

社群行为

繁忙的白蚁群

动物的群体生活，绝不是同种的许多个体简单地聚集在一起，而是群体内的成员有明确的不同职能。如白蚁的群体，就包括雌蚁、雄蚁、工蚁和兵蚁。工蚁有雄性的，也有雌性的，但是都不能生育。工蚁的颚形状正常，它的职能是建筑蚁巢，喂养雌蚁、雄蚁、幼虫和兵蚁；兵蚁的颚往往特别大，可以用来保卫蚁穴和向它的主要敌人——黑蚁示威；雌蚁的专门职能是产卵；雌蚁产下的卵，由工蚁移开并且加以照料。如果雌蚁和雄蚁死亡了，白蚁群中会出现新的雌蚁和雄蚁，继续繁殖后代。

节律行为

几亿年来，动物就生活在这样的环境中，随着地球、月亮、太阳运行的往复，逐渐形成了一些周期性的行为，在一天中、一月中或一年中重复出现。动物的这种周期性出现的行为，叫动物的节律行为。如许多鸟类在冬季来临之前会迁往南方温暖的地区越冬；两栖类、爬行类到冬季都要冬眠；鱼类在冬天则有洄游行为等，这些都属于节律行为。

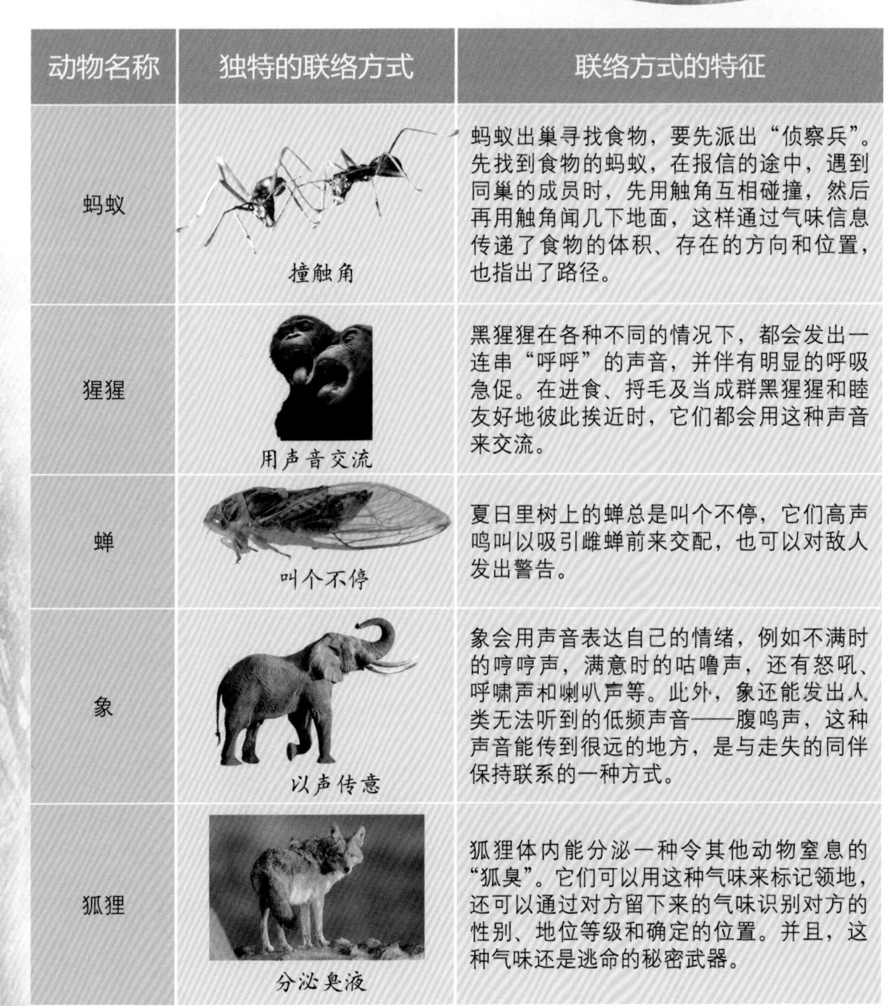

动物名称	独特的联络方式	联络方式的特征
蚂蚁	撞触角	蚂蚁出巢寻找食物，要先派出“侦察兵”。先找到食物的蚂蚁，在报信的途中，遇到同巢的成员时，先用触角互相碰撞，然后再用触角闻几下地面，这样通过气味信息传递了食物的体积、存在的方向和位置，也指出了路径。
猩猩	用声音交流	黑猩猩在各种不同的情况下，都会发出一连串“呼呼”的声音，并伴有明显的呼吸急促。在进食、捋毛及当成群黑猩猩和睦友好地彼此挨近时，它们都会用这种声音来交流。
蝉	叫个不停	夏日里树上的蝉总是叫个不停，它们高声鸣叫以吸引雌蝉前来交配，也可以对敌人发出警告。
象	以声传意	象会用声音表达自己的情绪，例如不满时的哼哼声，满意时的咕噜声，还有怒吼、呼啸声和喇叭声等。此外，象还能发出人类无法听到的低频声音——腹鸣声，这种声音能传到很远的地方，是与走失的同伴保持联系的一种方式。
狐狸	分泌臭液	狐狸体内能分泌一种令其他动物窒息的“狐臭”。它们可以用这种气味来标记领地，还可以通过对方留下来的气味识别对方的性别、地位等级和确定的位置。并且，这种气味还是逃命的秘密武器。

神奇的生存本领

在弱肉强食的动物世界里，每一种动物在与对手的生死搏斗中，总有一套打击对手、保护自己的妙法。有些动物依靠自己身体的优势或独特的“本领”攻击对方。有的是赛跑能手，有的是游泳健将，有的是跳高冠军，还有的是力大无比的大力士。每一种动物都有自己的本领，这样才能在自然界中生存繁衍。

沙漠中的骆驼

耐饥耐渴

沙漠中的动物要想生存下来，必须耐旱、耐高温、有很好的找水本领、抗风沙，同时还要不挑食……行走在沙漠中的骆驼就具有这些特点。它的背部有驼峰，藏着厚厚的脂肪；胃里面有三个室，可以贮水，所以耐饥渴，可以连着好几天不吃不喝。生活在沙漠中的沙蜥，耐渴本领也非常强，它们能通过改变体色来控制体温，从而减少水分的蒸发。

强悍精干

森林中的动物更有一套生存的本领。非洲的热带森林中，有一种眼镜蛇，能射出毒液，远达4米，一些弱小的野兽遭到一次射击就会丧命。虎是典型的森林动物，草木繁茂的树木之间到处都能看到他们的踪迹。虎常常单独活动，它们生性机警又善于游泳，能爬上五六米高的树。虎最精良的攻击武器就是锐利的牙齿和可伸缩的利爪。在捕食时，虎异常凶猛、迅速而果断，它们会以消耗最小的能量来获取尽可能大的收获为原则。

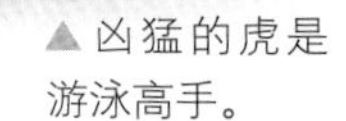

▲ 凶猛的虎是游泳高手。

机敏智慧

动物在进化过程中，身体结构会不断地得到完善，同时，大脑的重量也会不断地增加，智力得到发展。一些高等哺乳动物，常常表现出非凡的才智。黑猩猩是动物界中最聪明的，它们会想办法动脑筋来获取食物。海豚也是一种智慧的动物，它们的智商与黑猩猩不相上下。经过训练的海豚能算10以内的加减法，还能开船，甚至能携带炸药去炸毁敌人的军舰。

▲ 黑猩猩是动物界的智叟，它们会用石块砸开坚果的外壳，用树枝、石块作为进攻的武器，用树叶擦去身上的泥土或粘在嘴上的食物。

◀雄狮美丽的狮鬣是它们打斗过程中有效的威慑工具。

◀体格强壮的非洲狮，被誉为“百兽之王”。

非洲狮群

▼栖息于多草的平原和开阔的稀树草原。

▼黄褐色的皮毛同草原背景浑然一体。

团队作战

许多动物都喜欢群居生活。对于这些动物来说，群体生活有很多优势。蚂蚁虽小，但它们群体行动时，却能够消灭比它们体积大得多的动物。有很多这样的情况，蚂蚁把完整的猎物运送到蚁巢口，然后它们再齐心协力地将猎物弄碎了，搬进巢穴。还有非洲狮也有极强的群体意识，与其他动物不同的是，同一狮群的雄狮和雌狮权利平等。它们虽然分工不同，但大部分时间和睦相处，只有在分配猎物时，雄狮才会表现出更强的主导地位。

耐寒善攀登

山区海拔较高，气候寒冷，且悬崖陡峭，但是有不少耐寒善攀登的动物生活在这里。如岩羊、绵羊、雪豹、野牦牛等。岩羊栖息在海拔2000～6300米的高山岩石地带。受惊时能在乱石间迅速跳跃，且能登上陡峭的山崖，其攀崖本领没有任何动物可比。雪豹号称“高山之王”，终年栖息在雪线附近，是食肉动物中栖息地海拔高度最高的一种。雪豹四肢健壮，行动敏捷，身上长着厚厚的绒毛，这使它们在寒冷的冬天也不会被冻伤。

▲为了抵御寒冷，企鹅会几千只紧靠在一起，头部面向中央围成一圈，处在中心的企鹅会一个接一个地渐渐向外移动，以便让外面的企鹅进到中间来取暖。

抗寒耐冻

在地球的南北极，生活的植物很少，可是，这里却生活着各种各样的动物。企鹅就是其中的一种动物。企鹅身体表面覆盖着密密的羽毛，非常保暖。羽毛的双层结构形成一个很好的保护层，既能抵御大风的袭击，又保护了皮肤免受冰尖的刺伤。北极熊全身披着又厚又白的长毛，一直延伸到脚底下，犹如一件华美的长袍。脚下的皮毛既可以防止它们的脚冻结到冰面上，又可以使它们在溜滑的冰面上行走而不摔跤。

巧妙抗敌的技巧

动物在与自然界和其他生物的相互争斗中，学会了许多自卫的本领。为了生存的需要，无论食肉动物，还是食草动物，都需有一种独特的拒敌办法，从而适应生存环境，传下优良的品种，保持同类生命的延续。在弱肉强食的动物世界里，每一种动物在与对手的生死搏斗中，总有一套打击对手、保护自己的妙法。

施放烟幕和放电

乌贼肚子里的墨汁是保护自己的武器，一旦有凶猛的敌害来袭，乌贼就立刻从墨囊里喷出一股墨汁，把周围的海水染成黑色，在这黑色烟幕的掩护下，它们便逃之夭夭了。海洋里的某些鱼类，防卫的技术更是高超，它们遇到敌害，能放出电流来击伤对方，如电鳐放出的电可达200伏，电鲶放出的电可达350伏，而电鳗放出的电竟可达600～800伏！

电鳐

▲放电器官

▲突起的侧线，能感知身边的温度、磁场和电场强度。

▲嘴里长有许多锋利的牙齿。

▲在冬天，雷鸟毛皮的颜色由棕色变成了白色。

形形色色的动物保护色

动物适应栖息环境而具有的与环境色彩相似的体色叫保护色。变色龙是自然界中当之无愧的“伪装高手”，为了逃避天敌的侵犯和接近自己的猎物，它们常在人们不经意间改变身体的颜色。沙漠里的动物，大多数都有微黄的“沙漠色”作为它们的特征。相反的，生活在雪地上的动物，可怕的北极熊也好，不伤人的海燕也好，四季变色的雷鸟也好，在冬季它们的羽毛都变成了白色，它们在雪的背景上很难被发现。

形式多样的动物拟态

拟态是某些生物的外表形状或色泽斑与其他生物或非生物异常相似的状态，采用拟态行为的多是些较为弱小的动物。竹节虫栖息在树枝或竹枝上时，活像一根枯枝或枯竹，很难分辨。竹节虫就是用这种以假乱真的本领，使自己逃过敌害的。枯叶蝶看上去就像是一片枯叶，有叶脉状的翅脉，翅膀上的斑点就像枯叶上的菌类斑点。它们常栖息于枯叶中，让别的动物真假难辨。

▲像树枝一样的竹节虫，身体的颜色与树枝颜色相近。

竹节虫

擅长取食的妙法

不同的动物会采用不同的方式来取食。取食活动包括获得食物和处理食物有关的活动，有些动物靠积极的猎狩获取食物，另一些动物则采取等待和伏击的方法获取食物。在大自然这个广阔的舞台上，各种各样的动物以其杰出的才干演出了一幕幕有趣、紧张的活剧。

鱼水并吞的鹈鹕

鹈鹕的捕食方式非常奇特。从山崖上起飞后，鹈鹕先会在距海面不远的空中向海里侦察。一旦发现猎物，鹈鹕就收拢宽大的翅膀，从15米高的空中像炮弹一样直射进水里抓捕猎物。鹈鹕有一张又长又大的嘴巴，嘴巴下面还有一个大大的喉囊。当它捕到猎物的时候，大嘴和喉囊里装满了海水。如果成群的鹈鹕发现鱼群，它们便会排成直线或半圆形进行包抄，把鱼群赶向河岸水浅的地方，这时张开大嘴，凫水前进，连鱼带水都成了它的囊中之物，再闭上嘴巴，收缩喉囊把水挤出来，鲜美的鱼儿便吞入腹中，美餐一顿。

斑嘴鹈鹕

高空好猎手——游隼

游隼号称“高空猎手”，它生活于沿海地区。一旦发现猎物在下方，它就会用脚掌猛击猎物的头部或背部，使猎物昏倒，并从空中掉下来。这时，游隼就在半空把猎物抓起，然后落地吃掉。游隼体格强健，飞行速度很快，它的俯冲速度，每秒可达80～100米。它们在很高的空中飞行时，一旦看到猎物，会像闪电般地俯冲下来，以锋利的双爪捕杀猎物。它在8000米外，就能发现鸽子的踪影。

游隼

虎鲸

食量惊人的虎鲸

虎鲸猎食的对象主要是各种海洋兽类，凭着它每小时55千米、在追扑猎物时还可加快一倍的游泳速度，不管海洋中什么动物，只要被它发现就难逃虎口，小到鱼、虾、海鸟，大到鲨鱼、海象，甚至大型鲸类都是它捕食的对象。虎鲸在捕食的时候还会使用诡计，它先将腹部朝上，一动不动地漂浮在海面上，很像一具死尸，而当乌贼、海鸟、海兽等接近它的时候，就突然翻过身来，张开大嘴把它们吃掉。

求偶有方的动物

▲琴鸟展开美丽的尾巴炫耀着。

在动物世界中，爱情也是神圣的象征。为了获得爱情，动物也要进行一系列的求偶行为。它们的求偶行为形式多样，或是向异性炫耀自己的美丽，或是为异性跳优美的舞蹈，或是唱起动听的情歌。

美妙的舞姿

在五彩缤纷的动物世界里，求爱的方式多种多样，有些动物是用舞姿来吸引异性的。琴鸟求爱时，雄琴鸟会用优美的舞姿、动听的歌声向雌鸟求爱，一会儿跳到地面展开美丽的尾羽，反复表演，一会儿引吭高歌，直到雌鸟来临。孔雀的羽毛很漂亮，雄孔雀在求偶时会展开羽毛，变成一把金光闪闪的扇子，在高潮的时候还会发出嘎嘎的响声并翩翩起舞。雄鹤是最深情的求爱者，它们在求偶过程中会用美妙的舞蹈来打动雌鹤。

◀座头鲸唱起了求偶之歌。

求偶之歌

在所有的动物中，已知最为精妙杰出的求偶炫耀行为可能是座头鲸的歌声。每只座头鲸都唱着它们自己的特殊歌曲，这种歌是由一系列的长音符组成的，而且能不停地重复演唱下去。座头鲸的歌声非常洪亮，旋律奇异而美妙。

武力决斗的动物

哺乳动物也有自己吸引异性的方式，只不过他们的行为会稍微野蛮一些。如大熊猫，一只发情的雌熊猫，往往会引发数只雄性大熊猫的争斗。最后，最厉害的大熊猫将得到雌熊猫，并与之携手而归。象体积庞大，处于发情期的象总是通过激烈的搏斗来赢得雌象的芳心。象搏斗的时候用象牙做武器，庞大的身躯互相抵触，扇动着大耳朵，并发出大声的吼叫，直到一方落败。

搏斗中的象

小知识

· 求偶大集锦 ·

- 海龟平时性情温和，但是到了繁殖期，它们都会争先恐后地寻找伴侣，先到先得。
- 雌蛾的求偶方式别具一格，它们能分泌性外激素，从而能把遥远的雄蛾招引过来交尾。

育儿奇特的动物

人类的亲情被视为是世界上最崇高、无私的爱，是人类生命延续的根本。其实，在动物界中也不乏亲情，它们对自己的孩子像人类一样呵护有加。在动物世界中，雄性和雌性在家庭生活中的表现多种多样，有的对家庭漠不关心，有的会共同哺育孩子，有的则完全由一方哺育。动物们用自己独有的方式养育着子女，用自己独有的方式让子女感受着它们的爱。

游戏中学本领

游戏会使小动物们变得聪明，聪明的动物"父母们"深深地认识到了这一点。河狸父母常通过游戏教会小河狸各种本领。夏末秋初的时候，小河狸们会跟着父母到河里。这时候，它们的父母开始忙着积累食物，并"砍伐"树木来建造堤坝和修筑过冬的房屋。小河狸们就会像做游戏似的，跟着咬断小树枝，一起搬运石块。通过这些活动，小河狸们就逐渐学会了成年河狸所必备的各种技能。幼鬣狗出生后不久就会厮打，在厮打中，幼鬣狗慢慢懂得敏捷地躲闪和巧妙地进攻的本领，这为长大后的捕食奠定了良好的基础。

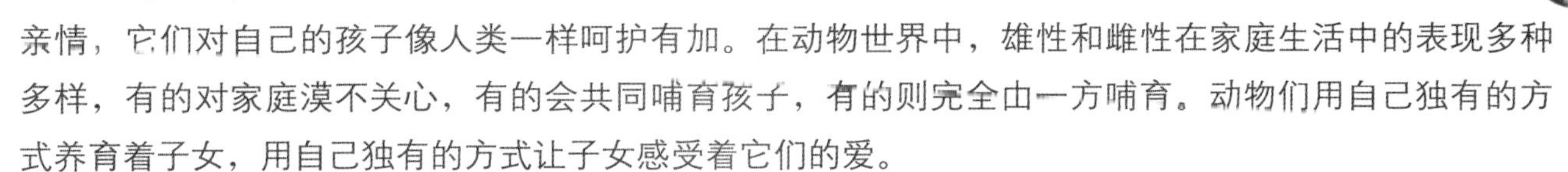

实战中增长"才干"

动物不光用游戏进行"儿童教育"，还常常让子女参加实战演习。狮子就是这样教育后代的。有时，母狮发现了羚羊等猎物后，就会不失时机地为孩子们安排一场实战，由它自己打头阵，用前脚把羚羊的后腿踢开，使对方倒在地上；紧接着，母狮便牢牢地咬住羚羊的咽喉，唆使孩子们一拥而上，轮番向羚羊的咽喉和脑袋猛扑过去。就这样，小狮子就逐渐学会了猎取食物。浣熊妈妈也是通过实践训练来教育小浣熊的，浣熊妈妈会用脚在浅水里踏一个坑，将鱼赶进去，然后捉鱼吃，小浣熊就是这样学会捕猎的。小猎豹们常常互相追击、打斗，以此来学习捕猎的技巧，锻炼自己的力量。每当妈妈捕猎时，小猎豹就跟在后面观望和学习。就这样，小猎豹在捕食的实践活动中慢慢学会了生存的本领。

小知识

·胃中孵卵·

胃蛙是一种生活在澳大利亚的小青蛙，它们的生育方式非常奇特。生殖时，雌蛙产卵于水中，当卵受精后，再把受精卵全部吞进胃里。不久，蛙卵便在胃内孵化成蝌蚪，并变为幼蛙。约经过八个星期，雌蛙张开大嘴，把幼蛙从胃中吐出。这些新生幼蛙跳出母蛙嘴后，一般都在母体周围活动，待稍大些后才自由行动。

▼在实践中，小猎豹学会了捕猎的本领。

蛰伏贪睡的动物

冬眠也叫“冬蛰”。每当气候渐渐变冷，食物缺乏的时候，许多动物就会进入冬眠状态，调整机体，减少机体新陈代谢，从而适应变化的内外环境。所以，冬眠现象是动物生存斗争中对不良环境适应的一种方法。蝙蝠、刺猬、极地松鼠、蛇、蜗牛等都有冬眠习惯。冬眠，是变温动物避开食物匮乏的寒冷冬天的一个“法宝”。

倒挂冬眠的动物

蝙蝠能像鸟一样飞，但却不是鸟，而是哺乳动物。因其指的末端有爪，休息时它们会用爪钩住树枝、屋檐等地方，倒挂着睡，即使冬眠时也不例外。蝙蝠冬眠时睡得不深，在冬眠期间还会排泄和进食。生活在南美洲热带森林里的树懒，是一种以懒惰出了名的树上哺乳动物。它们冬眠时，倒挂在树上，不吃也不喝。

▲ 树懒常挂在树上一动不动，不冬眠的时候一天也要睡上20个小时。

冬眠产仔的黑熊

黑熊在每年的 9 月中旬到 11 月，便开始大喝大吃，吃饱喝足后便躲进干燥的树洞或岩洞开始冬眠。每年的 11 月到第二年的 3 月是黑熊的冬眠期。在此期间，黑熊可以不吃不喝，但每隔一定时间，它得到外面晒晒太阳以抵抗寒冷。更让人感到奇怪的是雌黑熊在冬眠中，大雪覆盖着身体。一旦醒来，它的身旁就会躺着一两只天真活泼的小熊。原来，雌黑熊在冬眠时，还担负起哺育幼仔的重任。

在外面晒太阳的黑熊

▶ 幼熊常常在自家的领地上嗅来嗅去，以熟悉环境。

小知识

· 冬眠趣事 ·

不同的物种，它的冬眠形式是不一样的。各种不同种类的动物，会演绎出各具特色的冬眠景象。蜗牛不仅冬眠，还要夏眠，每当高温干旱季节，它们就会躲起来避暑。冬眠和夏眠时，蜗牛会用自身的黏液把壳密封起来。一种分布于欧洲的睡鼠，一年中有七个月在冬眠。冬眠中，呼吸几乎停止，身体变得僵硬。

集体冬眠

每当冬季气温降到7～8℃的时候，蛇就开始冬眠了。因为蛇是冷血动物，它们身体的温度会随外界温度的下降而下降，因此，冬眠时，往往有几十条或成百条同种或不同种的蛇群集在一起。这样可以使得周围的温度增高1～2℃，还可以减少水分的散失，降低体内能量的消耗，减少死亡。科学家研究发现，散居冬眠的蛇类死亡率高达1/3到2/3。

互助互惠的好朋友

互相帮助是一种优良品格，只有互相帮助，我们的生活才会变得更加美好。不仅人类社会是这样，动物世界也是这样。动物之间不光有生存竞争，还有互惠互助。两种完全不同的动物能生活在一起，其中一方受益较多，另一方受益较少，或者不受益，它们结成了互助互惠的好朋友。

▲在抹香鲸的身边常游着各种各样的小鱼，这些小鱼既能不费力气地随着抹香鲸在海洋中游荡，又可以从抹香鲸的身上找到食物——寄生虫和长在抹香鲸身体表面的植物。

异类之间互助互惠

不同种类的动物之间，常常会有互相帮助的情景。非洲有一种犀牛鸟，常在犀牛身上啄食扁虱和各种寄生虫，这种行为既有利于自己，同时也能帮助犀牛免于病患。鳄鱼和千鸟也是一对好朋友。淘气的千鸟甚至能钻到鳄鱼的血盆大口里。原来，千鸟能在鳄鱼嘴里找到水蛭吃，免除了鳄鱼受小虫、水蛭叮咬之苦。同时，千鸟还是鳄鱼的哨兵。千鸟非常机灵，只要听到异常动静，便会喧噪不停，这样就会惊醒睡梦中的鳄鱼，鳄鱼立刻沉到水下去，避免意外伤害。

▲千鸟从鳄鱼那里获得了食物，而鳄鱼也拥有了一个“保健医生”。

同类之间互助互惠

动物的互惠互助在同类中表现更为明显。如鸭子相互用喙梳理羽毛；受伤的小鹿被驮回同类的舍内养护等。在炎热的天气里，大量的蚊蝇会袭击马匹。马匹在牧场中一般都成双结对站在一起，而且是头部靠着尾巴。这对抵御苍蝇、牛虻和蚊虫的叮咬很有帮助。每匹马摇摆尾巴时，不仅能驱散自己后身和腹部的蚊蝇，而且也可以照顾到另一匹马的头颈部位。

互助的朋友

动物	关系	互惠互助
向导鱼和鲨鱼	向导鱼如影随形地跟随着鲨鱼。	鲨鱼经常赏赐食物给向导鱼且遇危险时，用自己的嘴做向导鱼的避难所。向导鱼则帮助大鲨鱼清洁皮肤，除去它们身上的脏东西。
寄居蟹和海葵	寄居蟹携带海葵在海底旅行。	海葵成了寄居蟹的门卫，寄居蟹则背着行动困难的海葵，四处觅食。
石斑鱼和隆头清洁鱼	隆头清洁鱼常到石斑鱼嘴里去吃寄生虫。	隆头清洁鱼得到了美味佳肴，而石斑鱼免除了病痛。

动物界的建筑师

摩天大楼、海底隧道、空中旅馆……当人们为那些才华横溢的建筑设计师们所折服、感叹时，很难有人会想到微不足道的小动物们。其实，它们中间不乏具有非凡天分的建筑师，它们创造的杰作往往成为了人类建筑设计师不断创新的源泉。动物建筑师们不需要挖土机或运土的卡车——它们自己亲自动手，构筑家园！动物们的家各式各样，有的精致、有的简单、有的巨大、有的小巧。

高超的设计大师

蜜蜂堪称动物界的设计大师，设计建造的蜂巢以其精巧的结构让人类称奇。蜂巢完全是用蜂蜡搭建成的，几乎所有的蜂巢都是由几千甚至数万间蜂房组成的，这些蜂房是用来储存食物的，所以我们称它为蜂窝。一个一般规模的蜂群会储存足量的蜂蜜来过冬，同时，每年都会有成千上万只蜜蜂幼虫在这些由蜂蜡建成的“托儿所”里慢慢长大。更让人惊奇的是，蜜蜂具有超快的建筑速度，一个蜂群在一昼夜内就能盖起数以千计的蜂房。

▲ 每排蜂房互相平行排列并相互嵌接，组成了精密无比的蜂巢。

▼ 顶端的漏孔用来换气。

优秀的纺织工

织布鸟是动物界最优秀的纺织工。因为织布鸟经常要以精巧而漂亮的巢作为追求“心上人”的“砝码”，所以在繁殖期间，为了能得到心上人的赞许，雄织布鸟便会开始一段编织吊巢的艰辛历程。它们先选好树枝，然后用植物纤维的一端紧紧地系在树枝上，用嘴来回编织，织成坚实的巢颈。然后由巢颈往下织，密封巢顶，中间形成空心的巢室，并将巢的入口留在底部，这样既能防风遮雨，又能挡住灼热的阳光，还能抵御其他敌害的攻击。

筑坝工程师

河狸是富有经验的建筑师。当河狸移居到一条新的河流时，它们首先要做的事情便是筑一条水坝。水坝堵住水流，就形成一个池塘。在池塘中间，河狸开始建造自己的巢穴。河狸的巢室一般有两个或更多的进出口隧道，入口处都在水下。巢室的最上面是河狸的卧室，靠近水边是河狸的餐厅。如果四面环水，河狸会在水底堆起树枝和树皮等，建成高出水面二三米的水中小岛。这种小岛也有进出的通道和“起居室”，入口都是在水下面。

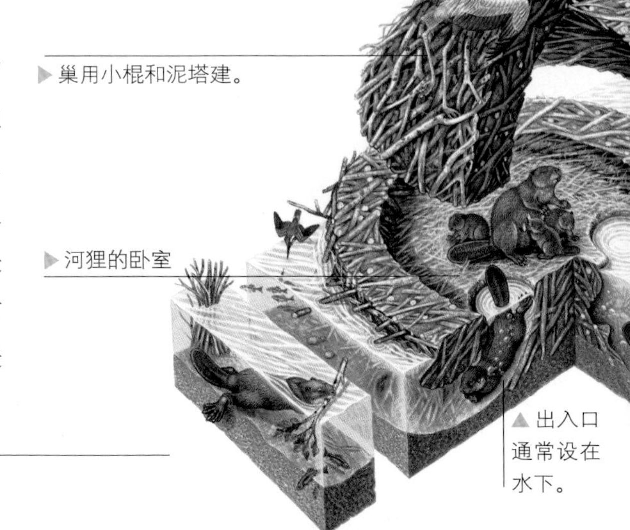
▶ 巢用小棍和泥塔建。

▶ 河狸的卧室

▲ 出入口通常设在水下。

唾液筑窝巢

金丝燕到了繁殖季节就会双双对对组成家庭，共筑燕窝。与众不同的是，燕窝是金丝燕用唾液和海藻等胶结而成的。这些直径15～20厘米大小的巢，既是金丝燕呕心沥血的结晶，还是珍贵的佳肴，又是名贵的药材。金丝燕的窝一般筑在岩壁上，筑巢开始时，金丝燕夫妇会把嘴里的一些黏液吐到岩壁上去，经过无数次的吐抹，一层层地逐渐形成一个肘托形的巢，外观犹如一只白色的透明杯子，窝内不用任何铺垫，雌燕便在这里安心哺育后代了。

金丝燕

▼用草茎把叶柄紧紧地系稳在树枝上。

灵巧的缝叶莺

每年的4～8月间，成家后的缝叶莺为了给儿女们一个舒适安稳的家，便开始忙碌了。它们首先选择一两片结实的芭蕉、香蕉之类的叶片，用缝针一样的嘴，把叶子合卷，并在叶子的边缘用嘴钻些小孔，然后用一些植物纤维、野蚕丝穿过去，一针一针地把叶片缝成一个像口袋一样的窝巢。它们通常把窝巢做成有一定的倾斜度，这样可以防止雨水淋进巢内。巢缝好后，它们会四处寻找一些细草、植物纤维、羽毛等较柔软的材料，铺设成一个温暖舒适的家，然后在里面产卵孵卵，养育儿女。

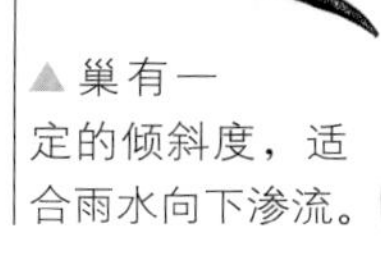

缝叶莺牢固精致的“家”

▲巢有一定的倾斜度，适合雨水向下渗流。

▼拦河大坝

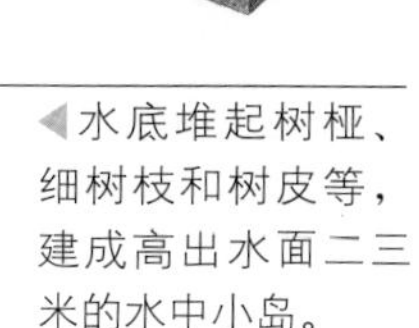

◀水底堆起树桠、细树枝和树皮等，建成高出水面二三米的水中小岛。

你知道吗？

【各·种·各·样·的·鸟·巢】

鸟类是建筑巢穴的能工巧匠，它们的巢大都非常精巧，但又各有特色。

A.狭窄的巢

●长尾山雀的巢由蜘蛛网、苔藓和动物皮毛建造而成，非常精致舒适，但很小，只有18厘米长。

B.羽毛筑的巢

●红尾鸲常收集其他鸟脱落的羽毛筑巢，这种材料筑成的巢非常保温。

C.苔藓和地衣筑的巢

●苍头燕雀筑巢时，用苔藓、地衣和草做成杯状巢，里面铺上一层羽毛和动物毛发。

D.坚硬的巢

●歌鸫的巢里面敷着一层泥土，这层泥土实际上是用泥土、鸟的唾液和动物排泄物合成的，当泥土干燥后，巢就非常坚硬了。

人类的好帮手

在整个人类发展过程中，动物与人类的关系极为密切。动物除了给人类提供衣食外，有的动物可以当人类的交通工具，如马、骆驼、雪橇狗、驴、牛等；有的动物经过训练后能帮助人类放牧，如鸵鸟等；还有的动物经过训练后能帮助人类破案，如警犬、海豚等。随着人类对自然的认识和生活需求的改变，许多动物的作用也已经发生了变化，越来越多的人将动物作为伴侣。

能干的陆地帮手

陆地上有很多动物，是人类的帮手，为人类解决了很多难题。比如：蚯蚓。蚯蚓经常在地下钻洞，他们会把土壤翻得疏松，使水分和肥料易于进入而提高土壤的肥力，有利于植物的生长。美国警方训练出一种老鼠侦探，它对爆炸物品有特别灵敏的嗅觉。把它放在海关桌上的小铁笼内，当旅客过关时，如有人携带爆炸物品，它会不停地跳跃，发出警报。把它放到飞机、汽车和轮船上，它会在货物的缝隙里寻找恐怖分子放的易爆品和定时炸弹。

正在松土的蚯蚓

除害飞行家

空中也有很多人类的帮手。每当夏秋之际，雨前雨后，常常能够看到蜻蜓。蜻蜓是脑袋较大的昆虫，它动作灵敏，飞翔能力很强。蜻蜓有一对异常发达的大复眼，所以视力比较发达，在疾飞中，能正确清晰地看到9米以外并处于活动状态的昆虫。蜻蜓是昆虫世界中最出色的“飞行家”，可以连续飞行一小时不着陆。它们专门捕食各种小型蛾类、浮尘子、蝇、蚊等昆虫。一只蜻蜓一小时能吃20只苍蝇或840只蚊子。因此我们把蜻蜓称为“除害飞行家”。

除害飞行家——蜻蜓

小知识

·救人的小猪·

美国一头名叫“普里斯希拉”的母猪，不久前因救活主人家一个溺水男孩而获得勋章。当时，小孩不慎落入湖水中，恰好被他们家的猪看见了。猪奋不顾身地跳下了湖水，小孩紧紧抓住这头猪，猪从容不迫地把孩子从湖中心拖到了岸边。

聪明的森林帮手

啄木鸟吃树木里的甲虫、毛虫、天牛、蜘蛛、蚂蚁等害虫，据统计，树木中过冬的害虫，有95%都将被啄木鸟消灭，所以啄木鸟被誉为“森林医生”。啄木鸟的除害本领与它们的身体构造密切相关。啄木鸟在树上攀爬和用嘴敲击时，尾巴是个坚强的支柱。像听诊器一样的钢嘴，通过敲树作声，能准确地巡捕到蛀虫。细长而柔软的舌头非常特殊，好像装有弹簧一样能伸能缩，能伸出口外达14厘米。舌尖上能分泌黏液，并且还生有锋利的倒钩，连钩带粘，不管在树干里隐藏有多么深的害虫也休想逃脱。

庄稼保护者

青蛙的主要食物是蛾、蚊、蝇及稻飞虱等农业害虫，因此被誉为庄稼的保护者。青蛙头的两侧有一对圆而突出的眼睛，视觉很敏锐，能迅速发现飞动的虫子。青蛙口内有一个能活动的舌，舌根生在下颌前端，舌尖分叉。捕食时，舌迅速翻射出口外，粘住小虫，卷入口中，常常是百发百中。青蛙的前肢较短，后肢发达，趾间有蹼，善于跳跃和游泳。青蛙平时栖息在稻田、池塘、水沟或河流沿岸的草丛中，有时也潜伏在水中。一般在夜晚捕食。

你知道吗？

【捕·鼠·能·手】

野鼠虽然小，但却是糟蹋粮食的害兽。一只野鼠一个夏天要糟蹋粮食1千克，幸好自然界中有猫头鹰、黄鼠狼等捕鼠能手。

A.猫头鹰

● 一只猫头鹰在一个夏天能捕上千只野鼠。即一个夏天，一只猫头鹰为人类保护1000千克粮食，抵得上三个人一年的口粮。

B.黄鼠狼

● 黄鼠狼的食物，主要是鼠类，善于捕捉小鼠、家鼠等。它们昼伏夜出，穿行草丛，行动迅速而且会游泳。

认识植物

植物与动物最大的区别是自身不能移动，而且植物含有叶绿素，能进行光合作用，并以此获得养分。不过最简单的植物和低等动物很难区分。在植物学家的严格界定下，植物的广义概念包括所有非动物的生物；狭义的植物只包括苔藓类、蕨类、裸子植物和被子植物，共有50多万种。不过讲到植物时，人们通常也会把藻类和真菌类放在植物的范围内进行介绍。

真核生物

植物是最主要的自养生物，它们利用光能制造食物，所以植物也称为光能自养生物，而且是现在地球上最重要的自养生物，它们是地球上营养物质的主要生产者，也是地球上氧气的主要来源。虽然植物和某些细菌都是自养生物，但是它们的细胞结构却不相同。细菌的细胞结构十分简单，没有真正的细胞核，也没有多种多样的细胞器。我们把这样的细胞称为原核细胞，把这样的生物称为原核生物。植物的细胞里除了有各种细胞器外，还有一个真正的细胞核，所以植物属于真核生物。

▼进行光合作用的叶绿体

◀细胞膜

◀细胞壁

◀细胞核

◀液泡中充满了细胞液

◀线粒体

植物细胞的结构

藻　类

藻类是一个非常庞大的集群。所有藻类体内都含有叶绿素，能够像高等植物一样进行光合作用；所有藻类都自养生活，藻体中的所有细胞都参与生殖作用等。藻类下面又分为：蓝藻门、红藻门、硅藻门、黄藻门、褐藻门、绿藻门等。蓝藻门植物是最简单的植物，也是历史上最古老的植物。红藻门是藻类植物的另一大门类。硅藻门植物是单细胞植物，非常微小，在显微镜下看，颜色呈棕黄色。黄藻门植物通常呈黄绿色，大多为淡水藻类，以附生为主，浮游的种类不多。褐藻门植物是一种进化程度较高的藻类植物，通常呈橄榄黄色或深褐色。

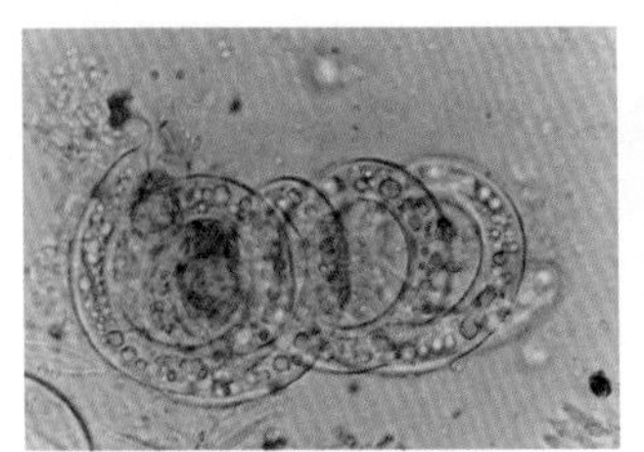

▲蓝藻门螺旋藻

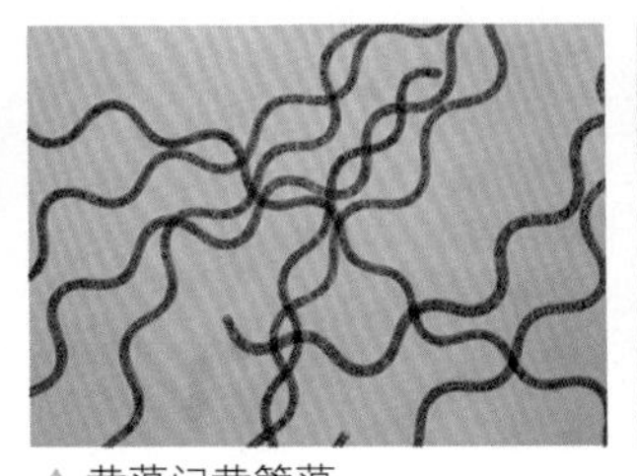

▲黄藻门黄管藻

▲红藻门麒麟菜

▲褐藻门裙带菜

苔藓植物

苔藓植物起源于绿藻，它是一群小型多细胞的绿色植物，多生长在阴湿的环境中，苔藓植物在全世界约有2.3万种。苔藓植物的植物体简单，较为原始的种类和藻类植物相似，为扁平的叶状体；较为进化的种类有茎、叶的分化，此外还有假根。

地钱在苔藓植物中属于苔类。

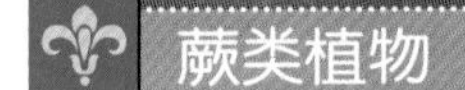

蕨类植物

蕨类植物是具有根、茎、叶等营养器官、以孢子繁殖、植物体内有维管组织的陆生植物。蕨类植物是介于苔藓植物和种子植物之间的一个大类群，有根、茎、叶的分化，依靠孢子繁殖。现今地球上生长的蕨类约有1.2万种。蕨类植物的植物体更加完善，根的出现是对陆地环境的进一步适应。同时蕨类植物体内还出现了维管系统，这对蕨类植物能形成高大的植物体有重要的意义。

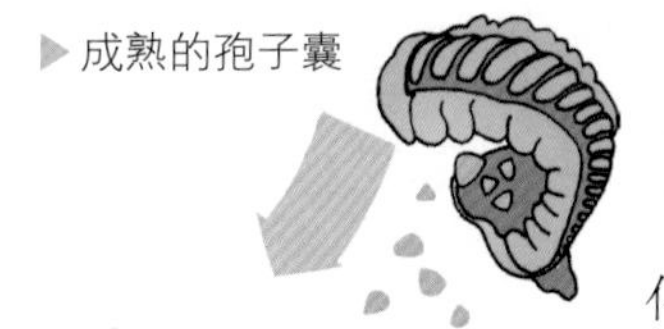

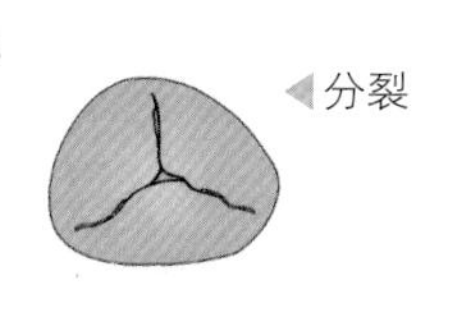

蕨类植物的繁殖图

珍贵的裸子植物

裸子植物是具有裸露种子的植物，种子由胚珠发育而成，胚珠呈裸露状态，外面没有心皮的包被，因此叫裸子植物。裸子植物很多形状比较进化，但是种类却比较稀少，目前全世界只有800种左右，这是因为裸子植物的孢子体过于发达，而且寿命又长，演化又慢，难以适应动荡变幻的环境的结果。中国是裸子植物种类和资源最为丰富的国家，全世界有裸子植物800多种，中国就有将近300种。

被子植物

被子植物是最高等的植物，器官与系统在植物界中也进化得最为完善，而且与人类的关系也非常密切。典型的被子植物，是由地上部分的茎、叶、花、果实、种子和地下部分的根所组成的。庞大的根系深扎在地下，吸收地下的水分和无机盐，固持着地上的株体。茎、叶、花、果实、种子各司其职，使植物体能够进行正常的生命活动。

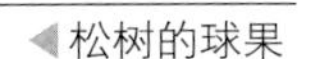

松树的球果

恐龙同时代的植物——苏铁

植物的生命六要素

一株完整的被子植物是由根、茎、叶、花、果实和种子6个部分构成的。其中，根有固定、吸收水分和无机盐的作用，它是植物的命脉；茎有支撑、向下运输营养物质、向上运输水和无机盐的作用，是植物的养料运输官；叶有制造有机物、与外界进行气体交换的作用，是植物的营养加工厂；花可以产生卵细胞、精子、种子，是植物成熟的标志；果实有保护种子的作用；而种子有繁殖的作用。对于任何一株被子植物，这六要素都是缺一不可的。

植物的命脉——根

在植物的生命体中，根生长在最下边，默默无闻地担负着固定植株、吸收水分和无机盐的重任。此外，根系还有合成和转化有机物的能力，可以有效地改善土壤的结构，为植物的生长创造良好的土壤环境。根的大部分是由皮层和薄壁组织组成。粗壮的根很像木本植物的枝干，而细小的根只被一层胚根表皮包裹着，表皮细胞可以生发出根毛。根的内部是中央柱体，里面有木质部和韧皮部的维管组织。

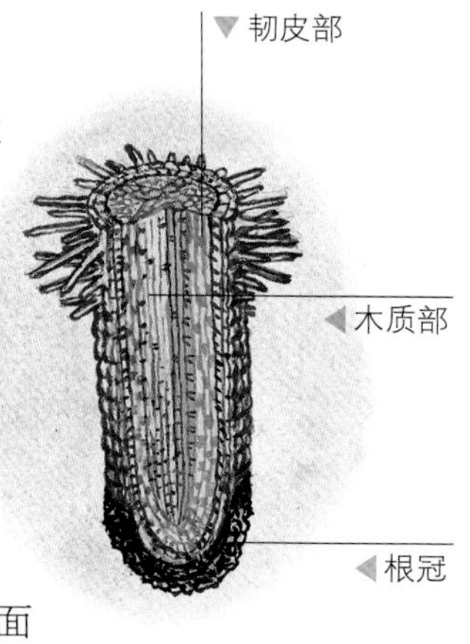

根

植物的养料运输官——茎

植物外观最显著的部分是茎。有些植物的茎可高达几十米，低矮的小草茎却仅有几厘米高。茎在植物的一生中，不仅支撑着植株全身的叶子、花朵和果实，还承担着植物体内重要的运输任务。根、芽、叶、花全和植物的茎相连。虽然植物的茎不一定都长得挺拔笔直，但它却跟人体的脊椎骨一样，把植物的各个部分连成了一个整体。茎处于植物体的中央部位，它把根从土壤中吸收的水分和无机盐，输送给叶子，再把叶子通过光合作用制成的营养物质输送到根部和其他部位，使植物健康地生长、开花、结果。

你知道吗？

【变·态·茎】

一些植物的茎在长期适应环境的过程中，发展出了形态很奇怪的茎，称为变态茎。变态茎又分为地上变态茎和地下变态茎两大类。地下变态茎又分为块茎和根状茎。

A.马铃薯块茎

●马铃薯的茎呈块状，里边储藏着大量的淀粉，因此这种茎又称储藏茎。

B.姜的根状茎

●许多植物通过根状茎的生长而扩大。根状茎长入土壤中并可出芽，由此长出地面上的新茎。

C.葡萄的茎卷须

●攀缘植物赖以支持的茎卷须是长线状器官。它们由植物伸出，缠绕所接触到的任何物体。

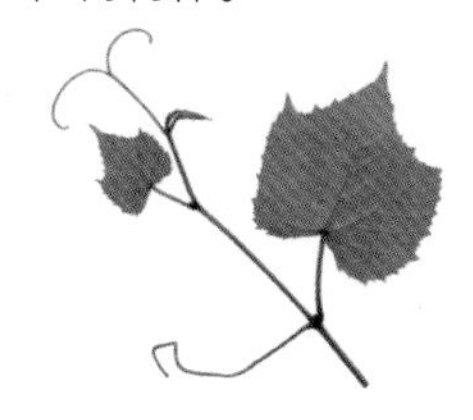

植物的营养加工厂——叶

植物的叶子工作十分繁重。它们通过光合作用为植物制造养料，还要帮助植物体对付一些严重问题，譬如：怎么度过严寒、怎么获得足够的水分。各种植物的叶子都是由叶片、叶柄和托叶构成的。完整含有叶片、叶柄和托叶的叶子称完全叶。有些植物的叶子没有托叶，有些植物的叶子没有叶柄，也有个别的植物没有叶片。

成熟的标志——花

花是被子植物繁衍后代的生殖器官，无论大小、形状和颜色如何，它是由花萼、花冠、雄蕊和雌蕊组成，雄蕊和雌蕊是繁殖器官，而花萼、花冠是用来保护它们并吸引利于繁殖的昆虫。花的颜色五颜六色。花朵的艳丽色彩，芬芳香味，都有着神圣的使命——招引昆虫前来授花粉，结出果实，传宗接代。

植物的奉献——果实

植物的果实是被子植物的雌蕊经过传粉受精，由子房或花的其他部分发育而成的器官。果实一般包括果皮和种子两部分，起传播与繁殖的作用。我们所见的果实一般都生长在地面以上，但是也有生长在地下的果实，如花生。植物的果实可分为：荚果、蒴果、瘦果、坚果、核果、浆果等。果实可以是肉质、多汁的，也可以是坚硬少水的。

孕育的生命——种子

种子是裸子植物和被子植物特有的繁殖体，它由卵受精形成的，含有一个胚，是植株的开始。它们还储备了植物早期生长所需的全部养料。养料通常贮藏在称为胚乳的组织中。有些植物的种叶中也贮藏有养料。种子的大小形状、颜色因种类不同而异。最大的植物种子是生长在非洲东部印度洋中的塞舌耳群岛上的复椰子树结的种子，它的种子重量达20千克，需要花10年的时间才能长出来。

名称	定义	特点	代表植物
荚果	可沿两侧分开的干果。	由一个子房形成，并且沿两条线分为两半以释放种子。	豌豆
蒴果	由合生的心皮形成若干子房发育而成的干果。	蒴果里含有许多种子。	罂粟
坚果	是含有一粒种子的坚硬干果。	坚果中的种子包有一层坚硬的果皮，保护坚果的果仁。	板栗
核果	含有坚硬种子的肉质果实。	由一个或并合的若干心皮发育而成。	桃
浆果	含有许多种子的肉质果实。	一个浆果具有柔软的果肉和许多种子。	荔枝

人类的五谷杂粮

粮食作物对人类的生存至关重要，是人类食品的主要来源。一些为人类生活提供肉食品的家畜、家禽，也是靠粮食饲养的。世界上大部分国家和地区，以稻子、小麦、高粱、大豆、玉米、白薯等为主要粮食作物。在欧洲和亚洲地区，谷子和高粱是仅次于小麦的重要粮食作物。

五谷之首——水稻

稻子为五谷之首。稻子的种子去掉外壳后就是我们食用的大米了。稻子是中国的主要粮食作物，约占粮食作物栽培历史的四分之一，在中国的栽培历史有7000多年了。世界上有一半人口以大米为主食。中国科学家袁隆平培育的杂交水稻，产量很大，因此他被人们誉为“杂交水稻之父”。

玉米

玉　米

玉米在世界和中国粮食作物中的地位，都是仅次于稻、麦居第三位，是重要的粮食和饲料作物。据考证，玉米原产于南美洲。7000年前美洲的印第安人就已经开始种植玉米。由于玉米适合旱地种植，因此西欧殖民者侵入美洲后将玉米种子带回欧洲，之后在亚洲和欧洲被广泛种植。中国栽培玉米约有400多年历史。到目前为止，世界各大洲均有玉米种植，其中以美国的产量居第一，中国次之。

小　麦

小麦是世界重要的粮食作物。我们日常食用的面粉，就是用小麦加工制成的。小麦的栽培历史有1.5万多年了，目前全世界有小麦品种上万个，主要分布在温带、暖温带地区。小麦一般是在秋天播种。

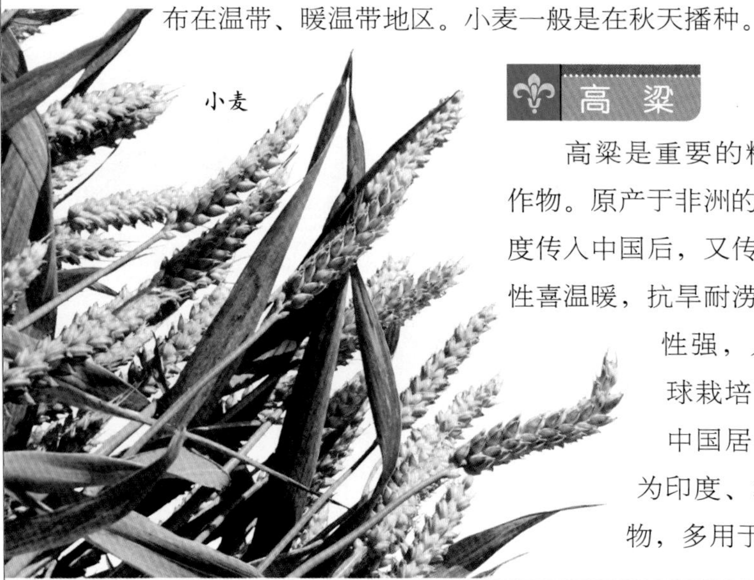

小麦

高　粱

高粱是重要的粮食、酿造和饲料作物。原产于非洲的埃塞俄比亚，经印度传入中国后，又传入欧亚各地。高粱性喜温暖，抗旱耐涝，不怕盐碱，适应性强，人们广为种植。全球栽培面积以印度最多，中国居第二位。高粱已成为印度、北非的主要粮食作物，多用于饲料和酿酒。

高粱

爽口蔬菜

蔬菜的品种非常多，营养价值也非常丰富，我们的生活里离不开蔬菜。蔬菜中含有人体必需的多种维生素和矿物质，它所含的纤维素还能帮助消化和通便，也是维护健康和预防疾病不可少的营养食品。所以，蔬菜是健康品，多吃蔬菜是一种良好的生活习惯。中国自然条件复杂，蔬菜资源丰富，是许多种蔬菜的原产地，也是世界主要蔬菜生产国。

大白菜

大白菜个体壮实，味道鲜美，营养丰富，是人们生活中的一种重要蔬菜，为广大群众所喜爱。大白菜品种繁多，有结球、半结球、花心和散叶四种。大白菜结球，这是对外界严寒环境的一种适应现象。从中心叶子卷心开始，叶片合抱成球，把芽包藏在中间，以保护它安全越过冬天。

芹 菜

芹菜有强烈香味，被称为香料蔬菜。它既可以生吃，又可熟食，还是调味香菜。它的香味同芫荽(即香菜)非常相似，所以有人称它们为“香料姐妹”。希腊人常把芹菜当做观赏作物，在节日里用它来装饰房间。近代科学研究，芹菜有降低脑胆醇的作用，有效率达66.6%，被认为是高血压、冠心病患者的理想食疗蔬菜。

番 茄

西红柿又名番茄、洋柿子，被誉为蔬中水果，果中佳肴。相传，西红柿原产于南美洲，因色彩娇艳，人们对它格外警惕，视为“狼桃”，认为只有狼才敢吃它们。只供观赏，不敢品尝。直到18世纪初，西红柿才正式作为菜肴，西方人的餐桌上从此又多了一道美味。番茄大约在明朝传入中国，因为酷似柿子、颜色鲜红，又来自西方，所以又称其为西红柿。

黄 瓜

黄瓜含多种维生素和蛋白质等，有补血开胃、增进食欲的作用。国外有人发现，用鲜黄瓜汁涂抹皮肤，有惊人的润肤去皱美容效果，所以黄瓜有美容菜之称。

黄瓜中含有丰富的生物活性酶，能促进机体代谢。现在已经制成系列化妆品，如黄瓜护发素、洗面奶等。

世界珍稀植物

植物是自然生态系统中的生产者，在维护地球的生态环境和物质循环中起着重要的作用。由于人类无计划无节制地向自然界索取植物资源，致使许多植物在慢慢地减少。生长在南美洲亚马孙河流域的王莲，是世界上最大的莲，直径有2米多，最大可达4米，堪称为世界莲中王；1974年在中国西双版纳发现的望天树，最高可达80多米；还有蕨类植物之冠——桫椤；被誉为长命叶的百岁兰；中国的鸽子树——珙桐……这些植物因其独特的特征而珍贵稀有，被各国均视为国宝。

古老的活化石——水杉

水杉是世界上珍稀的孑遗植物，素有“活化石”之称。据古植物学家的研究，水杉是一种古老的植物。远在亿万多年前生存过。20世纪40年代，中国的植物学家在四川万县等地发现了这种相貌非凡的大树并确定其就是曾被人类视为灭绝了的水杉。在这之前，人们只发现了它们的化石，认为水杉早在地球上灭绝了。这一发现，曾轰动世界，“活化石”之名也由此而来。在中国已发现的水杉中，最大的是湖南龙山县洛塔乡的两株高46米的水杉，约有300年左右的历史了。

重量级椰子

海椰子是一种诡异的植物，只生长在塞舌尔群岛的普勒斯兰岛和居里耶于斯岛上。海椰子树生长非常慢，要一百年才能长成，但寿命较长，可达千年。它长出来的海椰子坚果非常巨大，一般重15千克左右，是世界上最大的坚果。因而海椰子坚果被称为“最重量级椰子”。令人称奇的是这种果实呈圆球形，坚果好像合生在一起的两瓣椰子，所以人们又将它称为“爱情之果”。

中国的鸽子树

珙桐是中国特有的珍稀树种，它的花形非常奇特，苞叶呈乳白色，成对地生长在花序的基部，就像鸽子的两只翅膀。苞叶里面托着圆球形的头状花序，是由许多雄花簇拥着一朵雌花形成的，花呈紫色，酷似鸽头。繁花盛开时节，很像无数只白鸽落在枝头，非常漂亮。珙桐之所以珍贵，是因为现在只有中国贵州的梵净山、湖北的神农架、四川的峨眉山等山区中是它们生活的小片天地。

生命顽强的植物

物竞天择，适者生存。植物只有具有顽强的生命力才能长久生存下来，生命力不顽强就不能够适应各种各样的生存环境，这样的植物都会在漫长的进化过程中被淘汰。自然界中存在不少生命力顽强的植物，它们有的能在寒冷的高山上顽强地生长；有的能在干旱的沙漠中生活；还有的能在盐碱地中生活……这些植物各显神通，绽放着顽强的生命。

大漠中的仙人掌

抗旱的沙漠植物

在严重干旱、自然条件极为恶劣的沙漠中，生长着一些野生植物。沙漠中水分稀少，蒸发量却大得惊人，许多植物为了减少水分的丧失，演化出了特殊的形态，如仙人掌的叶片进化成针状的小刺，以减少水分的蒸腾；而为了储存更多的水分，茎部则变得肥厚而多汁；茎的表皮有厚而硬的蜡质作为保护层，保护它不受强光的照射。而生长在中国西北荒漠中的胡杨有特殊的生存本领，它的根可以扎到10米以下的地层中吸取地下水，体内还能贮存大量的水分。

▶ 刺是肉质植物的变态叶

▶ 输导组织维管柱

▲ 贮水的薄壁组织

仙人掌结构图

另类高山植物

高山植物是生长在高山上的植物，一般植株矮小，茎叶多毛。大多数高山植物还有粗壮深长而柔韧的根系，它们常穿插在砾石或岩石的裂缝之间和粗质的土壤里吸收营养和水分，以适应高山粗疏的土壤和在寒冷、干旱环境下生长发育的要求。全身长满白毛的雪莲，是另一类型的高山植物。雪莲生长在海拔4500～5000米以上的陡坡石滩，植株不高，茎短粗，叶子密生厚厚的白色绒毛，既能防寒，又能保温，还能反射掉高山阳光的强烈辐射。

▶ 绵毛既保暖又御寒，还能防止水分强烈蒸发。

▼ 叶很密，形状像白色绵毛。

绵毛雪莲花

耐寒的极地植物

在我们的印象里，南极和北极都被冰雪覆盖着，是地球上最冷的地方。其实，在那里也生长着一些植物。这些极耐寒的植物主要是低等植物：地衣草和苔藓。据试验，地衣能忍受70℃左右的高温而不死亡，在−268℃的低温下放几个小时，仍能恢复正常生长，甚至在真空条件下放置15年，沾上水之后，还能“死”而复生。它顽强生活在很多植物都不能生长的环境中，被誉为植物界的“拓荒先锋”。

苔藓

奇异的植物

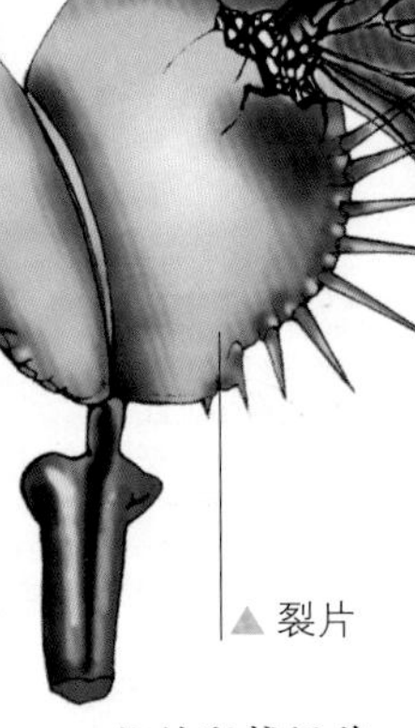

维纳斯捕蝇草

大千世界五彩缤纷。在植物世界里生长着一些奇形怪状的物种，这些植物让人神往、好奇。如有的植物以捕捉虫、青蛙等小动物为食；有的花长得像石头一样；还有的靠寄生在被称为宿主的其他植物上来获得营养生活……这些植物用自己独特的生活方式生活着，以自己的特性吸引着人们。

食虫植物

在植物世界中有一类奇异的植物，它们具有引诱、捕捉、消化及吸收昆虫的能力，这类植物被称为食虫植物。目前已知的食虫植物约600种。依其捕虫方式可分为被动式和主动式两大类。被动式的捕虫器通常只做缓慢的运动，甚至不会运动，如瓶子草、猪笼草等；主动式的捕虫器具有快速运动的能力，如貂藻、捕蝇草等。食虫植物大多生长在常被雨水冲洗、矿物质贫瘠缺乏的地带，也有的生长在热带和亚热带的沼泽地。这些地区的土地呈酸性，有些养分难以取得。于是，有些植物便发展了捕虫的能力，借由食虫的方式来获得这些无法从土壤中取得的养分。

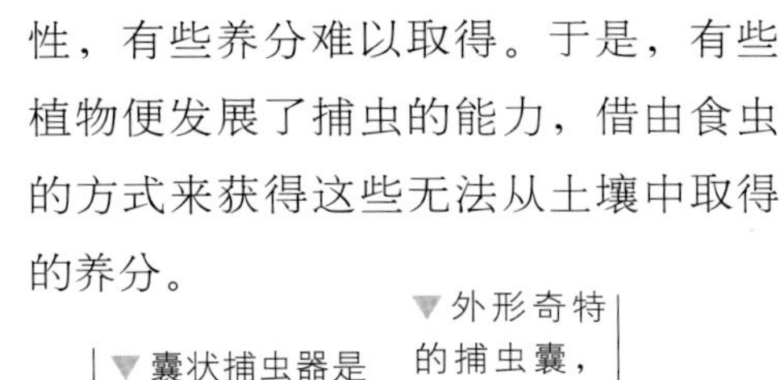

你知道吗？

【各·显·神·通】

食虫植物是一个稀有的种群。它们以诱捕昆虫这种特有的方式，在贫瘠的土地上顽强地生存了下来。

A.瓶子草

● 瓶子草的叶子上端均有盖，看上去仿佛各种各样的瓶子。“瓶子”的内壁非常光滑，生有蜜腺，可以分泌出香甜的蜜汁，以引诱昆虫前来；“瓶壁”上还生有一排排尖刺般的倒毛，令掉进瓶内的昆虫无法爬出，最终被消化掉。

B.捕虫堇

● 捕虫堇的叶片能够分泌出一种黏性物质，如同“苍蝇纸”一般，可以粘住过往的昆虫。之后，植株会利用体内分泌出的酶，消化掉昆虫的软组织。

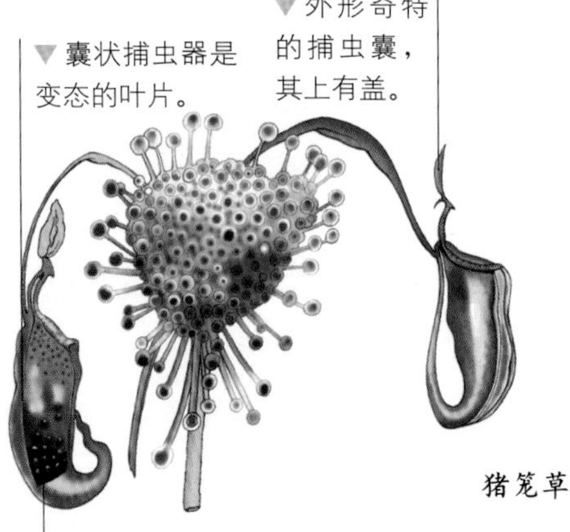

猪笼草

奇异的花

自然的选择是无情的，有些花为了生存不得不把自己伪装起来。在非洲南部的干旱荒漠中，生长着一种伪装的草——石头花。石头花体形如石头，叶肥厚多汁，呈卵石的形状，能贮存水分。石头花从两片叶子中开出如雏菊般的花朵时就好像从石缝里钻出来一样，花是金黄色的，非常好看，而且一株只开一朵花，但开一天就凋谢。石头花生成这个样子，是为了鱼目混珠，蒙骗动物，避免被吃掉。正是因为它的这种形态，沙漠中的陆龟在寻找食物时往往很难发现它。

外形和色泽酷似彩色石头的石头花

随水漂游的植物

有些植物的植株能悬浮于水面上，被称为漂浮植物。它们的根极度退化，无法固定在水下泥土中或根本无根，体内气体较多，使叶片能够随水漂游。这一类植物有鸭舌草、眼子菜、水鳖、浮萍等。浮萍，是一种漂浮在水面上的植物。它是世界上最小的有花植物之一，整个植物体呈绿色，无茎叶之分，统称叶状体，还有一条垂在水中的根，长3～4厘米。世界温暖地区均有分布。

浮萍

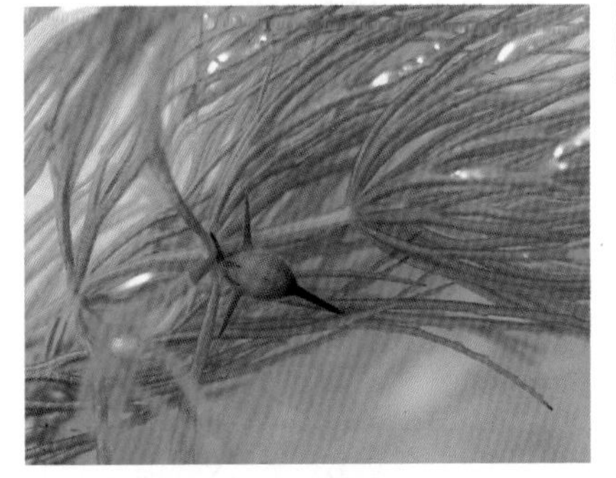

悬浮于水中的金鱼藻

沉于水下的植物

有些植物的植株全部或大部分沉没于水下。这些植物的根相对退化，往往扎根水下泥土里或漂浮于水中，通气组织发达，有利于在水中缺乏空气的情况下进行气体交换。这些植物的叶子多表现为丝状或带状，如苦草、金鱼藻、石龙尾等。金鱼藻是悬浮于水中的多年生水生草本植物，植物体从种子发芽到成熟都没有根，多生长于小湖泊静水处，曾经于池塘、水沟等处常见，如今几乎看不到野生的族群了。

寄生在别的植物上

有些植物不能用自己的根系从土壤中吸收生长必需的水分和无机盐，不能利用绿色的叶子和茎进行光合作用获得养料，只能寄生在被称为宿主的其他植物体上，获得必需的营养物质，这种植物被称为寄生植物。如分布在印度尼西亚的爪哇和苏门答腊等地的热带雨林中的大王花。其宿主是一种葡萄科乌蔹莓属的藤本植物——白粉藤，靠吸器吸取藤本植物的营养物质维持生活。生活在较高山上的水晶兰，生长在被分解的树叶上，以消化森林中的枯枝落叶得来的养分供应它生长并开出可爱的钟形白花。

大王花

▶ 每当春夏交接之际，在中高海拔、气候凉湿的针阔混交林间，往往可以在一堆不起眼的泥土上看到水晶兰的身影。

生命的开始

新生命的孕育过程中，充满艰难险阻。当几亿个精子经过长途跋涉后，大部分夭折了，最后，约只有几十个精子到达输卵管，来到卵子旁边。几十个精子经过一番拼搏后，最后只有一个幸运的精子会穿过卵细胞的放射冠和透明带，进入卵细胞。精子进入卵细胞后，尾部消失，头部变圆、膨大，形成雄原核；而次级卵母细胞完成第二次有丝分裂，主细胞成为成熟的卵细胞，其细胞核形成雌原核。雌原核和雄原核接触，融合形成一个新细胞，这就是受精卵——生命就这样开始了。

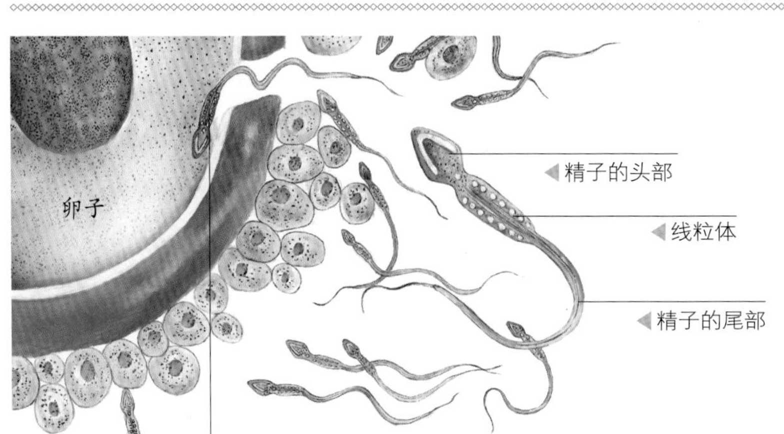

▲精子的头进入卵细胞，并和卵细胞核融合，即完全受精。

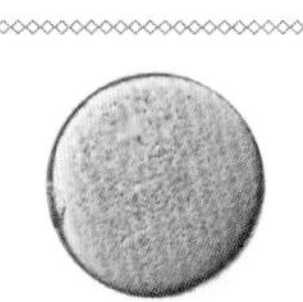

▲受精卵起初似乎很平静，其实里面在发生着很大的变化。

精子

精子的形状像蝌蚪，长约60微米，由细胞膜包裹着，分为头、颈、中、尾4部分。头部主要由顶体和结构致密的细胞核组成，里面含有亲代遗传物质，尾帮助运动。精子是男性成熟的生殖细胞，在精巢中形成。正常男子每次排出的精液中，有几千万到几亿个精子，精子是男子体内最小的细胞，小到一个小小的句号里，就能装进1200个精子。精子还是人体内生命力最强的细胞。正常男子死了以后，他体内的精子还能存活近80小时。而这时身体早已僵硬冰冷了。

卵子

刚出生时，女婴的卵巢内约有60万个卵子，但其中只有400个左右能够成熟。卵巢发育成熟后，卵巢开始排卵，每个月有一个卵子从卵巢排出，经过输卵管到达子宫，当成熟的卵子植入子宫后，会有许许多多细胞围绕着它，向它提供营养，并保护它。如果卵子没有遇到精子，几天后卵子就死去了，子宫内膜也开始脱落，内膜的血管破裂了，血液从阴道流出去，这就是月经。

男性生殖器官

男性生殖器官是男性体内完成生殖过程的器官总称，包括睾丸、附睾、输精管、副性腺及阴茎等结构。睾丸是产生精子和分泌男性激素的器官，睾丸产生的精子，贮存于附睾和输精管内，当射精时，经射精管和尿道排出体外。附属腺分泌的液体与精子相混合构成精液，以增加精子的活动，并供给其营养。

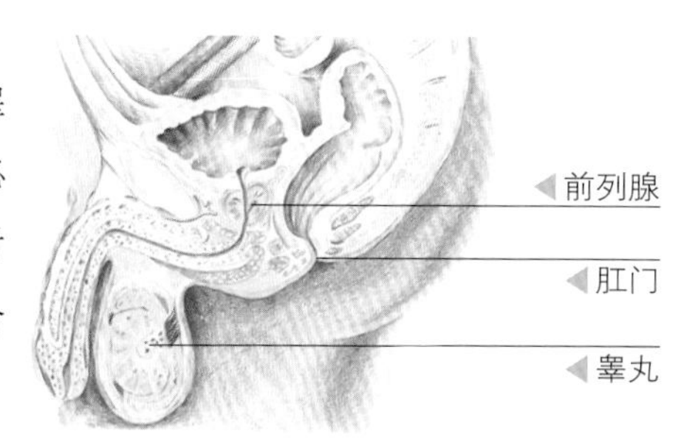

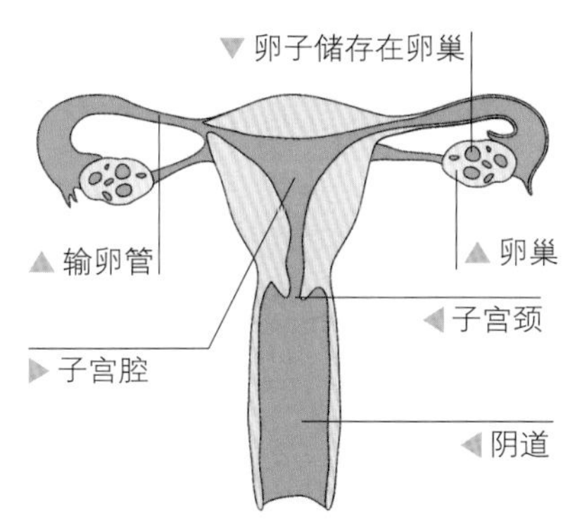

女性生殖器官

女性生殖器官，按其解剖位置的不同，可分为内外两部分。内生殖器官主要由卵巢、输卵管、子宫及阴道组成；外生殖器官则包括自耻骨联合至会阴及两股内侧之间的部位。卵巢是产生卵细胞和分泌女性激素的器官，呈扁椭圆形，左右成对。在小骨盆上口平面，贴靠骨盆侧壁。成熟的卵细胞从卵巢表面排出，经腹膜腔进入输卵管，在管内受精后移到子宫内膜发育生长。

受精卵的发育

受精卵形成后，就会进行细胞分裂：一分为二，二分为四，四分为八……大约12～18小时就可以分裂一次。通常在受精后的第5天，这个生命的幼芽就会开始新的旅程：在输卵管纤毛的推动下，慢慢地沿输卵管向子宫移动。三五天后，受精卵就到达子宫并在这里安家落户了。安家落户后，受精卵就在子宫内膜这块“肥沃的土壤”中发育成长了。

受精后约30小时，受精卵进行第一次分裂，变成两个细胞。

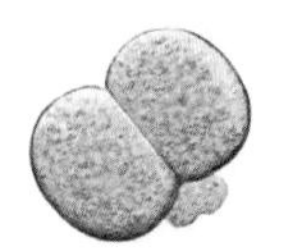

受精后约48小时，第二次分裂，成为 4 个细胞。

受精后约3天，第三次分裂，成为8个细胞。

胎　盘

胎盘是一个特殊的器官，是母体与胎儿之间的“生命之桥”。通过胎盘，母体给胎儿提供营养、氧气和抵御疾病的抗体，胎儿排出的二氧化碳和代谢废物，也通过胎盘由母体排出体外。胎盘会制造和分泌许多性激素，这些激素能促进胎儿的生长。胎盘还有屏障功能，会像“卫兵”一样把母体血液中的细菌、病毒等不速之客拒之门外。人类的胎盘呈扁圆形，在妊娠6～9周开始形成，3个月后完全形成。足月出生孩子的胎盘直径为10～20厘米。

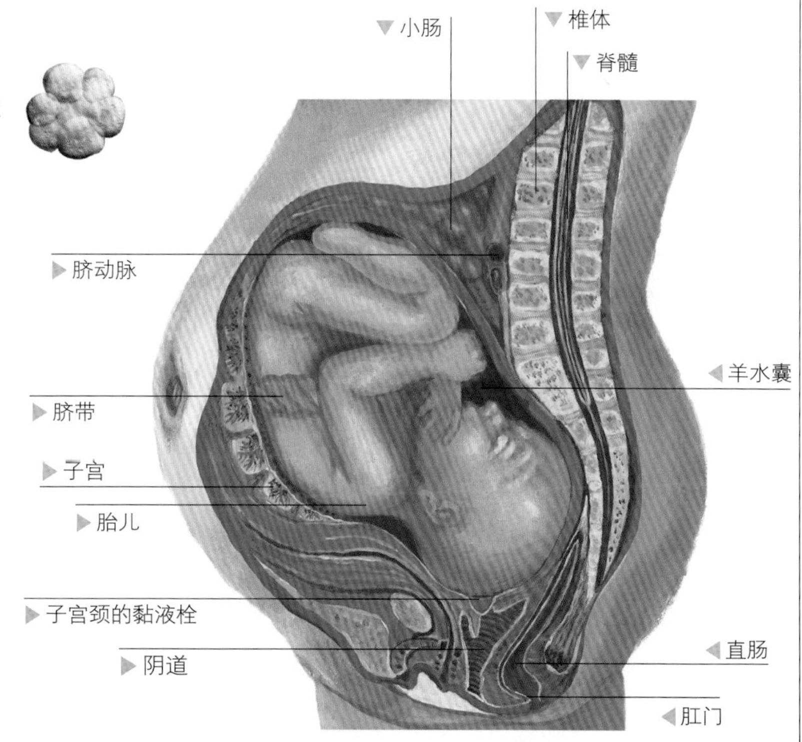

人体的外衣

皮肤覆盖在人体的表面，它将身体内部所有的器官都包裹其中，形成一个完整的身体。皮肤柔软而有弹性，能伸展拉长或弹缩还原。皮肤的面积大小，根据一个人的高矮胖瘦而有所不同，成年人全身皮肤平均为1.7平方米。全身皮肤的厚度也不一样，眼睑、包皮等处的皮肤最薄，手掌、足底的皮肤最厚。皮肤厚的地方可达到4毫米，薄的地方为0.5毫米。皮肤与毛发和指甲一起，把人体的内部与外部分开。

皮肤的结构

皮肤可分为表皮、真皮和皮下组织3层。表皮是皮肤的最外层，可分为角质层、颗粒层、棘层和基底层。长时间在烈日下曝晒，晒坏脱落的皮肤就是表皮，表皮的新陈代谢较快，每天都有一二百万个表皮细胞从里面一点点地向外推。约经过27天，全身的表皮就会全部换一件“新衣”。真皮中包含强韧而灵活的纤维、血管、神经和感受器。皮下组织又称为“皮下脂肪组织”，它是一个天然的缓冲垫，能缓冲外来压力，同时它还是热的绝缘体，能够储存能量。除脂肪外，皮下脂肪组织也含有丰富的血管、淋巴管、神经、汗腺和毛囊。

小知识

· 黑色素 ·

由于太阳照射的强度不一样，人的皮肤的颜色也会随之变化，这是因为，人的皮肤里有一种黑色素，它能在皮肤深层形成阴影来保护皮肤，避免皮肤受到阳光中有害物质的过多伤害。

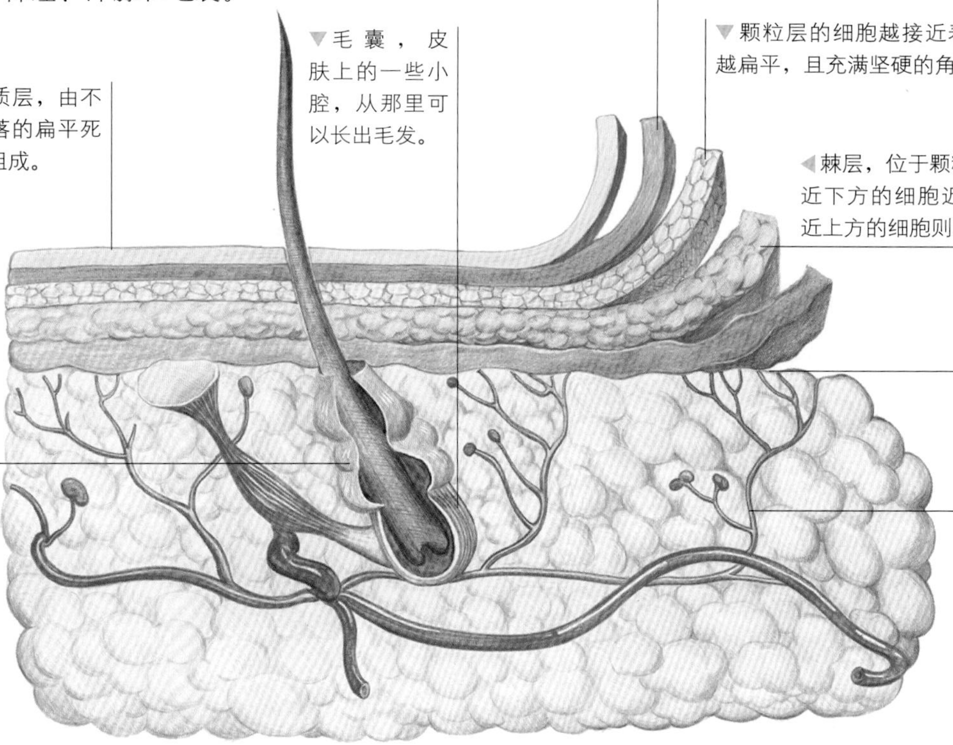

皮肤解剖图

皮肤起皱

皱纹是皮肤老化的表现，是人到老年的象征。皱纹的产生有年龄增长的因素，但更与缺水有关。中老年人的皮肤会起皱，这是因为中老年人体内的胶原蛋白质不足，从而导致细胞结合水的能力降低，进而引起人体内细胞贮水机能障碍，于是他们的皮肤就会变得干燥并产生皱纹。如果要更好地延缓和减少皱纹，要从多方面努力。如要尽量避免阳光曝晒，要不吸烟，要适当参加运动，要避免皮肤干燥，还要均衡饮食，特别要注意各类维生素及锌的吸取。

▲到了古稀之年，皱纹满面。

皮肤的花纹

手掌皮肤表面上有成百个小嵴，这些嵴被很细的平行沟槽分开，形成皮肤的纹理。人的十个手指、手掌、脚趾、足底都有类似的特殊花纹，分别称为指纹、掌纹、趾纹和足纹，统称为肤纹。指纹是皮肤纹理中最显著的部分，每个人都有世界上独一无二的指纹，而且它终身不变。指纹有利于警方识别罪犯。另外在医学领域，一些不寻常的指纹，还可提示染色体或胚胎发育异常。

痒的秘密

别人用手在你腋下轻轻搔几下，你会因痒而笑。给小孩洗澡时，不少孩子也会痒得“格格”地笑起来。通常，人的腋窝、腹股沟、脚底心等地方对痒的感觉最敏感。因为这些地方平时很少暴露，平时受到抓搔的机会很少，加上这些部位的皮肤感受器又较丰富，两者相结合，所以对痒的感觉就敏锐多了。

你知道吗？

【理·想·的·外·衣】

皮肤的功能很多，几乎没有其他任何器官可与之相媲美。

A.保护功能

●皮肤是人体的防护服，它能阻止病菌和环境中的有害物质进入体内。此外，皮肤还能帮助保持人体内的水分，就像保鲜膜能保持新鲜水果的水分一样，它能阻止人体组织液的流失。

B.吸收功能

●皮肤有吸收外界物质的能力，称为经皮吸收。它主要通过3个途径吸收外界物质，即角质层、毛囊皮脂腺和汗腺管口。皮肤吸收功能对维护身体健康是不可缺少的，它是现代皮肤科外用药物治疗皮肤病的理论基础。

C.传递情感

●皮肤的接触能传递复杂的情感。例如：拥抱表示人与人之间的关怀和爱；而握手已成为商务礼仪的重要部分；一个哭闹的孩子在母亲的拥抱和爱抚下，很快就会安静下来。

D.调节体温

●当人体温度升高时，人体的毛孔张开，汗腺分泌增加，汗液蒸发时会带走多余的热量。当温度降低时，毛孔关闭，汗腺分泌减少，以维持人体正常的体温。

皮肤的护卫

▲黑色毛发中含有等量的铜和铁。

我们的身体表面除了手掌、脚底、嘴唇等部位以外，几乎其他部位都被毛发所覆盖。毛发由皮肤的失活细胞组成。在原始人时代，毛发是原始人的“服装”，可以保暖。随着人类的进化，人们有了各种各样的服装，身体上的毛发也就逐渐退化了，现在只有头发还有保暖的作用。此外，头发还可以使头部免受太阳光的辐射。

▲金色毛发中钛的含量比较高。

毛发的类型

毛发有3种类型：第一种是可以不断生长的毛发，主要包括头发和胡须；第二种是短硬的毛发，主要包括眉毛和睫毛；第三种是柔软的、可以自动脱落和更新的毫毛。头发有很多形状，有的是直发，有的是卷发，还有的呈波浪形。不同人种的毛发颜色不尽相同。即使是同一人种，毛发的颜色也深浅不一，这是由于头发中所含金属元素的比例不同造成的。

▲红褐色毛发中钼的含量比较高。

毛发的结构和生长周期

毛发由毛干、毛根、毛囊和毛球组成。毛干位于皮肤表面之上，毛根则位于皮肤表面之下。毛囊是一个小孔，它由结缔组织构成。毛根和毛囊的下端合为一体，形成毛球，毛球是毛发和毛囊的生长点。毛球底部向内凹陷，可以容纳毛乳头，毛乳头是拥有丰富的血管和神经的结缔组织，它对毛发的生长起诱导和维持作用。毛发有一定的生长周期，身体各部位毛发的生长周期长短不一。生长期的毛囊长，毛球和毛乳头也大。此时细胞分裂活跃，使毛发生长。当毛发处于更新期时，毛囊变短，毛球缩小，毛乳头聚成一个小团连在毛球底端，毛母质细胞停止分裂并发生角化，从而导致毛发与毛囊连接不牢，故毛发容易脱落。

◀棕色毛发中铜、铁和钴的含量比较高。

▲头发与人的精神面貌息息相关，健康、亮泽的头发使人看上去精神百倍，而枯涩、暗淡的头发会使人看上去无精打采。

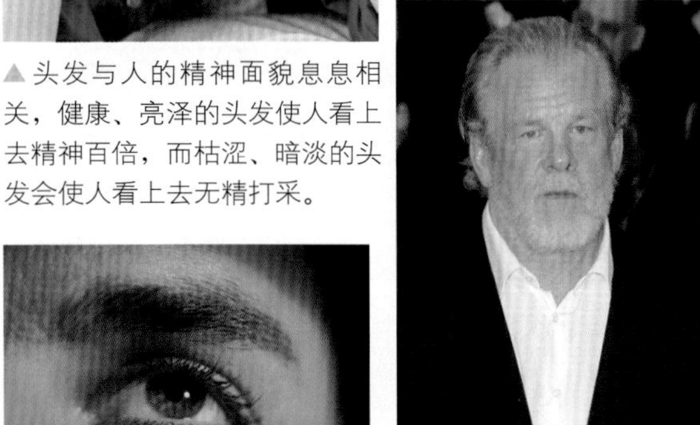

▲眉毛和睫毛是一种短硬的毛发，它们能有效地防止灰尘和雨水对眼睛的侵袭。

▲胡须是男性威严和智慧的标志，它的生长受性腺调节，雄性激素可以促进胡须的生长。

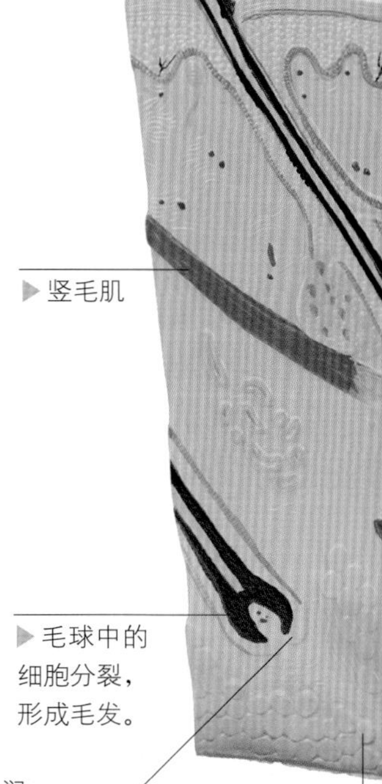

头 发

一个人的头发约有10～12万根。据调查，也有例外，碧眼金发的人，头发可多至14万根，红发男女则不足9万根。头发有生长期、静止期和脱落期。脱落后几个月，又会从脱落的毛囊里再生出一根新头发来。头发从出生到脱落，其寿命一般为2～6年，最长可以达到25年。头发平均约每个月长1厘米。头发的作用很多，让人美观自不必说，更重要的是头发的弹力和韧性起着保护头顶的作用。天冷时，头发还有挡风和保暖的作用。

眉毛和睫毛

眉毛在眼睛上面形成一道天然屏障，刮风时，它们可以阻挡灰尘；下小雨时，雨水一般不会流进眼里，而是停留在眉毛和隆起的眉骨上。夏天，额头上出的汗不会流进眼里，这也是眉毛的功劳。长在眼睛周围的眼睫毛又长又黑又密，特别迷人。然而，眼睫毛的最重要的生理功能是保护眼睛。狂风呼啸时，满天飞沙扑面而来，眼睛前面的这两排眼睫毛，就像两道窗帘，挡住了绝大部分飞沙灰尘，可以保护眼睛免遭侵害。

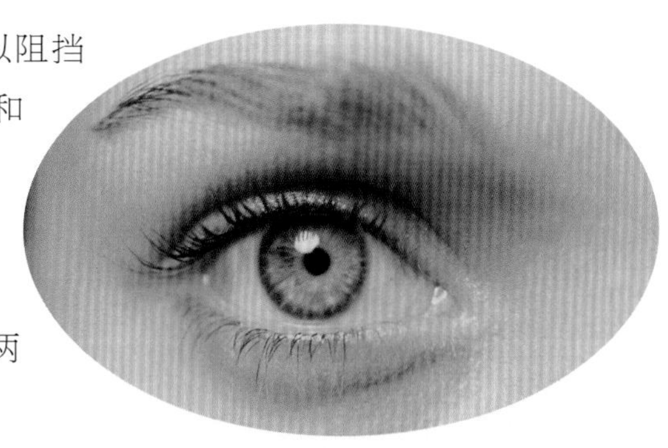

毛干呈鳞状，位于皮肤表面之上。

毛发模型

毛根位于皮肤表面之下。

毛囊是一种小孔，从中生出毛发。

男子胡须知多少

男子在约十四五岁时，嘴唇上就会长出细而软的绒毛，到了20岁左右，胡子就真正长出来了。但有的会推迟，甚至到了30岁才长出胡须。胡子有浓有密，通常可有几千根，多的可以达到两万根。颜色也各异，有棕、黑、红的区别。这也是由于所含色素决定的。医学家认为，男人的胡子带有很多细菌和有毒物质，人在呼吸时，这些细菌和有毒物质会随之吸进肺内，从而危害健康。所以男子最好不要留胡子。

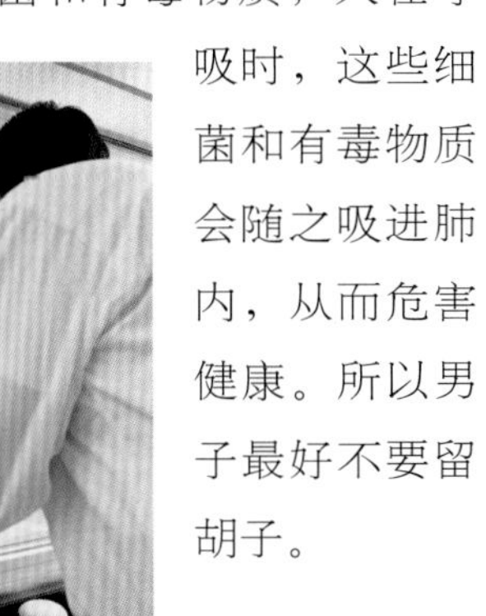

小知识

·有关头发的奇闻·

- 医生从后人保留的拿破仑头发的根部开始分析，发现在他死亡前的一段时间里，头发中砷的含量逐渐增多。由此，科学家得知拿破仑的死因是由于喝了岛上被砷化物污染的饮用水。

- 科学家从牛顿后代保存的牛顿的头发上发现，牛顿头发里的水银含量很大，从而证明牛顿在实验中吸收过多水银，从而导致慢性水银中毒。

- 头发的力量很大，如果把10万根头发编成一根大辫子，就能够拉动一辆汽车。印度新德里有个年过花甲的出租汽车司机，用蓄了20多年的长发，吊起了100千克的重物。

- 医学史记载，100多年来世界上已有26个头发一夜变白的人。

手

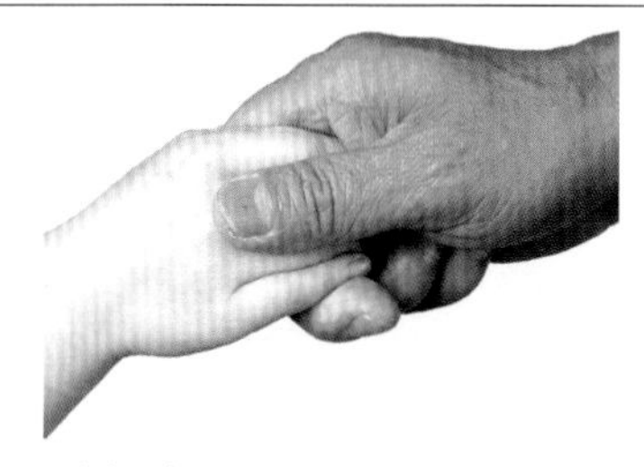

手是人类的万能工具。我们吃饭、穿衣、写字、弹琴、操纵电脑，哪一样都离不开手。人类的手结构非常精细。手骨共有27块，其中8块腕骨联结在一起，可以移动拇指和手指的肌肉附着在上面。5块掌骨和14块指骨各自分开，因此较腕骨灵活。同时，一只手有59条肌肉和发达的神经、血管系统。我们的手非常灵巧，在一秒钟内，人的手掌可以转动好多次。我们的手也非常勤劳，在人的一生中，除了睡觉以外，双手几乎从不休息，手指屈、伸至少3500多万次。

各显神通的手指

人手的5个手指各有名称，大指最粗，所以名为拇指。大拇指是用得最多和最重要的手指。它既能独立活动，又能接触掌心的绝大部分，还可与其他手指配合。次指名为食指，这个手指擅长较精确和细致的动作。三指名为中指，因为最长，所以又称将指。四指叫作无名指，这个手指最不灵活、用得最少。五指最小最弱，所以名为小指。大拇指是人体最短的手指，它只有两节。除大拇指外，所有的手指都有三节。事实上，大拇指也有三节，只是这第三节已下移，与掌骨融合在了一起，所以只能显示出两节。

◀只要经过反复练习，手指就能以令人无法置信的速度，弹奏出美妙动听的乐曲。

手的功能

人有了手，能照顾自己的生活起居，能进行各种劳动，能写字、画画、奏乐，还能参加各种体育运动。手能形成一个抓握姿势，使人们能够抓住和操纵物品，帮助人们完成意愿。同时，人的双手还是传递感情和语言交流的工具，如聋哑人用手势进行谈话、握手表示信任和友好。

◀握笔写字、绘画都离不开手的运动。

小知识

·世界上最长的指甲·

世界之大无奇不有，世界上有最长指甲的人是印度的浦那人什里达尔·奇拉。他的右手的指甲与常人没有什么区别，可是他的左手的5个手指却都留着不可思议的长指甲，所有指甲的总长度是6.15米，堪称世界之最。

坚实有力的脚

人类在天地间得以很好的生存、生活，不能不感谢这一双脚，没有它我们无法站立，也寸步难行。每只脚都由26块骨头组成，它们的排列方式和手相似，从脚底到脚趾都有一层厚厚的骨垫，叫足底筋膜，它对脚部组织有支持和加固的作用。除此以外，每只脚还有33个关节、20条大小不一的肌肉、100多条韧带以及无数的神经和血管。所以，毫不夸张地说，人类的脚是伟大的。

脚的结构

人体共有206块骨头，而两只脚就占了52块。脚骨由跗骨、跖骨和趾骨3部分组成。跗骨可以分为3列，即近侧列相叠的距骨和跟骨，中间列的是足舟骨，远侧列的第一楔骨至第三楔骨以及骰骨。跖骨位于脚骨的中间，共5块，其形状大致与掌骨相当，但比掌骨长而粗壮。趾骨共14块，形状和排列与指骨相似，但都较短。除此之外，每只脚上还有33个关节、20块大小不一的肌肉、无数神经和血管。

▶跟骨位于距骨的下方，前端为一鞍状关节面；后部膨大，叫作跟结节。

◀距骨位于跟骨的上方，可分为头、颈、体3部分。

▶骰骨呈立方形，位于跟骨与第四五跖骨底之间，内侧面接第三楔骨及足舟骨。

◀足舟骨呈舟状，位于距骨头与3块楔骨之间。

▶楔骨共3块。

◀骨间背侧肌

▶跖骨分为跖骨底、跖骨体和跖骨头3部分。

▶趾骨与指骨相比较短。

脚骨前视图

能干的脚

脚的一个很重要的功能是承受全身的体重，人们发现，一个50千克体重的人，脚每天承受的总压力有好几百吨。脚还有平衡作用，无论人们在运动还是静止不动时，脚都可以防止人体摔倒。脚还有一个最重要的功能是走路。据统计，现代人一生要走42万千米的路，相当于绕地球赤道10圈。

有趣的现象

科学家通过对脚的研究发现了许多有趣的现象：人的双脚有不同的分工。通常，左脚接触地面的面积比右脚大；原地踏步时，左脚的着地时间比右脚长。可见，左脚主要是起支撑全身重量的作用，而右脚是做各种动作的。

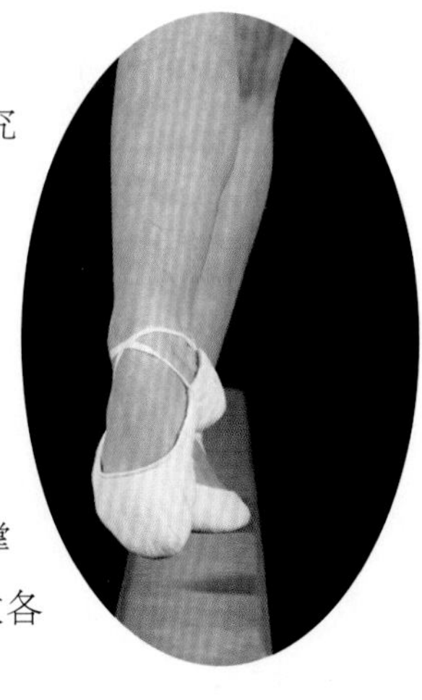

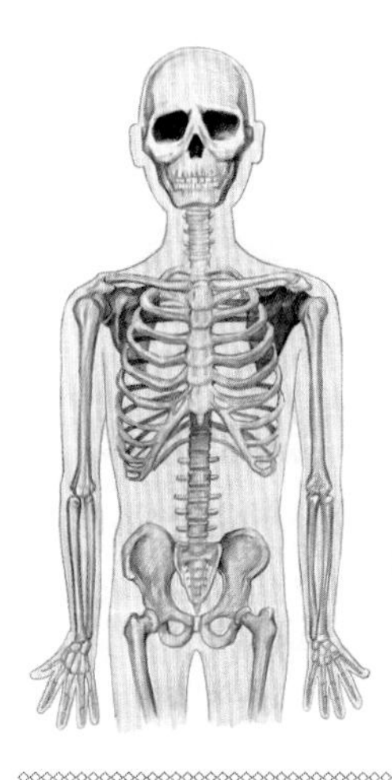

人体的支架

就像钢筋框架一样，人体内部也有一个框架，但不是由钢铁建成的，而是由骨骼构成的。构成骨骼的骨头大大小小、数量众多。成年人的骨骼系统是由206块硬骨和软骨构成的一副框架，它可以分为两组，其中头颅、脊柱及胸廓形成了人体的中轴骨骼，它是人体的垂直轴；四肢骨、肩胛骨和髋骨则构成了人体的附肢骨骼。此外，人体的骨骼上附有肌肉和关节，因而我们的身体能够活动自如。

骨头的模样

全身的骨头形状不同，大小各异，按照骨的形态可以将其分为以下4类：长骨、短骨、扁骨和不规则骨。其中长骨像一根棍棒，多分布在上下肢，包括肱骨、股骨等骨头；有的近似立方形，叫短骨，它们常常成群地联结在一起，包括腕骨、跗骨等骨头；有的犹如一根扁扁的板条，叫扁骨，包括颅顶骨、肩胛骨等骨头；还有的形状不规则，叫不规则骨，包括椎骨等骨头。

◀长骨

▲不规则骨

▲短骨

▶扁骨

骨头的构造

骨由骨膜、骨质、骨髓构成。骨膜覆盖于骨的表面，是一层致密的结缔组织纤维膜，呈淡红色。内有大量成骨细胞，对骨的营养、生长或再生具有重要作用。有了骨膜，骨头才能活。骨质为骨管的实质，分为表面的密质与内部的松质，松质由大量相互交错排列的骨小梁构成，呈海绵状。骨髓是充满于骨髓腔内和骨松质内的软组织，人体内的红细胞及大部分的细胞均由此产生。骨髓是重要的造血物质，对人体起着举足轻重的作用。

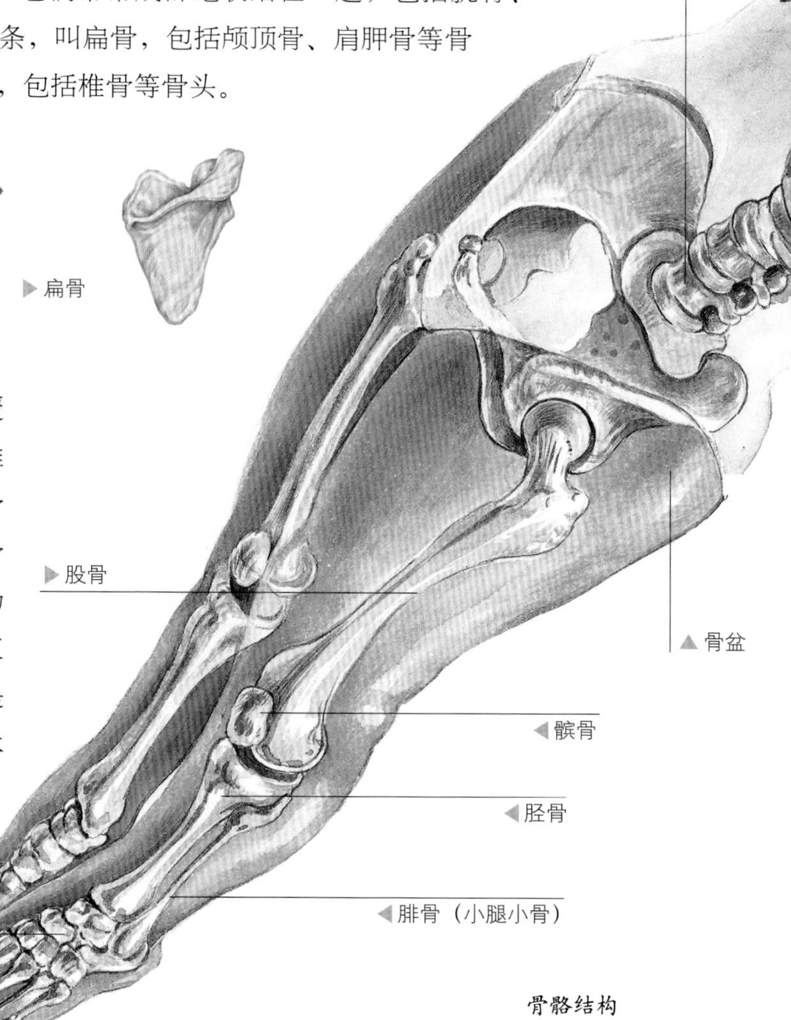

骨骼结构

坚硬而有韧性

骨头能承受很大的压力是因为骨头里有大量的磷酸钙、碳酸钙等无机物，这些无机物可以使骨质坚固。人在生活中能做各种姿势和动作，是因为骨头里还有骨胶原等有机物，有机物能使骨头具有弹性和韧性。成年人的骨中，无机物与有机物的比例约为2：1。青少年的骨的成分与成年人不同，他们的骨头中含有的无机物相对较少，而有机物的含量相对较多，两者的比例约为1：1。所以青少年的骨弹性大而硬度小，不容易发生骨折而容易发生变形。

▼掌骨

▼指骨（手指骨）

▲腕骨（手腕骨）

▶肱骨（上臂骨）

▲尺骨（前臂骨）

▲桡骨（前臂骨）

▲颅骨

▲锁骨

▲颈椎

▲下颌骨

从颅骨到腿骨

颅骨像个坚硬的球壳，保护着我们的大脑。因为有颅骨的保护，所以足球运动员用头顶球，杂技演员用头顶物，演出多彩的节目。人有12对肋骨，这些肋骨和胸骨及脊柱共同围成胸廓，就像一只坚固的笼子，保护着里面的心和肺等内脏器官。连接胸骨和肩胛骨的长骨叫锁骨。锁骨支撑着肩胛骨，既能维持肩关节的正常位置，又能保证上肢的灵活运动。胫骨是人体最坚硬的骨头，位于小腿的内侧，它们像两根铁柱，承担着全身的重量。据测量，胫骨能承受的重量，可以超过人体重量的20多倍。

小知识

·宇航员的骨头·

能够环游太空是大多数人的梦想，但是在太空旅行对人体的骨头却没有好处。因为地球的引力会对人体的骨头产生拉力，从而使它们长得更加结实。然而在宇宙中没有引力，所以宇航员的骨头会变得比较脆弱。

骨骼系统功能表	
支撑功能	骨骼给人体组织及器官提供了支架，为人体塑形。
保护功能	骨骼可以保护人体内部的各个器官。
运动功能	骨骼为肌肉提供了强健而灵活的支架和附着处；关节则赋予了人体灵活性。
血细胞生成功能	在某些骨骼的红骨髓内生成不同类型的血细胞。
矿物质储存功能	骨骼可以充当矿物质，尤其是钙和磷的储存器。

肌肉发动机

人体有600多块肌肉，它们覆盖着人体的每一个部位。这些肌肉大部分同骨骼相连，它们大大小小、长长短短，在神经系统的调控下，通过收缩和舒张来带动骨、关节运动，从而使人体完成各种动作。肌肉软软的，但爆发出的力量却非常惊人。据计算，如果6平方厘米的肌肉同时收缩，就能举起20~60千克的东西。要是全身的3亿根肌纤维朝一个方向收缩，所产生的力量完全抵得上一部起重机。因此，人们把肌肉称为人体的发动机。

肌肉的作用

人会跳、会跑、会哭、会笑都离不开肌肉的作用。人体全身肌肉占全身重量的40%，其中横纹肌有500多块。横纹肌也叫骨骼肌，我们体表能见到的肌肉块都是横纹肌。横纹肌可分为长肌和短肌。长肌一般跨过一个或多个关节，肌肉舒缩牵动骨骼，使人体完成各种复杂的动作。

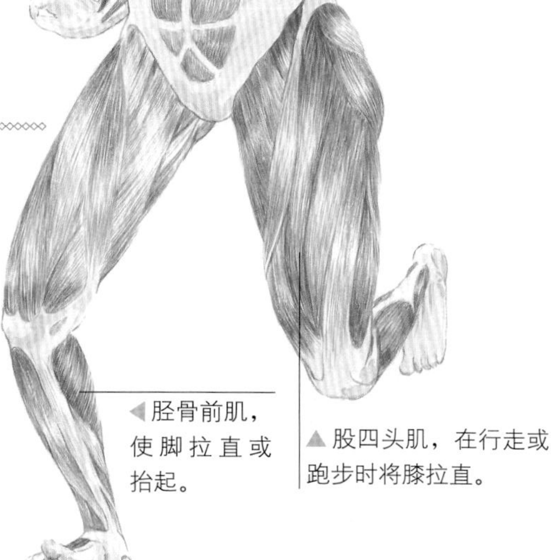

▼胸肌，将手臂拉向身体并可以旋转手臂。

▼三角肌

▼肱二头肌，使手臂屈曲。

▲拇短展肌

◀腹肌

◀胫骨前肌，使脚拉直或抬起。

▲股四头肌，在行走或跑步时将膝拉直。

肌肉的类型

人体有3类肌肉：骨骼肌、平滑肌和心肌。骨骼肌就是附着在骨骼上的肌肉，是牵拉骨头运动的绳索。骨骼肌通常是成对的，即一块肌肉收缩拉扯骨头向前，另一块拉它向后；平滑肌主要位于人体一些内脏器官的内壁，它的运动缓慢而又持久，好像一阵又一阵的波涛。心肌仅位于心脏，它使心脏有节奏地跳动，永不停顿，这是人体中最勤劳的肌肉。

骨骼肌

▲骨骼肌就像一股粗电缆，里面整齐地排列着细电缆，这些细电缆被称为肌纤维，这些肌纤维又由一束束更细的电线——肌原纤维组成。

平滑肌

▲平滑肌广泛分布于人体的消化系统、呼吸系统以及泌尿、生殖等系统。平滑肌可以通过缩短和产生张力使器官发生运动和变形，也可以产生连续性的收缩，使器官保持原有的形状。

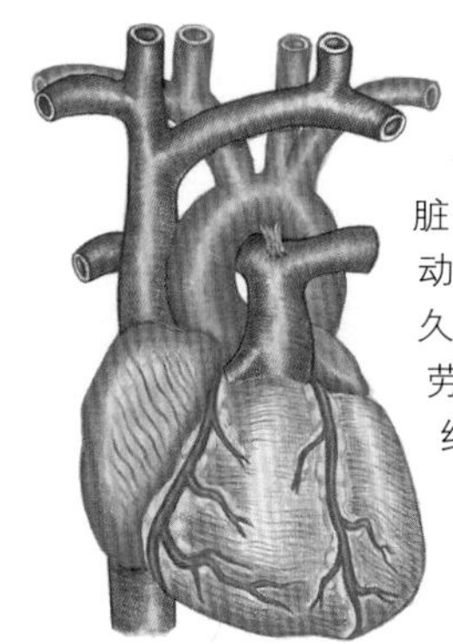

心肌

◀心肌分布于心脏，心肌收缩具有自动节律性，缓慢而持久，因而心肌不易疲劳。心肌细胞的肌原纤维不如骨骼肌那样规则、明显。

肌肉之最

大腿上的缝匠肌，长达60厘米以上，是人体最长的肌肉。耳朵里的镫骨肌却短得可怜，不到0.2厘米。从力量的角度来考察，最出色的要数小腿肌了，凡是爬楼、上楼、骑车、跑步等，都离不开它。在所有的骨骼肌中，最善于表达感情的是脸部的表情肌。科学家发现，人的表情之所以那么丰富，是因为脸部复杂的表情肌可以组合成7000多种不同的表情。

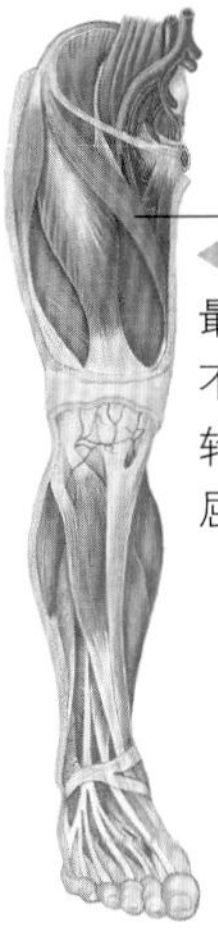

缝匠肌

◀缝匠肌是全身最长的肌肉，它不仅能使大腿旋转，还能使大腿屈伸。

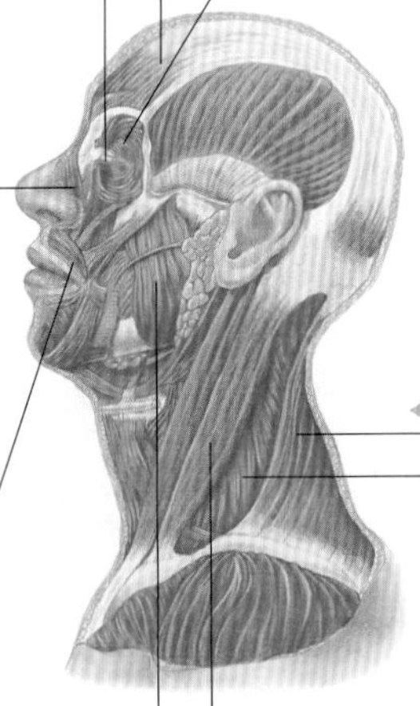

▼眼睑的肌肉可以使眼睛大约每6秒钟眨动一次，让眼角膜保持湿润，并防止脏东西进入眼睛。

▼额肌能使人们的额头皱起，并能使人们的眉毛向上扬。

▼眼轮匝肌能使眼皮闭合，同时可扩张泪囊，促使泪液经鼻泪管流向鼻腔。

▶鼻肌有使鼻孔张开和缩小的作用。

▶口周围肌能够拉动人的嘴部，使人露出灿烂的笑容。

◀后斜角肌

◀中斜角肌

▲前斜角肌

▲咬肌是闭口肌，它能使下颌骨上提，从而促使上、下颌牙齿互相咬合。

表情肌

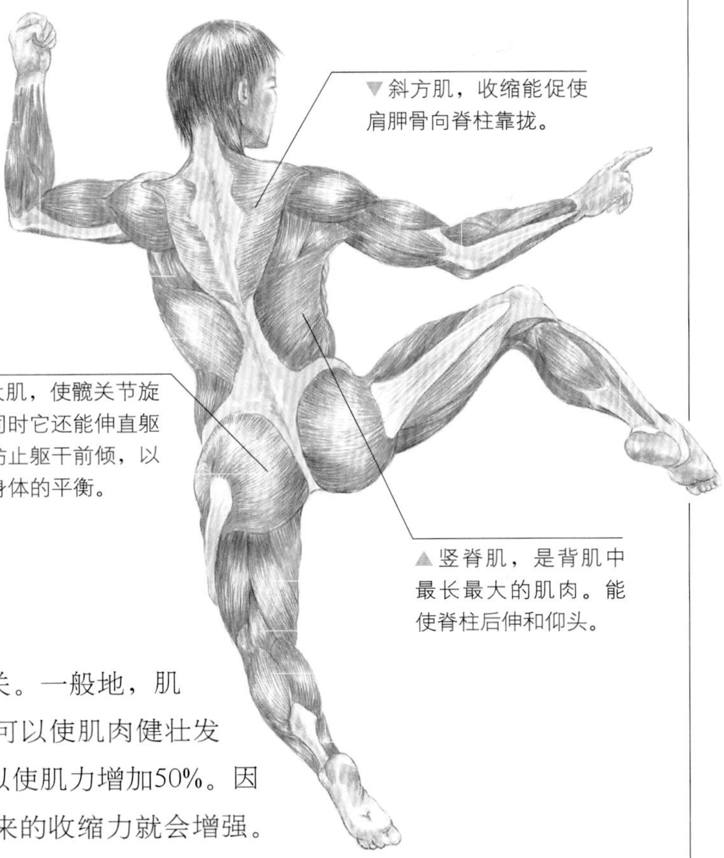

▼斜方肌，收缩能促使肩胛骨向脊柱靠拢。

▶臀大肌，使髋关节旋外，同时它还能伸直躯干，防止躯干前倾，以维持身体的平衡。

▲竖脊肌，是背肌中最长最大的肌肉。能使脊柱后伸和仰头。

力气大小不一

人的气力有大有小，这与肌肉本身的情况有关。一般地，肌肉越是饱满结实，人的气力也就越大。经常锻炼可以使肌肉健壮发达。一个健康的年轻人，经过半年多的训练，可以使肌力增加50%。因为肌纤维是有弹性的，它被适当拉长后，反弹回来的收缩力就会增强。如，排球运动员在起跳扣球时，往往会先屈膝半蹲，这样一来可以拉长腿上的肌肉，从而跳得更高。

你知道吗？

【肌·肉·趣·闻】

人体的肌肉众多，结构基本相似，关于肌肉有许多有趣的知识。

- 一个神经细胞的刺激可在1毫秒时间内使多达2000根肌纤维同时收缩。
- 舌头是由肌肉组成的，舌头的肌肉可以变厚、变薄或变长、变短，这样，它才能缩进、伸出。
- 关于肌肉，有许多有趣的数字。如肌肉产生的能量只有25%用于运动；眼睛的聚焦肌肉每天需要活动10万次；肌小节的长度在1.5~3.5微米之间。

活的照相机

眼睛是大自然赋予我们的“自动照相机”。眼睛能察觉到各种光线的亮度、颜色和类型，然后将光线转换成不同类型的神经信号传入大脑。每个人从外界获得的知识中，约有90%是通过眼睛收集的。眼睛是人类心灵的窗口，是我们的学习之本、快乐之源。眼睛是五官之首，它包括眼球及眼副器，这两种器官相互作用，从而形成了我们的视觉。

眼球和眼副器

眼球包括眼球壁、眼内腔和内容物等组织。眼球是人体中最不怕冷的器官，因为眼球上只有触觉神经和痛觉神经，而没有感觉冷的神经，而且，角膜和巩膜缺乏血管，几乎没有散热作用。在眼球壁上还覆盖着具有保护眼睛和视觉成像功能的3层膜。而在眼部周围的眼副器，包括眼睑、结膜、泪器、眼外肌和眼眶等，它们对眼起着支持、运动、润滑和保护的作用。

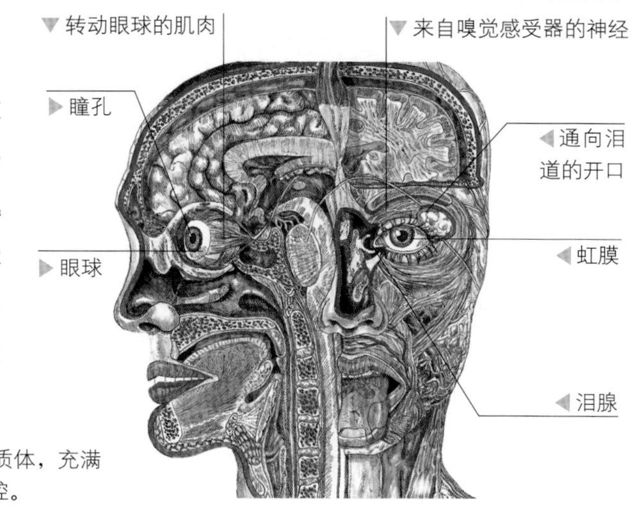

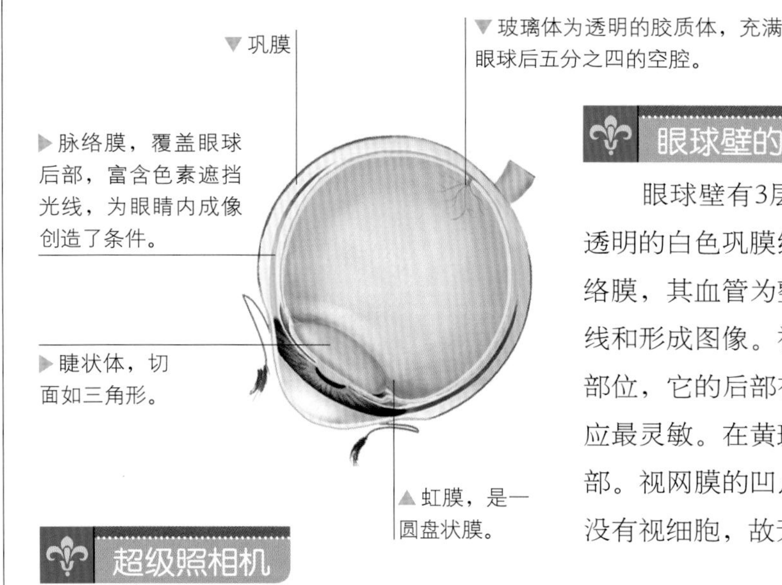

眼球壁的构造

眼球壁有3层膜，外层的纤维膜由透明弯曲的角膜和不透明的白色巩膜组成；中层的血管膜包括虹膜、睫状体和脉络膜，其血管为整个眼球壁供血；内层为视网膜，能汇聚光线和形成图像。视网膜是一种透明的薄膜，它是眼球的感光部位，它的后部有黄斑中心凹，白天注视物体时，这部分反应最灵敏。在黄斑中心凹的内侧有视乳头，是视神经的起始部。视网膜的凹点是视力最敏锐的部位，视神经上面的凹点没有视细胞，故无视觉，生理学上称为盲点。

超级照相机

眼睛是一架超级照相机。我们张开眼看东西时，光线通过角膜和晶状体，到达视网膜。眼睛上的角膜和晶状体，将光线在视网膜上聚焦并将接受到的图像传送给大脑，大脑便产生一个清晰的外部世界图像。大脑把现在看到的结果构成一幅能够反映真实的外面世界的思维图像，再通过视神经交叉，使大脑可判断距离物体的远近和深度，这样我们就能知道看到的是什么东西了。

耳朵与听觉

耳朵是大自然赋予人体的收音机，它使我们听到各种声音，收集到各种各样的声音信息。然而把耳朵仅当做听觉器官却并不完整，因为它还具有感受位置变动和保持机体平衡的功能。同其他感觉器官一样，我们的耳朵有着非常精良的构造。它主要分为外耳、中耳和内耳三大部分。外耳就像收音机的天线，中耳相当于收音机的传声装置，内耳则是收音机。

各显其能

耳朵可分成3个部分，耳郭、外耳道构成外耳，外耳起保护和传导声波的作用；鼓室、鼓窦、乳突和咽鼓管构成中耳，中耳的功能主要是克服声波从空气介质到液体介质传导的阻力；耳蜗、半规管和前庭构成内耳，内耳是听觉及平衡觉的主要器官。

耳朵结构剖视图

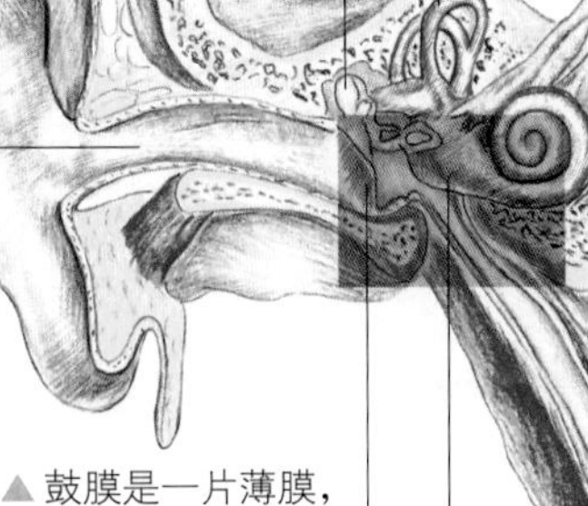

▼中耳内有3块相互联接的小骨头，它们把声音的振动，由鼓膜传到耳蜗。

▼半规管

▶外耳收集声音，再把声音沿外耳道送入耳内。

▲鼓膜是一片薄膜，声波传过来时，鼓膜就像鼓面那样振动。

▲内耳由耳蜗、半规管和前庭构成，内耳里面充满液体。

▼外界的声波通过外耳道到达鼓膜。

▼刺激听觉感受器之后，振动传给鼓阶的外淋巴，到圆窗慢慢消失。

◀振动刺激听觉感受器产生神经冲动，这种冲动通过蜗神经到达大脑。

▲中耳的听小骨振动，引起镫骨底来回移动，传递给卵圆窗。

▲镫骨底的振动通过卵圆窗进一步传给耳蜗中前庭阶的外淋巴。

听觉的产生

人们听到的声音是由振动产生的，任何声音都会使其周围的空气产生振动，这种振动被我们的耳郭接收到，并传递给鼓膜，鼓膜振动并带动听小骨振动，听小骨把声音放大后传入耳蜗，耳蜗则将声波转变为神经信号，由听觉神经传送到大脑，这样我们就听到声音了。人类的听觉 范围在20赫兹～2万赫兹之间，如果超过这个范围的声波，我们就听不到了，人们普通的谈话声一般在500～2000赫兹之间。

平衡器官

人之所以能保持身体平衡，都是平衡器官的功劳。平衡器官指的是内耳里的前庭和3个半规管。前庭的职能是了解头部的倾斜程度；3个半规管主要负责了解运动状况，其中一个能探测上下的运动，另一个探测前后的运动，第3个探测侧向的运动。一旦身体出现了不平衡，如走路时被小石子绊了脚，乘坐的汽车突然来了个紧急刹车，这些平衡器官就会报告大脑，并在大脑指挥下把体位调整好。

脸上的空调器

鼻子的构造非常精妙，它长在脸部中央，而且外形凸出，使整张脸看上去更生动，富有立体感。鼻子是人体的嗅觉器官。它能过滤空气中的异物和捕捉细菌，对人体起保护作用。另外，人的头部还有8个鼻窦，它们具有减轻头部重量和产生共鸣的作用。鼻子的内部结构都是由外鼻、鼻腔和鼻窦组成。人只有一个鼻子，鼻子上的两个鼻孔有同样的功能，但都能单独执行任务。

小知识

·嗅觉的灵敏度·

据测定，在我们的一生中，嗅觉最灵敏的时期是10～50岁。研究者还发现，刚刚睡醒的人嗅觉比较迟钝，起床1小时后，嗅觉逐渐灵敏起来，起床4小时后时的嗅觉最为敏感。另外人饥饿时的嗅觉也比较灵敏。

精美的空调器

鼻子是一个精巧的空气调节器。鼻子能完成约30种重要任务，主要是：嗅气味、进行呼吸、分泌黏液和将空气过滤除尘、润湿加热等。另外，鼻子所分泌的大量溶菌酶也在一定程度上起着保护眼睛的作用。鼻子呼吸时对空气中的尘埃起着过滤作用，并使通过鼻腔的空气变得温暖而潮湿，同时把灰尘粘住和清除掉。经过鼻子处理的空气十分适宜人体呼吸。

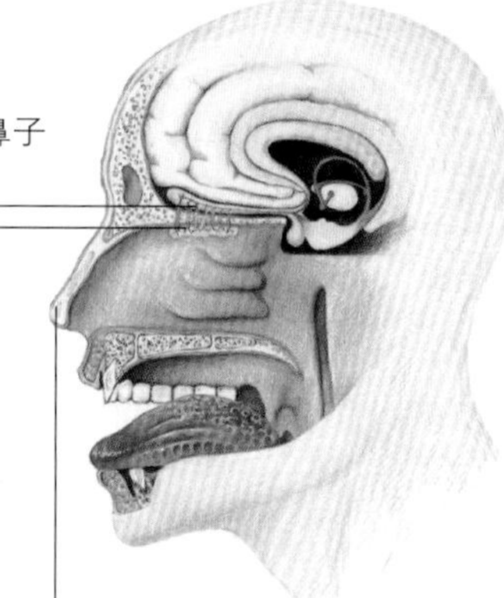

▶鼻孔入口处有鼻毛，能挡住杂质，鼻子内部有一些孔道与其他器官相通。

▶鼻内壁黏膜，布满了血管，可以将体内的热量传给进入鼻腔的冷空气，使空气变得潮湿温暖。

▶鼻梁保护着整个鼻子，而鼻孔后部却由一道薄薄的软骨——骨中隔所分开。

你知道吗？

【嗅·觉·比·较】

很多动物具有比人更为灵敏的嗅觉。如狗的嗅觉特别灵敏，它们的鼻子里约有2.2亿个嗅觉细胞，而人只有500万个嗅觉细胞。

A.狗

● 在狗的鼻尖有块无毛的突起部位，覆盖着一层湿漉漉的黏膜，嗅觉细胞就长在这层黏膜上。

B.猪

● 狗的嗅觉有时候比不上猪。猪的嗅觉非常灵敏，它能准确地嗅出6米以外地下的气味。

嗅觉的产生

鼻腔嗅区黏膜主要分布在鼻腔侧壁的上鼻腔及其以上部分。嗅区黏膜由感觉细胞、支持细胞和基底细胞组成，感觉细胞接受嗅刺激，它们的突触汇合成嗅神经纤维，通过嗅球到达嗅觉中枢。黏膜深处含有嗅腺，其分泌物能溶解到达嗅区的含气味颗粒，刺激嗅毛产生冲动，这种冲动传入大脑后，嗅觉也就随之产生了。

灵巧的舌头

舌头是人体重要的器官。人们常用“三寸不烂之舌”来形容一个人能言善辩。其实，人的舌头确实长3寸，约10厘米左右。人的舌头非常能干，能帮助发音，要是没有舌头，人就不会说话、唱歌。舌头还能搅拌食物，帮助咀嚼和吞咽，没有舌头的拨弄滚翻，人就无法正常进食。正常人的舌头是淡红色的，上面覆盖着一层薄的白苔。如果有变化，如舌头发红，舌苔变白、黄、灰、黑等，往往是疾病的信号。所以，舌头又是人类疾病的“镜子”。

品味器官

舌头最重要的功能是品尝食物的味道，因而，人们把它称为品味器官。不管什么样的食品，它只要一品尝，就能分出甜酸苦辣。食物的味道是由味蕾感受的。每个味蕾上都有味觉接受器——味觉小体。每个椭圆形的味觉小体又包含5～20个有相应神经末端的味觉细胞，这些味觉细胞和另外一些支持细胞一起分布在味孔周围。味觉细胞中有味觉毛伸出。味觉细胞与神经网相连，神经网把味蕾感受到的味觉信息传到大脑的味觉中枢。大脑收到这些资料之后，经过判断、分析，才能知道是什么滋味。

舌头的味蕾

人的舌头大约含9000个味蕾，而且味蕾的形状不同，所以我们才有不同的味觉感受。味蕾只有甜、咸、酸和苦4种。由于各种味蕾在舌表面分布不均匀，对不同味道的敏感程度不同，因此舌的一些部位可以更灵敏地捕捉某种特定的味道。如感受苦味的味蕾，集中在舌头根部；感受咸味的味蕾，分布在舌尖和舌尖两侧的前半部分，咸味主要是由食盐引起的；舌头两侧的后半部分，感受酸味的味蕾较多，这种味觉主要是由有机酸产生的；而感受甜味的味蕾，大多在舌尖，这种味觉主要是由食物中的糖类产生的。

1 苦味感受区

▲咖啡的苦味是由舌头后部的味蕾辨别的。

2 甜味感受区

▲巧克力的甜味是由舌尖的味蕾辨别的。

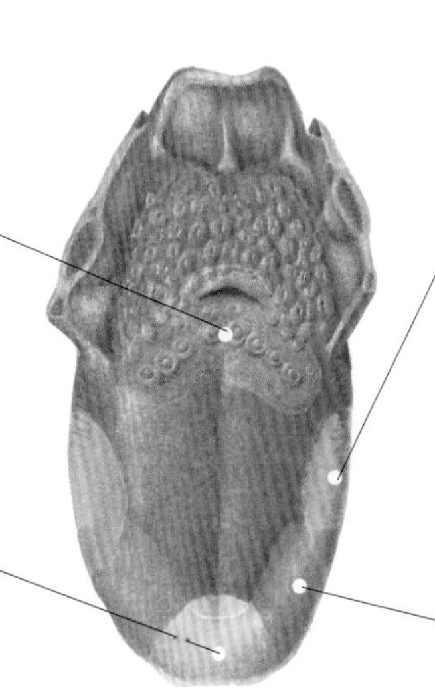

味觉感受区在舌头上的分布示意图

3 酸味感受区

▲柠檬汁的酸味是由舌头两边的味蕾辨别的。

4 咸味感受区

▲炸土豆片和鸡腿的咸味是由舌头前端的味蕾辨别的。

呼吸系统

所有的生物想要生存都离不开空气，人类也是一样。人体完成和外界的气体交换是通过呼吸系统来实现的。那么，呼吸系统是怎样工作的呢？原来，呼吸系统是由呼吸道和肺两部分组成，呼吸道包括鼻腔、咽、喉、气管和支气管。空气通过人们的口腔和鼻子进入气管、主支气管，最后到达肺脏。在肺内，每个主支气管又分成更小的支气管，并像树枝那样，逐级分成细支气管。细支气管的末端像含气的小囊，称为肺泡。空气中的氧气透过肺泡进入毛细血管，通过血液循环，将氧气运送到全身各个器官组织，同时，各器官组织产生的代谢物，如二氧化碳，再经过血液循环运送到肺，然后通过呼吸道呼出体外。

▼细支气管

▶支气管

▲气管

肺

肺是呼吸道的第三道关，位于胸腔内，通过气管与外界相连。肺由许多管子和气囊组成，所以它不仅软而且富有弹性，是呼吸系统中最重要的器官。肺本身不能呼吸，只能随着胸廓和横膈的运动而扩张或缩小，其呼吸方式如同风箱一样。正常呼吸时，人可以一次吸入约568毫升的气体。用力做深呼吸则可吸入约3978毫升的气体。

有用的肺泡

肺泡是肺的基本单位，也是人体与外界不断进行气体交换的场所。全肺约有3亿～4亿个肺泡。肺泡像一个个气球，结构很奇妙，它们有很薄的壁，由一层很薄的上皮细胞构成，使气体分子极易通过。在肺泡壁的外面还缠绕着毛细血管网和弹力纤维，有利于肺泡和血液间的气体交换。

▶右肺

▶心脏

▶肺里面总留有一些空气，因为人的肺完全空了以后，就会萎缩掉。

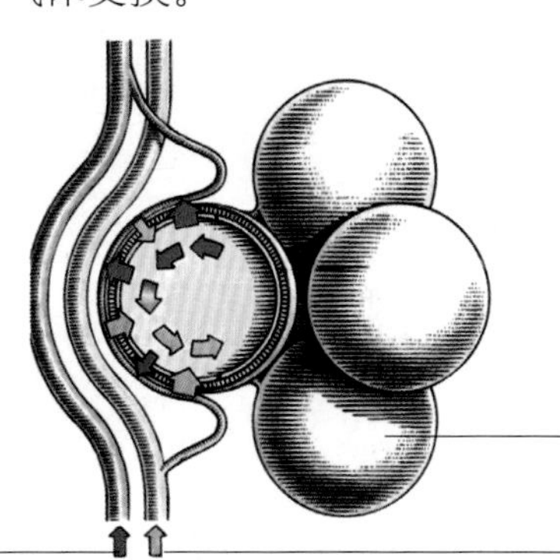

◀肺泡

▲富含氧气的动脉血

◀富含二氧化碳的静脉血

▶肺泡周围布满了血管。

▲氧气从肺泡内渗入血液，而体内排出的二氧化碳废气，却从血液内回到肺泡，然后呼出体外。

气管

气管是从喉通向肺的弹性管道。它的下端分为两条支气管，各通向一侧的肺部。气管由附着在气管壁上的“C”字形软骨撑着。气管具有弹性，可以持续保持张开状态。气管中也具有纤毛和黏液，纤毛不断向咽部摆动将黏液与灰尘排出，从而净化吸入的气体。

支气管树模型

支气管树

人体有两条主支气管，主支气管分为左右两部分，它们各自通向左右两个肺门。左支气管细而长，比较倾斜；右支气管短而粗，较为陡直。主支气管分化，形成第二级支气管，接着第二级支气管继续分化，形成第三级支气管，第三级支气管再进一步分化形成终末支气管，终末支气管最终分化形成细支气管。这种结构称为支气管树。气管是“树干”，支气管是“树枝”，细支气管是“细枝”。支气管树显示了人体肺部的气道系统。

呼吸运动

肺的气体交换是通过呼吸运动来实现的。呼吸运动包括吸气和呼气两个过程。吸气时，空气中的氧气通过肺泡壁和毛细血管壁进入血液，同时，血液里的二氧化碳也在通过血管壁和肺泡壁进入肺泡，并随着呼气排出体外。呼吸的主要作用是向身体供氧，用来氧化食物以释放出能量。同时，排出生命过程中产生的废料二氧化碳。呼吸通常是下意识的，但是能在一定限度内有意识地加以控制。

◀ 通过一根叫气管的管子，将空气吸进肺里。

▼ 黏液

◀ 肋骨形成一个骨架，保护着肺和肋间肌，可增加肺扩张时的容量。

◀ 灰尘

◀ 细毛可将灰尘吸掉。

◀ 特殊细胞

▲ 支气管壁

▲ 靠这些“小毛刷”可以将灰尘清除到身体外面。

你知道吗？

【呼·气·和·吸·气】

我们不断地通过呼吸来更新肺里的气体，吸入新鲜空气，排出废气。

A.呼气

● 呼气时，我们的胸腔会内缩，横膈膜也会上升到原来的位置，这时肺部的空间就会变小，可把二氧化碳排挤出来。由于被排出来的二氧化碳中含有水蒸气，遇冷就会凝结成细水珠，所以我们在冬天呼气时才会有热气弥漫的现象。

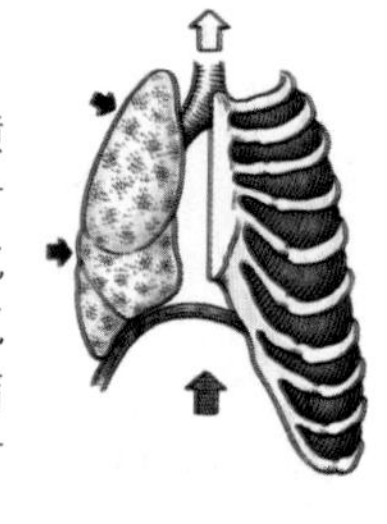

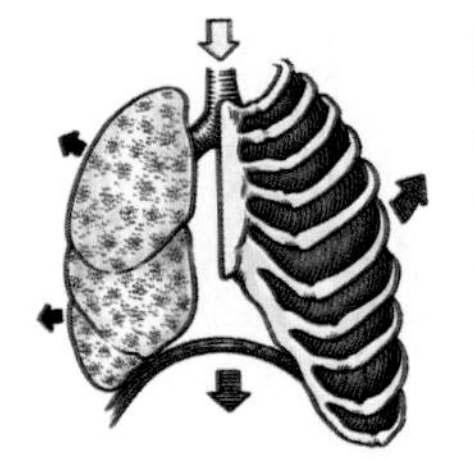

B.吸气

● 当我们吸气时，胸腔会向外扩张，这时位于胸腔下方的横膈膜会下降，使肺部空间扩大，这样我们就能吸入空气了。

心脏和血液循环

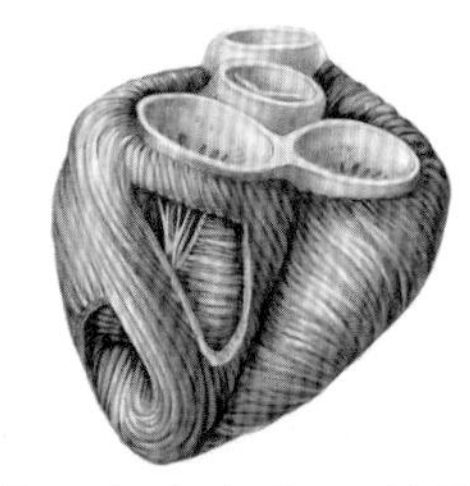

心脏是生命的发动机，是燃起生命之火的炉子。心脏的外形像个倒放的桃子，大小和自己的拳头差不多。心脏是中空的肌性器官，它位于胸腔的上方，两肺之间。血管就像一栋大楼的走廊，它穿过人体内所有的组织。这些血管有的像大拇指那么粗，但大多数血管比头发丝还要细。如果把体内所有的动脉、静脉和毛细血管首尾相连，将长达10万千米，这个长度足以环绕地球赤道两周半。

生命的发动机

心脏是推动人体血液流动的动力站。我们的心脏分左右两边，每边又分成上下两层，上面的叫心房，下面的叫心室。这样，心脏就被分为4个腔。当左心室收缩时，就把血液沿着血管挤压到全身，送去养料和氧气。在全身流过以后的血液，带着人体排出的二氧化碳通过右心房流到右心室。当右心室收缩时，血液被挤压到肺，在那里呼出二氧化碳，并通过吸气接受新鲜氧气，最后经过左心房又回到左心室，完成人体的血液循环。

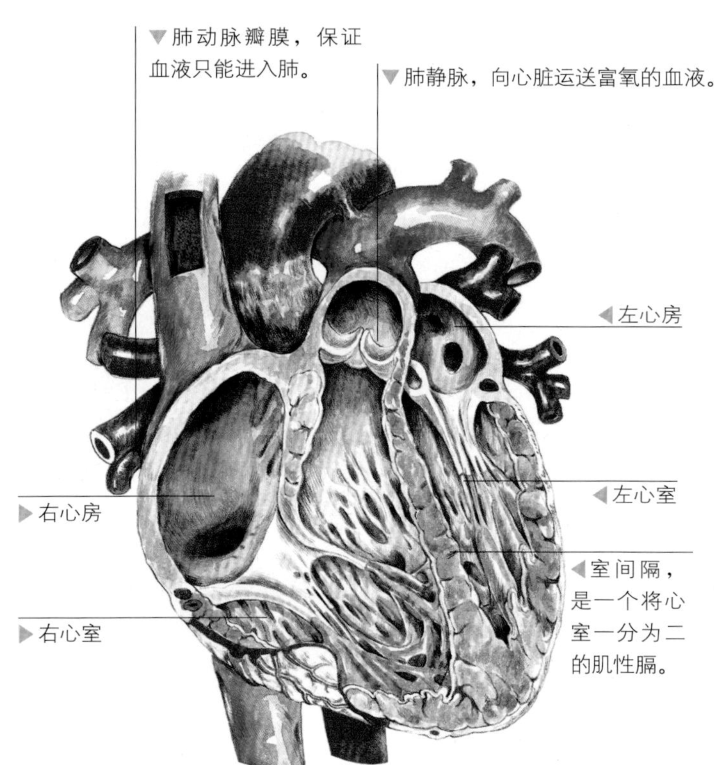

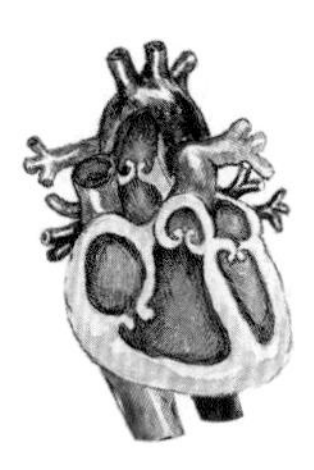

◀心跳一次后，心脏上部两个空腔即充满血液。

▶当连接心房和心室的瓣膜张开时，血液流入两个下空腔。

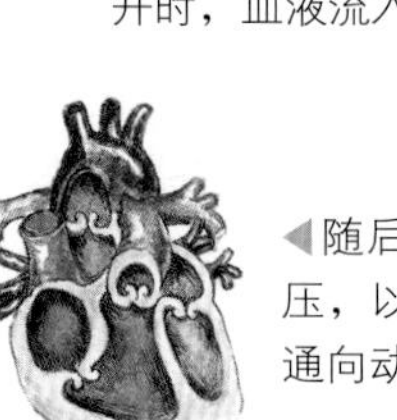

◀随后，心室收缩，使血液向上挤压，以便关闭心室瓣膜，从而打开通向动脉的半月形瓣膜。

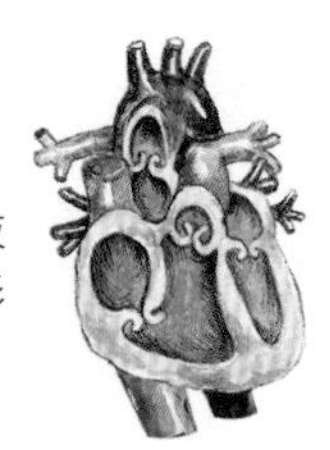

▶当心室放空后，动脉的血液就会倒流回来，这时，半月形瓣膜会立即关闭。

心脏血液交换示意图

永不疲倦之谜

心脏总是昼夜不息地跳动着。难道心脏就不知道疲倦？科学家研究发现，人的心脏每跳动一次，约需要0.8秒时间，这个时间包括收缩和舒张两个动作。在这0.8秒时间里，心房收缩只用掉0.1秒，舒张时间有0.7秒；心室收缩要0.3秒，舒张时间有0.5秒。舒张就是放松，实际上是在休息。这样一来，心脏看起来好像在不停地工作，其实它的大部分时间都处于放松状态。它既会工作，又会休息。

动脉和静脉

血液离开心脏，进入动脉。人体的每一个器官都能接收来自动脉的血液，其中每一根动脉可以分成更小的动脉。静脉是将血液运回心脏的管道，它和动脉一样，共分为3层，中间一层为肌肉层。但是静脉壁通常比动脉壁薄。当血液流入静脉时，静脉里的肌肉收缩，使血管的开口变窄，同时像挤牙膏一样推动血液流过静脉。由于静脉位置靠近骨骼肌，所以骨骼肌的收缩也可以帮助推动血液。

▼锁骨下静脉
◀腋动脉
◀肱动脉
动脉血管
▶大隐静脉
◀股深动脉
▲指静脉
静脉血管
◀胫前动脉
◀小隐静脉
▶足背静脉弓

▼颈动脉
▶人脑
▶主动脉内的血液
◀肺动脉
▶心脏
▲肺部毛细血管
▶肾
◀肠

血液循环

人体的血液循环主要分为两部分：肺循环和体循环。血液循环的过程是这样的：从右心室出来的血液带着二氧化碳沿着肺动脉流进肺，在肺部进行气体交换后，卸下二氧化碳，装上氧气进入左心房和左心室；从左心室出来的血液沿着主动脉及其分支流向人体各个器官、组织，将氧气运达目的地的同时带走二氧化碳。

毛细血管

毛细血管是介于动脉、静脉之间的微血管。其血管最细，分支最多，管壁也最薄，只有一层细胞的厚度。毛细血管是血液循环中极为重要的组成部分。毛细血管是物质交换的“平台”，氧气和葡萄糖等物质随着血液穿过毛细血管壁，进入细胞。而细胞产生的废弃物则向相反方向移动。

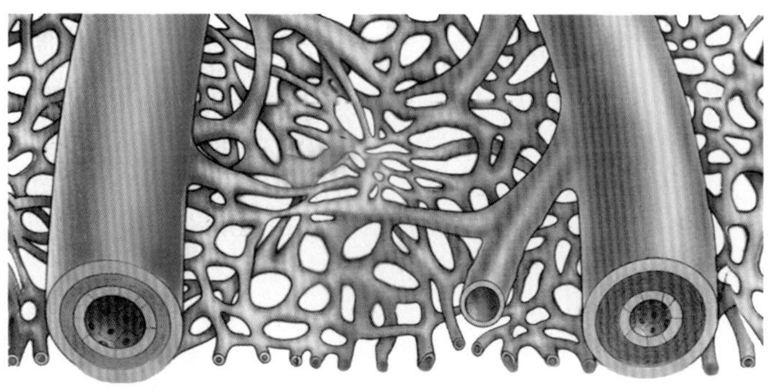

▲毛细血管

奔腾的血液

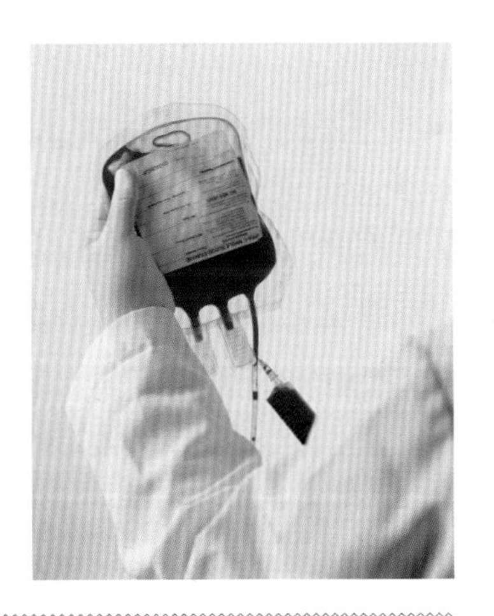

血液是一种结缔组织，犹如一条江河，在我们的身体里奔腾着。血液在封闭的管道——血管里流淌。血管遍布人体的每一个角落。在人身上，无论什么地方被刺破了，都会流出鲜红的血来。血液由血浆和三种漂浮在血浆中的不同类型的血细胞构成，这三种血细胞是红细胞、白细胞和血小板。血液中的每一种成分都在人体内发挥着特殊的作用。

血液的家庭成员

红红的血液，味道咸咸的。血液中的主要成分是水，除此之外，还有200多位成员。它们分成两部分：一是血细胞，二是血浆。血细胞包括红细胞、白细胞和血小板。血浆包括矿物质、能源、脂类、激素、蛋白质；此外还有各种各样的酶、维生素以及一点点的氧和二氧化碳。血细胞的成员是看得见的，称为“有形成分”，血浆里的成员是看不见的，称为“无形成分”。如果采用一定的方法，就可以看见分离的血浆和血细胞。把血浆里的纤维蛋白原成分去掉后，剩下的胶状液体就是血清。

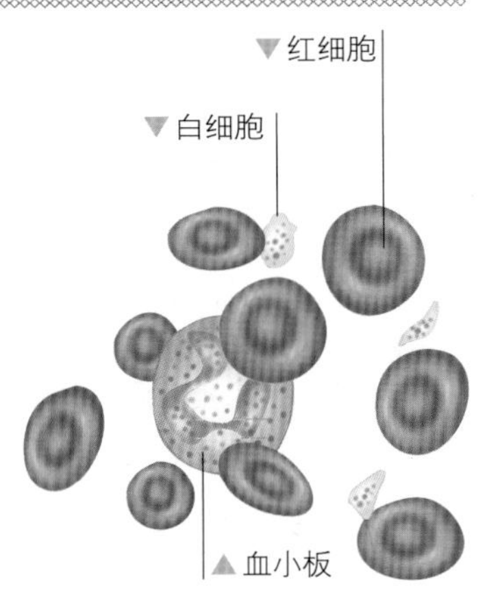

血细胞的种类

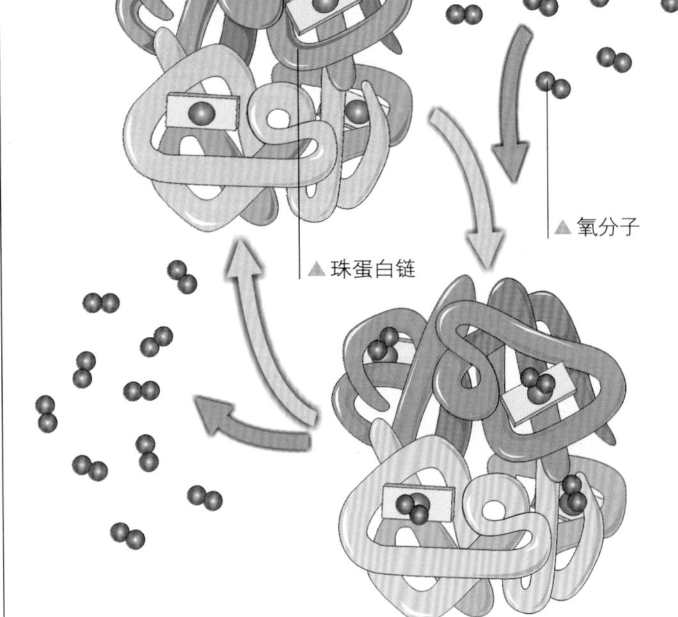

红细胞

红细胞又称红血球，专门负责运输氧气和二氧化碳到身体各器官、组织中。红细胞形体微小，像一只两面都凹进去的小圆盘。正常人体内约有25万亿个红细胞，红细胞是由红骨髓以每秒200万个以上的速度产生的。其独特的结构使它们能够通过狭窄的毛细血管，从肺中获取氧气，并释放到各器官、组织内。同时它们也能带走人体细胞产生的废物——二氧化碳。

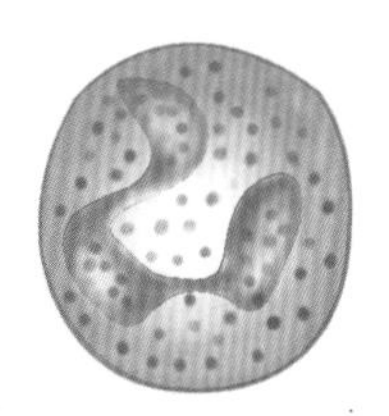

▲细胞直径为10～14微米。

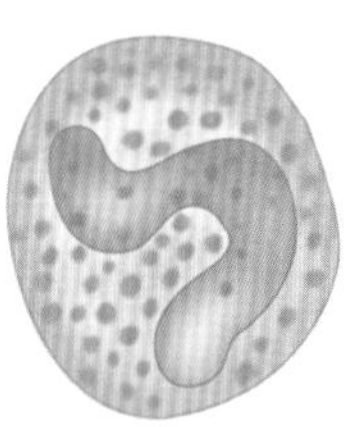

▲细胞直径为10～12微米。

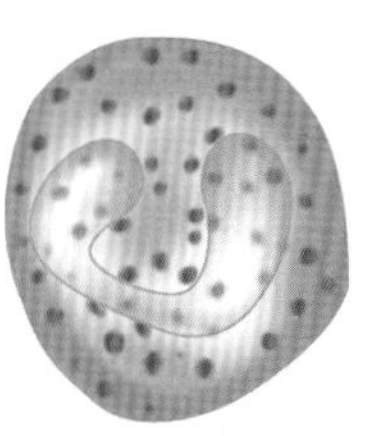

▲粒细胞的生命短暂，一般为几小时或几天时间。

粒细胞

白细胞

白细胞可以改变形状，穿过毛细血管壁进入组织，吞噬细菌和病毒。白细胞有很多种：有的白细胞能识别细菌等引起疾病的微生物，并且提醒身体，它正在遭受侵害；有的白细胞能产生与疾病做斗争的化学物质。从形状上分，白细胞可以分为粒细胞和无粒白细胞，其中无粒白细胞又包括淋巴细胞和单核细胞。除了血液外，白细胞还存在于淋巴系统、脾以及身体的其他组织中。

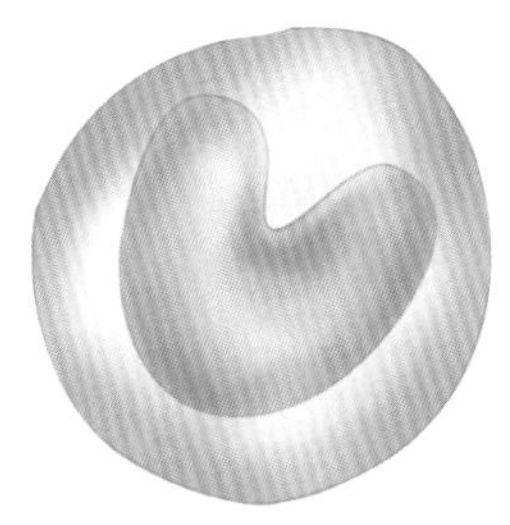

淋巴细胞

◀能形成强大的抵抗机制。

单核细胞

▶是最大的白细胞，它们的细胞质和细胞核中没有颗粒。

血小板

当人皮肤受伤时，血就从伤口中流出来，但是过一会儿，血就不再流出来了，这实际上是血小板的功劳。血小板不同于血细胞，它并不是完整的细胞，而是很小的细胞碎片，呈圆形或椭圆形，平时，它们排列在血管壁上，一旦皮肤被割破，血小板就会赶往“出事地点”，一个接一个，越聚越多，黏成一团，使血液凝固起来。

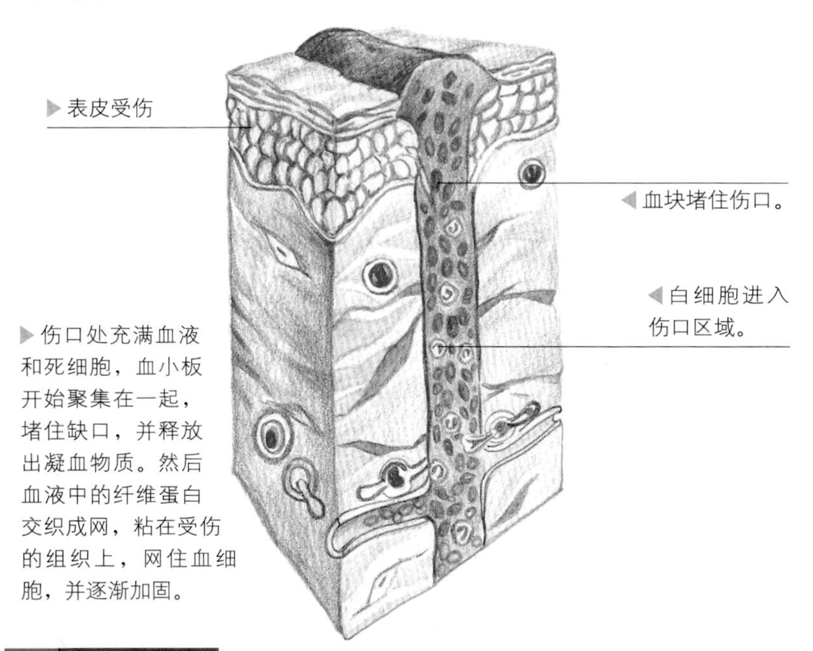

▶表皮受伤

◀血块堵住伤口。

◀白细胞进入伤口区域。

▶伤口处充满血液和死细胞，血小板开始聚集在一起，堵住缺口，并释放出凝血物质。然后血液中的纤维蛋白交织成网，粘在受伤的组织上，网住血细胞，并逐渐加固。

小知识

·血型与血型相容·

1901年，一位澳大利亚医生发现人群中有不同的血型。他把人类的血型分为：A型、B型、AB型和O型。后来人们发现，如果人体需要输血，那么输血前必须检查血型，确认被输血人与输血人的血型是否一致。紧急情况下，O型血可以输给任何人，AB型血可以接受任何捐血者的血液。

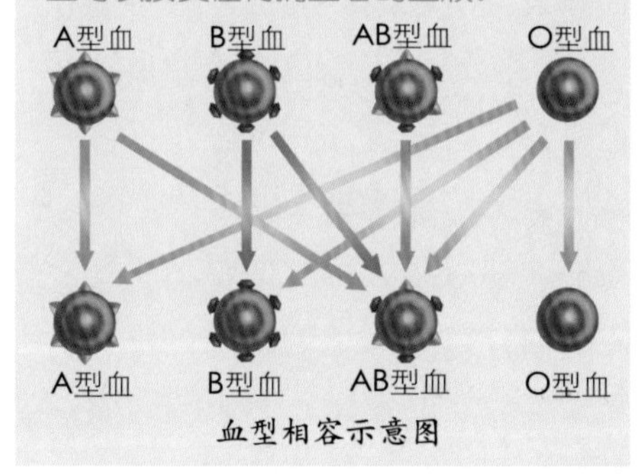

血型相容示意图

血的故乡

我们每个人都有一副结实的骨骼，在骨骼的空腔里，装着骨髓，人体的血细胞就诞生于骨髓。骨髓就像许多精巧的蜂窝状小房间，里面生活着各种血细胞。其实，只有胸部、脊柱和髋部的骨髓，才有造血功能。在婴儿出生后的5个月内，肝、脾曾是主要的造血器官。以后，它们才“功成引退”，把造血重任让给了骨髓。不过，在严重贫血等情况下，它们又自动恢复了造血的功能。

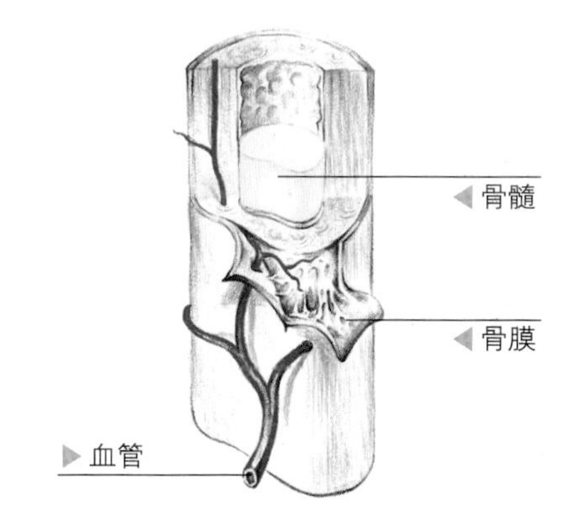

◀骨髓

◀骨膜

▶血管

人体的酸缸

胃的形状如扑克牌中的“J”形，好似一个无底洞，它是消化管最宽的部分。胃能伸能缩，有很大的弹性。肚子饿的时候，胃壁收缩，互相靠在一起，几乎成了一条管子；当塞满食物时，它就扩展拉长，变得很大。胃是食物的临时仓库。不管你吃的是米饭、面条，还是蔬菜、鱼肉，从食管进入人体后，一开始都是放在胃里的。胃是个大酸缸，分泌的胃液含有盐酸，有很强的杀菌作用。

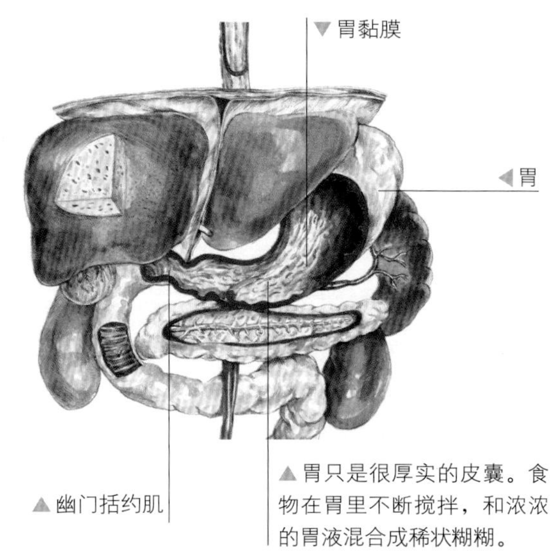

▲胃只是很厚实的皮囊。食物在胃里不断搅拌，和浓浓的胃液混合成稀状糊糊。

胃是个肉口袋

胃是一个中空的弹性囊袋，像个肉口袋。它的两端都有括约肌守卫，上端通向食管，下端通向十二指肠。每个食物团通过食管由贲门首先进入到胃底，胃再运动，把已经吃进来的食物向下向外推向胃壁。胃的主要功能是把食物分解成简单的成分，使其变成半流质的食糜，然后暂时储存着，到适当时候再经幽门送入十二指肠。胃的内壁有3层平滑肌，互成一定角度排列。

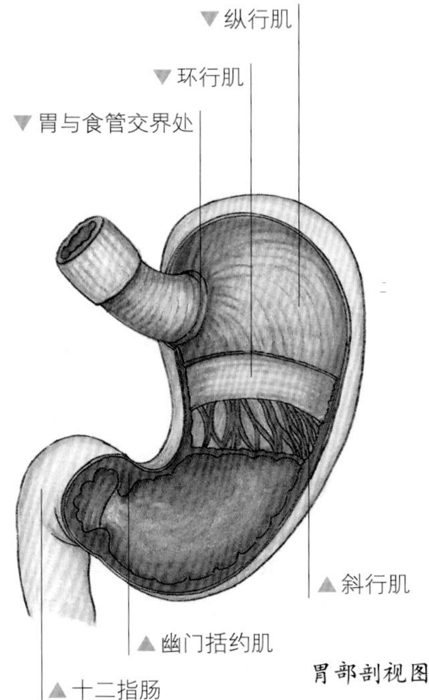

胃部剖视图

小知识

· 幽门括约肌 ·

在胃的幽门部，有一圈被称为幽门括约肌的肌肉，它是胃的“阀门”。幽门括约肌守卫在十二指肠的入口处，当这一环状肌肉紧紧地收缩时，任何东西都不能离开胃。消化时幽门括约肌开始舒张。

胃壁的构造

胃壁由黏膜、黏膜下层、肌膜和浆膜四层构成。黏膜上皮为柱状上皮。上皮向黏膜深部下陷构成大量分泌腺体（胃底腺、贲门腺、幽门腺），它们的分泌物混合形成胃液，对食物进行化学性消化。黏膜在幽门处由于覆盖幽门括约肌的表面而形成环状的皱襞叫幽门瓣。胃肌膜由3层平滑肌构成，外层纵形。

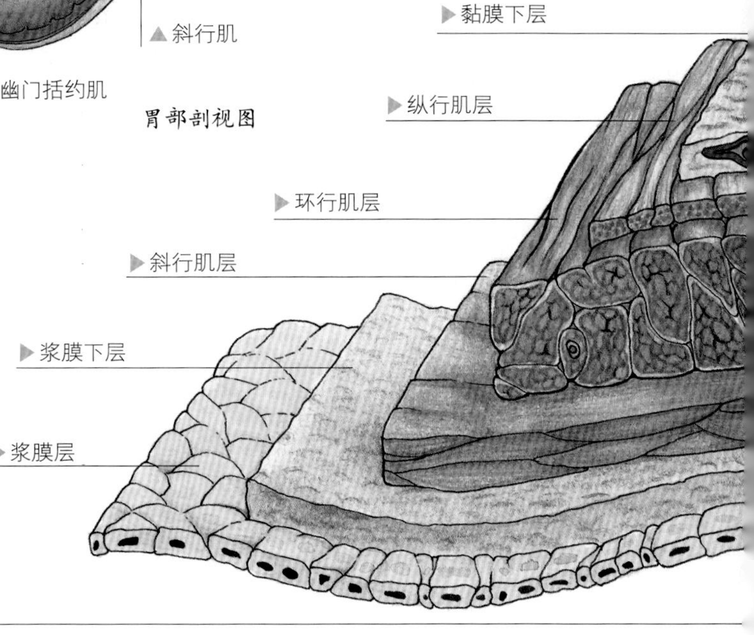

奇妙的“魔术师”

胃是一个中空的弹性囊袋。食物在胃内被彻底搅拌并与胃黏膜分泌的胃液混合，然后，胃将少量混合物喷入十二指肠。胃里有数以百万计的胃腺细胞，能产生胃液，胃液由黏液、盐酸和胃蛋白酶原组成。其中酶是一种在体内加快化学反应速度的蛋白质，就像万能的魔术师那样，使人体能够顺利地进行各种复杂的新陈代谢活动。酶分子在发生作用时本身不被消耗，所以它们可以连续几千次重复自己的工作。每种酶都作用于特定的营养物质，使之变为更小和更简单的物质，帮助食物消化。

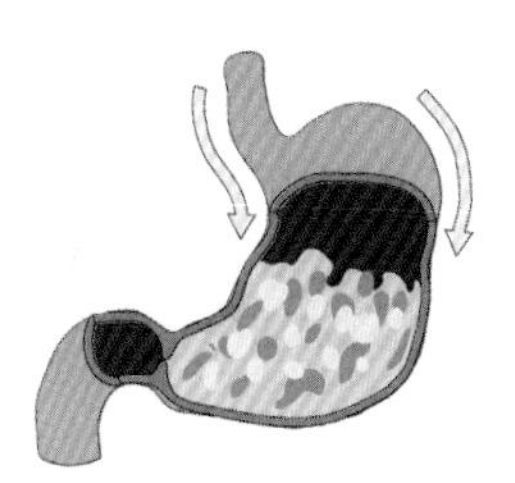

◀排空先由胃底开始，胃壁肌肉收缩、挤压、搅拌食物，此过程逐渐向下发展，同时食物与胃液充分混合。

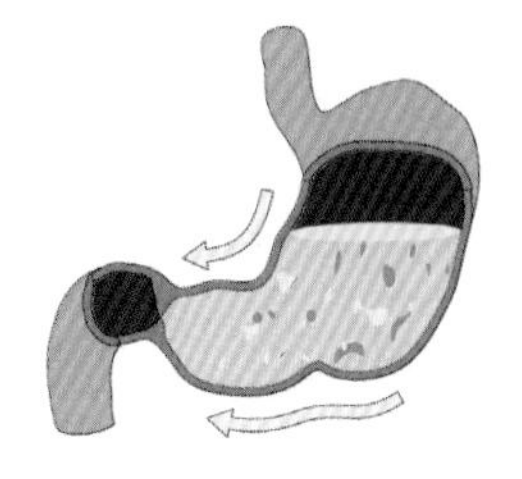

▶经胃初步消化的食物变成食糜，通过幽门进入十二指肠。成人的胃可容纳约1升的食物。

胃部消化

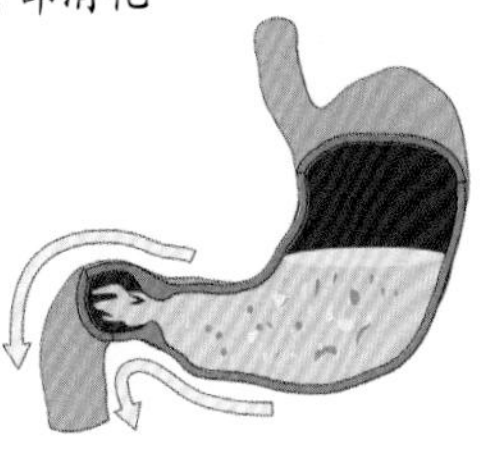

◀一般进食大约6小时后，胃里就再没有什么东西了。液体于10分钟内开始从胃里排出，肉类和蔬菜约在1小时内排出，脂肪停留在胃里的时间最长可达30小时。

打嗝和嗳气

当吃东西吃得太快，或者张口大笑吸入了冷风，都可能引起打嗝。有些得胃炎、胃充气过多、胃扩张或有胸膜疾病的人，也能引起打嗝。一般的打嗝，喝点热茶或热开水便可以消除；想办法打个喷嚏，也可以使之停止。嗳气与消化系统的功能状况有关。一般地，暴饮暴食的人，容易嗳酸气。常嗳酸气的人，可能有慢性胃炎。常嗳苦气、苦水的，要谨防肝胆疾病；有甜味感的，可能与细菌感染、寄生虫有关。

◀黏膜含有胃腺

◀胃小凹

◀胃腺

◀黏膜肌层

胃壁结构

小知识

·胃的秘密·

● 胃壁细胞会不断地更新换代，老的从胃壁表面脱落下来，新生的马上取而代之。据估计，每分钟约有50万个胃壁细胞脱落，每3天胃壁细胞就会全部更新一次。

● 胃是个“情绪器官”，当人颓丧时，胃可以几个小时不消化食物；当人愤怒或焦虑时，胃液分泌旺盛，消化虽然加快了，可是过多的胃液会腐蚀胃壁，容易引起溃疡病。

肚子饿了咕咕叫

世界上大部分的居民都是1天3顿。如果该吃饭的时候没有吃，胃里没有食物了，到时候了胃也会收缩运动。刚刚感到饥饿时，上腹部有空虚感；厉害时，空胃收缩猛烈。这时神经会把这些消息报告给大脑，于是人就感到饥肠辘辘了。反过来，饥饿信号又促使胃肠肌肉加紧收缩。假如这时胃肠残存的液体和吞咽下去的气体比较多，它们在胃肠收缩时就不得安静了。由于液体和空气被赶来赶去，就会产生咕咕叫的声音了。饥饿感的收缩一般只延续半个小时，然后就暂时平静了，平静期就不感到饿了。

消化重地

我们吃下去的食物，经过胃的加工，变成稀烂的食糜以后，就进入了小肠。小肠很长，全长有5~7米，能伸缩自如，通常都弯弯曲曲地盘在肚子里。小肠的内部都是皱褶，大皱褶中又有小皱褶，其中还有许多突起。如果小心翼翼地把小肠拉直，那么小肠壁的面积相当于半个网球场，在上面放一个小船，是绰绰有余的。小肠是真正的消化重地。凡是在胃里没有消化的东西，都将在这里得到最彻底和完善的加工，食物中的营养绝大部分是在这里被吸收的。

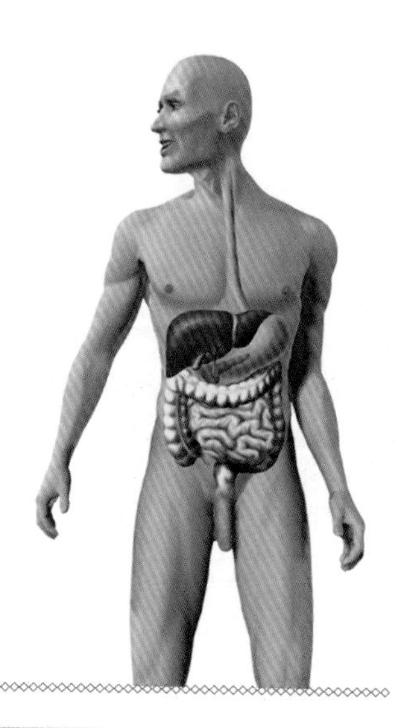

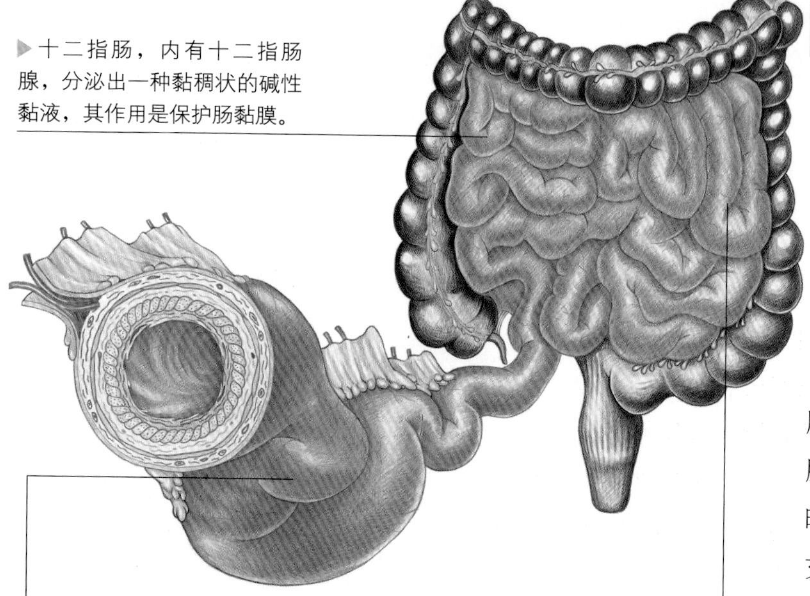

▶十二指肠，内有十二指肠腺，分泌出一种黏稠状的碱性黏液，其作用是保护肠黏膜。

▲回肠，是小肠最长的部分，这里有丰富的血液和淋巴供应，主要用来吸收营养，而不是对食物进行降解。

▲空肠，长约2米，分泌大量的消化酶，处于小肠的中间部分。

小肠作用大

成年人的小肠一般长六七米，直径三四厘米，它可分为十二指肠、空肠和回肠3个部分。十二指肠呈“C”形，是小肠最粗壮的一段，长度大约是25厘米，相当于自己的12个手指并列起来那么宽。十二指肠接受来自肝和胰的分泌液。空肠与回肠长而且盘曲，空肠壁较厚，略短于回肠。食物在小肠内的通过时间约1～3小时，消化速度恰好能保证对营养成分的充分吸收。营养的吸收依靠两种不同的机制，一种是被动吸收，另一种是主动吸收。

小肠的工作情况

十二指肠慢慢地蠕动着，使食物不断地受到撞击。同时，胆汁、胰液和小肠液中含有能消化淀粉、蛋白质、脂肪的酶，它们犹如神奇的魔术师在那里大显身手，把食物中的营养成分改造成氨基酸、葡萄糖和脂肪酸等。空肠和回肠内壁上长着密密的纤毛，像天鹅绒一样，叫绒毛。每个绒毛都与许多极细的血管和淋巴管相通。这些绒毛就像吸管一样，吸收消化后的食物养料，把它们送入毛细血管和淋巴管，然后运往全身。

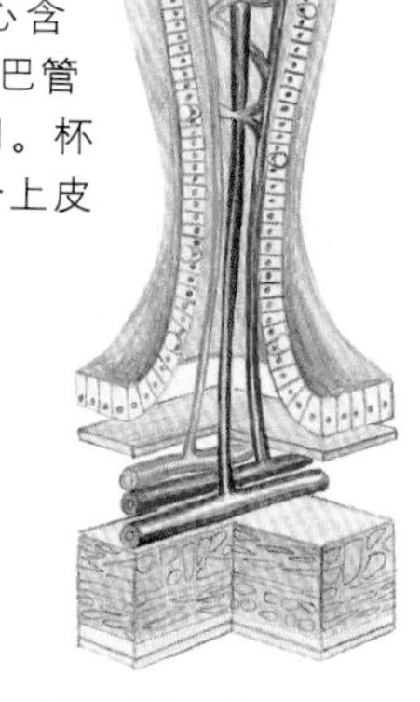

▶每一根绒毛中心含有一根乳糜管或淋巴管以及一个微血管网。杯状细胞分散于整个上皮层，可分泌黏液。

小肠绒毛结构

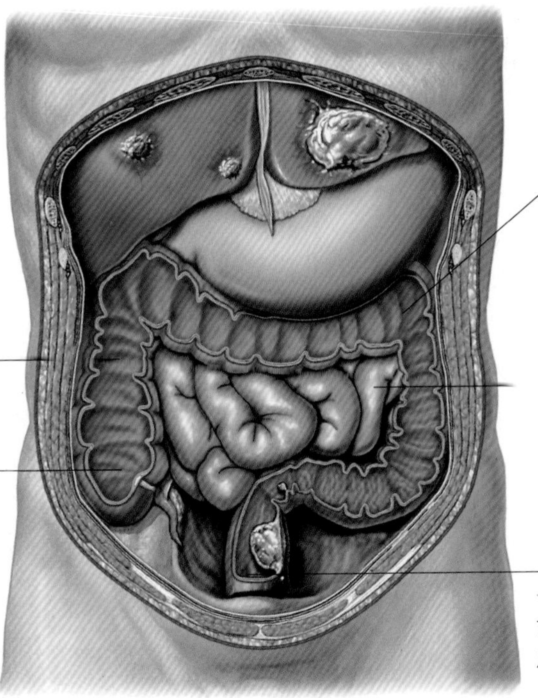

大肠像问号

大肠位于腹腔之内，像个大问号，围绕在弯弯曲曲的小肠外侧，是消化道有弹性的最后一部分。大肠可分盲肠、结肠和直肠三部分。它是一个长度为1.5～1.8米的管子，比小肠宽两倍多，但只有小肠的1/4长。大肠不能直接进行消化，它的主要功能是重新吸收食物残渣中的一些水分和矿物质，以维持体液平衡，并把食物残渣经过一番加工，最后变成粪便，被排出人体。大肠还有一个作用是吸收由细菌制造的维生素。大肠运送食物残渣的速度，平均为每小时8厘米。大肠不如小肠勤奋好动，它通常一天只有三四次急速的蠕动，其余时间总是懒懒地躺着。这样做的原因是，食物残渣中的水分可以被充分吸收，逐步形成粪便。

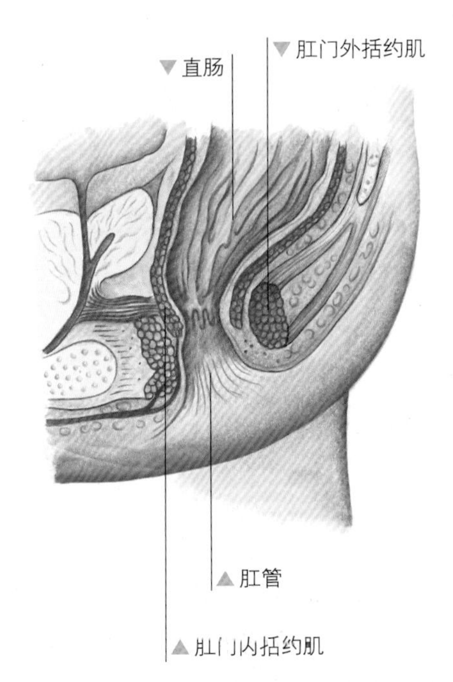

小知识

·不要打扰小肠·

小肠在消化系统中功劳最大，平时吃一顿饭，嘴忙一刻钟，胃忙两三个小时，小肠却要工作六七个小时，才能消化吸收完毕。所以饭后不能马上运动、工作或学习。因为肠胃的消化离不开血液的帮助，如果马上运动、工作或学习，血液会涌向大脑或四肢，留下帮助肠胃工作的就少了，这样就会引起消化不良。

直肠及肛门

直肠是人体消化道的最后一段，上端与“乙”状结肠相连，下端与肛门相连，作用是吸收水分。当粪便到达直肠时，直肠就会收缩，肛门周围的括约肌松弛，促使粪便排出体外。而排便反射可由腹壁肌肉主动收缩来协助或有意识来控制。

不可思议

色彩斑斓的人体

人体是一幅五彩缤纷的彩色画。世界上的人的皮肤、头发、眼睛的颜色是不一样的。皮肤的颜色有黄色、黑色、棕色、白色；就是同一个人身体各个部位的颜色也不一样，而且随着年龄的增长，人的皮肤颜色会逐渐加深。人的头发也是五颜六色的：有黑发、金黄色、红发等。世界上的人的眼睛的颜色也是千差万别的。

1

皮肤的颜色

世界上人的皮肤颜色各不一样，分别有黄色、黑色、棕色和白色四种。中国人的皮肤是黄色的，非洲黑人的皮肤是黑色的，欧洲白人的皮肤很白。越接近赤道地区的人，皮肤颜色越深。皮肤颜色是由皮肤中的一种黑色素的数量决定的。黑色素多的皮肤显黑色，中等的显黄色，很少的显浅色。此外，皮肤的颜色与血管的扩张和收缩也有一定关系。

身体的颜色

同一个人身体表面各部位的颜色也不一样。一般地，背部比胸部和腹部深得多，手掌和脚掌是全身颜色最浅的部位。随着年龄的增长，人的皮肤颜色会逐渐加深；同时，气温和人的情绪变化，也会引起皮肤颜色的变化。如人在害羞或受热时会脸面通红，在害怕或受凉时脸色又会变得苍白。

变色人

一般地，父母是哪个人种，小孩子也是一样的人种，而且终生不变。但是，有极个别人皮肤的颜色却会突然发生变化。如巴西有一个叫曼努埃尔的黑人男孩，8岁时患寄生虫病，两脚浮肿，后来，用中药治疗，发了几天高烧后，他一身黑皮肤竟变成了白皮肤，这很让人惊奇，因为他父母都是黑人，亲属也没有一个白人。

两色人

一般地，人体的各部位的颜色深浅不一，但大体上是一致的。令人奇怪的是，世界上竟然有两色人，身体一边皮肤的颜色为深红色，另一边的颜色为黄白色。中国广西壮族自治区有一位侗族男青年，身高1.66米，体重54千克，发育正常、体格健壮。与众不同的是，他身上的皮肤竟然半红半白，由头顶至躯干、四肢，沿前后中线把他一分为二：左边的皮肤为深红色，就像猪肝的颜色；右边是黄白色。

头发的颜色

人的头发五颜六色。亚洲人是黑发，欧洲白人的头发是金黄色，非洲黑人是漆黑的，美洲印第安人却是一头红发。头发的颜色和它所含的金属元素有关，黑发中含有等量的铜和铁，金黄色头发中含有钛，红棕色头发中含有铜和钴。中国人的头发大多数是黑色，到了老年才变白。可是有少数青少年的头发却过早地出现了银丝，这是因为缺乏某种营养元素或精神压力过大。

眼睛的颜色

世界上人的眼睛的颜色千差万别，中国人的眼睛是深褐色的，非洲黑人的眼睛是黑褐色的，而欧洲白人的眼睛却是灰色、蓝色或碧绿色的。眼睛的颜色实际上就是虹膜的颜色。虹膜上黑色素的多少或分布，决定了眼睛的颜色。一般地，女人眼睛的颜色比男人深。儿童眼睛的颜色也较深，年老后，黑色素减少了，眼睛的颜色也就变浅了。

地球奥秘大百科／吴洲编著.—广州：广东科技出版社，2016.9

（小小达尔文）

ISBN 978-7-5359-6578-3

Ⅰ.①地… Ⅱ.①吴… Ⅲ.①地球—儿童读物 Ⅳ.①P183-49

中国版本图书馆CIP数据核字（2016）第190086号

地球奥秘大百科

Diqiu Aomi Dabaike

责任编辑：丁嘉凌
封面设计：段　瑶
责任校对：罗美玲　杨峻松　陈　静
责任印制：吴华莲
出版发行：广东科技出版社
（广州市环市东路水荫路11号　邮政编码：510075）
http：//www.gdstp.com.cn
E-mail：gdkjyxb@gdstp.com.cn（营销中心）
E-mail：gdkjzbb@gdstp.com.cn（总编办）
经　销：广东新华发行集团股份有限公司
印　刷：北京天宇万达有限公司
（北京海淀区苏家坨镇草厂村南）
规　格：889mm×1194mm　1/16　印张12　字数240千
版　次：2016年9月第1版
2016年9月第1次印刷
定　价：39.90元